北京市高等教育精品教材立项项目

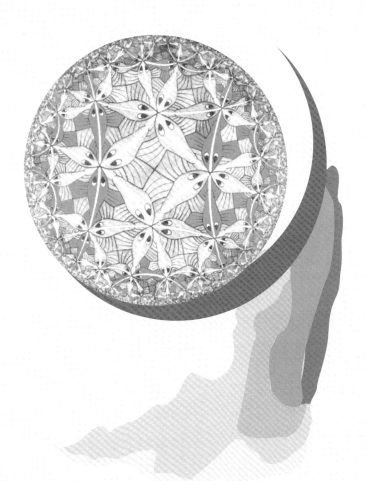

素质教育通选课教材

编著

子的美与理

（第二版）

北京大学出版社

PEKING UNIVERSITY PRESS

图书在版编目(CIP)数据

数学的美与理/张顺燕编著. —2 版. —北京:北京大学出版社,2012.7
(高等院校素质教育通选课教材)
ISBN 978-7-301-20870-0

Ⅰ.①数… Ⅱ.①张… Ⅲ.①数学史-高等学校-教材 Ⅳ.①O11

中国版本图书馆 CIP 数据核字(2012)第 132621 号

书　　　　名：数学的美与理(第二版)
著 作 责 任 者：张顺燕　编著
责 任 编 辑：刘　勇　潘丽娜
标 准 书 号：ISBN 978-7-301-20870-0/O · 0873
出 版 发 行：北京大学出版社
地　　　　址：北京市海淀区成府路 205 号　100871
网　　　　址：http://www.pup.cn 电子信箱：zpup@pup.pku.edu.cn
电　　　　话：邮购部 62752015　发行部 62750672　理科编辑部 62752021
　　　　　　　出版部 62754962
印　　刷　　者：涿州市星河印刷有限公司
经　　销　　者：新华书店
　　　　　　　787mm×960mm　16 开本　19.75 印张　430 千字　插页 12 页
　　　　　　　2004 年 7 月第 1 版
　　　　　　　2012 年 7 月第 2 版　2022 年 11 月第 4 次印刷
定　　　　价：40.00 元

普通高等教育"十五"国家级规划教材

获 2006 年

第七届全国高校出版社优秀畅销书二等奖

内 容 简 介

本书是高等院校大学生素质教育通选课的教材,适合于大学本科不同学院、不同年级的学生,包括没有高等数学基础的文科一年级学生。作者不追求数学理论的严整性,而是漫步于数学王国,从不同侧面、不同角度阐述数学思想和数学方法,并讲述数学与艺术的相互促进,数学与人文科学的日益加深的联系。

书中点评了数学史上的一些重大事件,如欧氏几何、解析几何、微积分、非欧几何等数学分支诞生的意义及对人类文明的深刻影响。论证了蜚声古今的数学名题,如古典几何三大难题、孙子定理、百鸡问题等。书中还增加了"数学家介绍",供读者追慕、赞赏、学习和超越这些做出卓越贡献的科学家。

这次修订主要是针对第一版的内容和结构作了部分调整,增加了若干解释性文字;删去了原书中的第十二、十三、十四章内容,增加了有关微积分的五章内容。新增的内容有助于读者学习高等数学,理解和掌握微积分的真谛,也为中学数学提供了微积分的理论基础,有益于中学数学教师开阔视野,提高数学修养和教学水平。

从书中,我们可以领略和吸取千秋沧桑锻造出的不朽思想,人类文明结晶出的伟大智慧。

本书可作为高等院校文理科各专业大学生通选课的教材,也可供大学数学教师及数学工作者、科技工作者阅读,还特别适合于高中学生、中学数学教师及数学爱好者阅读。

判天地之美，析万物之理。

——庄子

数学是自然的语言。

——伽里略

我们的世界是所有可能的世界中最好的。

——莱布尼茨

自然律必须满足审美要求。

——爱因斯坦

数学不仅拥有真理，而且还拥有至高的美——一种冷峻而严肃的美，正像雕塑所具有的美一样……。

——罗素

彩图 1　太阳系的今天［美］K.魏末　绘
约46亿年前，地球和月亮以及太阳系的其他天体
先后形成，终于有了今天的模样。带环的土星显
而易见，在它上方的蓝色行星正是地球

彩图 2　地球自转的"脚印"
把照相机向着天空中的南极长时间露光，恒星由
于地球自转在底片上留下了许多圆弧，就是地球
自转的"脚印"

彩图 3　牛顿
牛顿（Newton, Sir lsaac(1642-1727)），英国数学家和物理学家，17世纪科学革命的顶峰人物

彩图 4　维纳斯的诞生　波提切利（1484）

彩图 5 圣徒杰罗姆（1480−1482）
达·芬奇木版，未完成画版

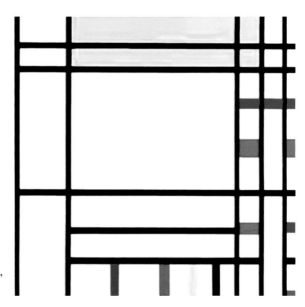

彩图 6 黄金分割 Piet Mondrian（1872−1944），
抽象几何派画家

彩图 7　米洛的维纳斯　希腊　公元前 4 世纪

彩图 8　金门重逢　乔托（Giotto，1270—1337）

彩图 9　圣方济之死　　乔托（Giotto，1270—1337）

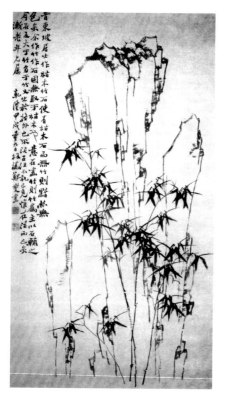

彩图 10　竹　郑板桥

彩图 11　达·芬奇　自画像　约1512年

彩图 12　耶稣受鞭图
弗朗西斯卡，　1460年

6

彩图 13 最后的晚餐 达·芬奇 （1452–1519）

彩图 14 雅典学院 拉斐尔 （1483–1520）

彩图 15　林荫道　霍贝玛

彩图 17　圆的极限Ⅲ　埃舍尔

彩图 16　2002 年世界数学家大会会徽，北京

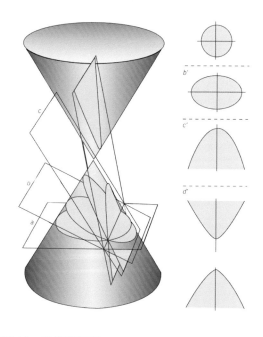

彩图 18　圆锥截面图

第二版前言

本书第一版自 2004 年出版以来,受到广大学生和教师的欢迎,也收到了读者的一些来信,对书中的内容提出了宝贵建议,作者对此表示感谢。在本书出版的七年时间里,作者通过教学实践积累了丰富的经验和体会,借这次修订的机会,将它们贯彻于教材的修订之中。

本次修订,一是对第一版的内容和结构作了部分调整,并在若干地方增加了解释性文字和具体实例,使之更贴近于素质教育的要求,便于自学。二是删去了第一版中第十二章"辗转相除法"、第十三章"天文与数学"、第十四章"无限的世界",增加了五章内容,它们是:实数理论、极限论、函数及其连续性、微分学、积分学。这些新增内容是基于高中数学选修教材中已讲授了"导数及其应用",为了使读者在此基础上更好地学习微积分而选取的。本书选取的微积分内容是从微积分的理论基础——实数理论出发,利用极限这个基本工具,研究连续函数,特别是初等函数,更进一步以此来展开微分学和积分学内容。这样系统讲授微积分学内容,有益于读者开阔视野、拓宽基础,更好地理解和掌握微积分的真谛,同时也有助于提高中学数学教师的数学修养和教学水平。

上述内容的修订是否合适,能否达到预期目标,请读者将意见反馈给作者,电子邮件地址:shunyan@math.pku.edu.cn

作 者

2012 年 2 月于北京

序

北京大学的素质教育通选课于2000年9月开设,开设以来深受广大同学的欢迎,也受到教育界的关注。作者开设了其中的一门,课程名称叫做《数学的精神、方法和应用》。对象是全校本科生,包括从文科一年级到理科四年级的不同系列、不同年级的学生。学生的数学背景差异极大,对课程的内容安排构成巨大的挑战:内容不能深,如果深了,文科学生必然跟不上;思想力度不能弱,如果弱了,理科学生,特别是高年级理科学生,必然会无所收获。如何面对这一挑战? 安排什么样的内容才可使来自不同系别的学生都有所收获? 下面就来谈谈作者的看法和实践。

古希腊人讲,万物皆数也。两千年的科学发展史也一再证明了这一论点。特别是20世纪以来,数学以前所未有的速度深入到自然科学、社会科学以及文化艺术的各个领域,并且从上层的思维方式一直贯穿到底层的技术细节。而这种形势并没有为中国文化界所充分了解。这就构成了这门课的思想基础。

经过再三考虑,我们把它开成了一门数学文化课,即从哲学的、历史的和文化的角度讲述数学文化的发展及其对人类文明的影响。

首先,我们把哲学放在指导的地位。哲学与数学之间的交互影响是人类文化中最深刻的部分。B. Demollins 说得好:"没有数学,我们无法看透哲学的深度;没有哲学,人们也无法看透数学的深度;而没有两者,人们什么也看不透。"哲学为人类文明提供了理性精神,而对理性精神贯彻最彻底的是数学。数学中提出的问题又促进了哲学的发展。

其次,数学史上的重大里程碑是本课程的重要组成部分。数学史为我们提供了广阔而真实的背景,为数学整体提供了一个概貌,使不同的数学分支的内容互相联系起来,并且与数学思想的主干联系起来。这是理解数学的内容、方法和意义,培养学生鉴赏力和创造力的最好方法。

第三,数学文化是人类文化中最深刻的部分之一。讲述数学文化与人类文明的交互影响是本课程的重要任务之一。这个影响正在沿着深度和广度两个方向扩展。数学在经济学中的应用已是众所周知的事情。心理学、历史学、考古学、语言学、社会学等学科也正在广泛地使用数学。学生在大学期间就应当知道,未来的科学将向什么方向进展,这些科学需要什么样的新知识和新工具,数学在他们的学术生涯中将起到什么样的重要作用。

我们不但讲述数学文化,而且讲述方法论。方法论构成本课程的另一个重要内容。近代方法论起源于培根和笛卡儿。培根提倡归纳法,笛卡儿提倡演绎法。他们的方法论对近代科学的发展起了重大的推动作用。数学方法论是一个数学与哲学的交叉领域,其目的在于研究数学发现和发明的原则,并由此领悟其他学科的发明原则。它既涉及数学内容本身的辩证性质,也涉及人类思维过程的辩证性质。方法论学得好,可以使人由愚变明,由弱变强,思路开阔,善于联想,使思维规范化,从而提高学习和工作效率。

课程内容的一部分来自作者的《数学的源与流》,细心的作者会发现它们之间的联系与不同。

如何考核学生是对课程的另一挑战。作者采用的方式是让学生以论文方式写对课程的体会和收获。学生投入了很大的热情去完成论文。论文的选题、内容,以及组织与行文都很优秀。这就促使我在2002年选出部分论文集成册,名叫《心灵之花》,由北京大学出版社出版。这一行动得到了北京大学教务部领导、数学科学学院领导、北京大学出版社领导的大力支持和关怀。这一方式或许值得介绍,因为目前本科生表现自己才能的机会太少了。

本书是一个学期的授课内容,每周两学时,曾在北京大学使用过四次,在首都师范大学使用过两次。在每次实践过程中,对内容都有补充和删节,这次成书又作了不少修改。讲课和写书不是一回事。如有老师使用本书,请根据本校具体情况作删节或补充。本书已修改过多次,每次都发现不少问题,但也不能永远修改下去——丑媳妇总得见公婆。现在出版,作为抛砖引玉吧。欢迎读者提出批评并指出错误,以便再版时修正。

北京大学出版社刘勇同志对本书的出版给以极大的关心和帮助,作者致以衷心的感谢。

作　者

于北京大学燕北园

2004 年 3 月 12 日

目　　录

数学文化与数学教育 ·· (1)

第一章　绪论 ·· (2)

§1　关于素质教育 ·· (2)

§2　美与真 ·· (3)

§3　数学是思维的工具 ·· (4)

§4　数学的特点 ·· (5)

§5　数学提供了有特色的思考方式 ·· (6)

§6　数学教育中的弊病与应对 ·· (6)

　　6.1　数学教育中的弊病 ·· (6)

　　6.2　数学教育中的应对 ·· (7)

§7　初等数学回顾 ·· (8)

§8　学习原则 ·· (9)

§9　数学与就业 ·· (12)

§10　当前数学科学发展的主要趋势 ·· (13)

初中文凭，独步中华——华罗庚 ·· (14)

第二章　数学与人类文明 ·· (16)

§1　自然数是万物之母 ·· (16)

　　1.1　三个层次 ·· (16)

　　1.2　古希腊的数学 ·· (17)

§2　数学与自然科学 ·· (18)

　　2.1　宇宙的和谐 ·· (18)

　　2.2　物理学 ·· (22)

　　2.3　生命的奥秘 ·· (23)

§3　数学与人文科学 ·· (25)

　　3.1　数学与西方宗教 ·· (25)

　　3.2　数学与西方政治 ·· (26)

　　3.3　人口论 ·· (28)

　　3.4　统计方法 ·· (29)

　　3.5　诺贝尔经济学奖与数学 ·· (31)

  3.6 选票分配问题 ･･････････････････････････････････････ (32)

 一个叛逆的宇宙设计师——哥白尼 ･･････････････････････ (34)

 风骨超常伦——伽利略 ･･････････････････････････････････ (34)

 宇宙的秩序——开普勒 ･･････････････････････････････････ (35)

数学与艺术 ･･ (37)

第三章 透视画与射影几何 ･･････････････････････････ (38)

 §1 绘画与透视 ･･･････････････････････････････････････ (38)

  1.1 绘画体系 ･･･････････････････････････････････････ (38)

  1.2 一个标准,两种风格 ･･･････････････････････････ (39)

  1.3 黄金分割 ･･･････････････････････････････････････ (39)

  1.4 希腊的数学精神与裸体艺术 ･･･････････････････ (43)

  1.5 新的时代,新的艺术 ･･･････････････････････････ (44)

  1.6 引入第三维 ･･･････････････････････････････････ (45)

  1.7 郑板桥画竹 ･･･････････････････････････････････ (46)

  1.8 数学的引入 ･･･････････････････････････････････ (47)

  1.9 艺术家丢勒 ･･･････････････････････････････････ (49)

  1.10 数学定理 ･･････････････････････････････････ (49)

  1.11 名画挂在什么地方 ･･･････････････････････････ (51)

  1.12 对透视体系的议论 ･･･････････････････････････ (51)

  1.13 完美的结合,艺术的顶峰 ･･･････････････････ (52)

  1.14 从艺术中诞生的科学 ･･･････････････････････ (55)

 性灵出万象——达·芬奇 ･････････････････････････････ (56)

 §2 射影几何浅窥 ･･･････････････････････････････････ (57)

  2.1 点列与线束的透视关系 ･･･････････････････････ (57)

  2.2 椭圆、双曲线和抛物线作为圆周的投影 ･･････ (59)

  2.3 无穷远点的引入 ･･･････････････････････････ (59)

  2.4 射影平面 ･･･････････････････････････････････ (60)

  2.5 交比 ･･･････････････････････････････････････ (62)

  2.6 调和比 ･･･････････････････････････････････････ (64)

  2.7 含无穷远点的交比 ･･･････････････････････････ (64)

  2.8 四条直线的交比 ･･･････････････････････････ (65)

  2.9 对偶原理 ･･･････････････････････････････････ (65)

  2.10 三个美妙的定理 ･･･････････････････････････ (66)

 直觉主义的先驱——帕斯卡 ･･･････････････････････････ (68)

第四章 音乐之声与傅里叶分析 ……………………………………… (69)

§1 音乐——听觉的艺术 ………………………………………… (69)

1.1 送往天外的音乐 …………………………………………… (69)

1.2 多维艺术 …………………………………………………… (70)

§2 音律的确定 ……………………………………………………… (70)

2.1 乐音体系 …………………………………………………… (70)

2.2 古希腊音律的确定 ……………………………………… (71)

2.3 古代中国对音律的贡献 ………………………………… (72)

2.4 十二平均律 ……………………………………………… (74)

§3 数学与音乐的进一步联系 …………………………………… (76)

3.1 梅森的定律 ……………………………………………… (76)

3.2 黄金分割与作曲 ………………………………………… (76)

3.3 伟大的傅里叶 …………………………………………… (77)

§4 简谐振动与傅里叶分析 ……………………………………… (78)

4.1 简谐振动 …………………………………………………… (78)

4.2 弹簧的振动 ……………………………………………… (78)

4.3 傅里叶的定理 …………………………………………… (81)

4.4 调幅与调频 ……………………………………………… (84)

4.5 声学特性与艺术情趣 …………………………………… (86)

4.6 科学与艺术 ……………………………………………… (86)

此时无声胜有声——傅里叶 …………………………………… (87)

数学史 ……………………………………………………………… (88)

第五章 漫步数学史 …………………………………………………… (89)

§1 学点数学发展史 ……………………………………………… (89)

1.1 为什么要学点数学史? …………………………………… (89)

1.2 四个质不同的时期 ……………………………………… (90)

1.3 20 世纪以来数学科学发展的主要趋势 ………………… (93)

§2 数学文明的发祥 ……………………………………………… (94)

2.1 埃及——几何的故乡 …………………………………… (94)

2.2 巴比伦——代数的源头 ………………………………… (95)

2.3 印度——阿拉伯数字的诞生地 ………………………… (97)

第六章 现代文明的发源地——希腊 ……………………………… (99)

§1 演绎数学的发祥 …………………………………………… (100)

1.1 数学精神的诞生 ………………………………………… (100)

　　　1.2　泰勒斯的贡献 ……………………………………………………（101）
　　§2　毕达哥拉斯学派 ………………………………………………………（101）
　　　2.1　自然数是万物之母 …………………………………………………（101）
　　　2.2　毕达哥拉斯学派对数学的主要贡献 ………………………………（102）
　　　2.3　第一次数学危机 ……………………………………………………（106）
　　　2.4　第一次数学危机的消除 ……………………………………………（108）
　　　2.5　几何作主导 …………………………………………………………（109）
　　§3　希腊的几何学 …………………………………………………………（110）
　　　3.1　亚历山大时期 ………………………………………………………（110）
　　　3.2　欧几里得的《几何原本》 …………………………………………（110）
　　　3.3　正多边形作图 ………………………………………………………（111）
　　　3.4　五种正多面体 ………………………………………………………（111）
　　　3.5　多面体与宇宙观 ……………………………………………………（114）
　　　3.6　圆锥曲线 ……………………………………………………………（115）
　　§4　亚历山大时期的数学 …………………………………………………（115）
　　　4.1　数学在新时期的特点——同哲学断了交,同工程结了盟 ………（115）
　　　4.2　主要数学成果概述 …………………………………………………（116）
　　§5　阿基米德的平衡法 ……………………………………………………（119）
　　　5.1　穷竭法 ………………………………………………………………（119）
　　　5.2　阿基米德的平衡法 …………………………………………………（119）
　　§6　柏拉图与亚里士多德论数学 …………………………………………（121）
　　　6.1　赏心而不悦目 ………………………………………………………（122）
　　　6.2　自然界是一个真实的世界 …………………………………………（122）
　　练习题 …………………………………………………………………………（123）
　　独占鳌头两千年——欧几里得 ……………………………………………（124）

第七章　大哉,中华——中国数学史 ………………………………………（125）
　　§1　两汉时期的数学 ………………………………………………………（126）
　　　1.1　《周髀算经》与勾股定理 …………………………………………（126）
　　　1.2　《九章算术》 ………………………………………………………（126）
　　§2　魏晋、南北朝时期的数学 ……………………………………………（130）
　　　2.1　刘徽的数学成就 ……………………………………………………（130）
　　　2.2　百鸡问题 ……………………………………………………………（131）
　　　2.3　祖冲之父子的贡献 …………………………………………………（132）
　　　2.4　中国古代的代数 ……………………………………………………（134）
　　§3　宋元时期的数学 ………………………………………………………（134）

　　3.1　贾宪三角和增乘开方法 ·······························(134)

　　3.2　秦九韶与大衍求一术 ·······························(135)

　　3.3　天元术与四元术 ·······································(136)

　　3.4　高阶等差级数与内插法 ·······························(137)

　　3.5　古代数学发展的停滞 ·······························(139)

　割圆人间细,方盖宇宙精——刘徽 ·······················(139)

　领先世界一千年——祖冲之 ·······························(140)

第八章　文艺复兴后的数学 ·································(141)

　§1　数学的新进展 ·······································(141)

　　1.1　阿拉伯的数学 ·······································(141)

　　1.2　对数的认识 ·······································(141)

　　1.3　符号体系 ···(142)

　§2　解析几何 ···(143)

　　2.1　笛卡儿的两个概念 ·····································(143)

　　2.2　解析几的伟大意义 ·····································(144)

　　2.3　解析几何解决的主要问题 ·····························(145)

　§3　微积分的诞生 ···(147)

　　3.1　不可分素方法 ·······································(147)

　　3.2　微分学的早期史 ·····································(149)

　　3.3　巴罗的贡献 ···(150)

　　3.4　前期史小结 ···(150)

　　3.5　微积分的诞生 ·······································(151)

　　3.6　牛顿与莱布尼茨对微积分的贡献 ·······················(151)

　　3.7　微积分诞生的意义 ·····································(152)

　　3.8　牛顿革命 ···(153)

　　3.9　决定论的世界观 ·····································(154)

　§4　第二次数学危机 ·······································(155)

　　4.1　英雄世纪 ···(155)

　　4.2　第二次数学危机 ·····································(155)

　　4.3　柯西的功绩 ···(157)

　　4.4　外尔斯特拉斯的规划 ·································(157)

　我站在巨人们的肩上——牛顿 ·····························(159)

　微积分的创始者,数理逻辑的奠基人——莱布尼茨 ···········(160)

　数学分析的奠基人——柯西 ·······························(161)

　大器晚成——外尔斯特拉斯 ·······························(161)

第九章　来自几何学的思想 ·· (163)

§1　欧氏几何回顾 ··· (163)

1.1　欧氏几何的历史地位 ·· (163)

1.2　几何学在数学教育中的地位 ··· (163)

1.3　演绎法的基本特色 ·· (164)

1.4　欧氏几何的内容 ··· (165)

1.5　几何学的进一步发展 ··· (166)

§2　非欧几何 ·· (168)

2.1　非欧几里得几何的诞生 ·· (168)

2.2　黎曼的非欧几何 ··· (169)

2.3　从宇宙飞船上看地球 ··· (169)

2.4　球面几何 ··· (170)

2.5　双曲几何的模型 ··· (170)

§3　几何学的分类 ··· (172)

3.1　三种几何学的异同 ·· (172)

3.2　非欧几何诞生的意义 ··· (173)

3.3　爱尔兰根纲领 ··· (174)

3.4　老子的哲学 ··· (174)

几何学中的哥白尼——罗巴切夫斯基 ··· (175)

深邃的几何学家——B. 黎曼 ·· (176)

数学方法论 ·· (177)

第十章　几何三大难题 ·· (178)

§1　问题的提出和解决 ·· (178)

1.1　数学的心脏 ··· (178)

1.2　希腊古典时期数学发展的路线 ··· (178)

1.3　几何作图三大问题 ·· (179)

1.4　问题的来源 ··· (179)

1.5　"规"和"矩"的规矩 ·· (179)

1.6　问题的解决 ··· (180)

§2　放弃"规矩"之后 ··· (180)

2.1　帕普斯的方法 ··· (180)

2.2　阿基米德的方法 ··· (181)

2.3　时钟也会三等分任意角 ·· (182)

2.4　达·芬奇的化圆为方 ·· (182)

§3　从几何到代数 ……………………………………………………（182）

　　3.1　用直尺圆规可以作什么图 …………………………………（182）

　　3.2　域的定义 ………………………………………………………（184）

　　3.3　可构造数域 …………………………………………………（185）

　　3.4　进一步的讨论 ………………………………………………（186）

　　3.5　可作图的数都是代数数 ……………………………………（188）

§4　几个代数定理 ………………………………………………………（188）

　　4.1　根与系数的关系 ……………………………………………（188）

　　4.2　3 次方程的根 ………………………………………………（190）

§5　几何作图三大问题的解 ……………………………………………（192）

　　5.1　倍积问题 ………………………………………………………（192）

　　5.2　三等分任意角 ………………………………………………（192）

　　5.3　化圆为方 ……………………………………………………（193）

练习题 ……………………………………………………………………（193）

第十一章　数学方法漫谈（1）………………………………………（194）

§1　演绎法 ………………………………………………………………（194）

§2　类比法 ………………………………………………………………（195）

　　2.1　描述 ……………………………………………………………（196）

　　2.2　说理 ……………………………………………………………（196）

　　2.3　发现新定理 …………………………………………………（197）

　　2.4　蘑菇是丛生的 ………………………………………………（201）

　　2.5　类比推理与人工智能 ………………………………………（201）

§3　归纳与数学归纳法 …………………………………………………（201）

　　3.1　归纳与数学归纳法 …………………………………………（201）

　　3.2　等周定理的证明 ……………………………………………（204）

　　3.3　归纳思维的新进展 …………………………………………（206）

练习题 ……………………………………………………………………（206）

分析的化身——欧拉 ……………………………………………………（207）

第十二章　数学方法漫谈（2）………………………………………（209）

§1　笛卡儿的研究方法 …………………………………………………（209）

　　1.1　笛卡儿的方法论 ……………………………………………（209）

　　1.2　如何化繁为简 ………………………………………………（210）

　　1.3　特殊化与一般化 ……………………………………………（210）

　　1.4　更上一层楼 …………………………………………………（212）

　　1.5　猜测 ……………………………………………………………（213）

1.6 类比是认识高维空间的必由之路 ················· （214）

§2 孙子定理与插值理论 ···························· （214）

2.1 孙子定理 ·································· （214）

2.2 插值理论 ·································· （218）

2.3 求和公式 ·································· （219）

§3 小结 ··· （219）

一宵奇梦定终生——笛卡儿 ······················· （220）

学好微积分 ···································· （222）

第十三章 实数理论 ································ （224）

§1 有理数 ······································· （224）

1.1 有序性 ·································· （224）

1.2 有理数的稠密性 ·························· （224）

1.3 对四则运算的封闭性 ······················ （225）

1.4 有理数系对极限运算不封闭 ················· （225）

§2 实数理论 ····································· （227）

2.1 微积分立论的基础 ························ （227）

2.2 戴德金分划 ······························ （228）

2.3 实数的性质 ······························ （229）

2.4 实数集合的有序化 ························ （230）

2.5 实数集合的连续性 ························ （231）

2.6 确界定理 ································ （232）

第十四章 极限论 ································· （233）

§1 极限定义及运算 ······························· （233）

1.1 序列的极限 ······························ （233）

1.2 序列极限的四则运算 ······················ （234）

§2 两个重要定理 ································· （235）

2.1 区间套定理 ······························ （235）

2.2 有限覆盖定理 ···························· （235）

§3 收敛原理 ····································· （236）

3.1 子序列 ·································· （236）

3.2 收敛原理 ································ （237）

第十五章 函数及其连续性 ························ （239）

§1 基本概念 ····································· （239）

1.1 函数定义 ································ （239）

　　　1.2　单调函数　$\cdots$　(239)

　　　1.3　反函数　$\cdots$　(240)

　§2　初等函数　$\cdots$　(241)

　　　2.1　基本初等函数　$\cdots$　(241)

　　　2.2　复合函数与初等函数　$\cdots$　(245)

　　　2.3　函数概念发展史　$\cdots$　(245)

　§3　函数的连续性　$\cdots$　(246)

　　　3.1　函数的极限　$\cdots$　(246)

　　　3.2　单边极限　$\cdots$　(247)

　　　3.3　连续函数　$\cdots$　(248)

　　　3.4　连续函数的最大值、最小值定理　$\cdots$　(248)

　　　3.5　函数的一致连续性　$\cdots$　(250)

　　　3.6　反函数的连续性　$\cdots$　(252)

第十六章　微分学　$\cdots$　(253)

　§1　导数的引入　$\cdots$　(253)

　　　1.1　切线斜率　$\cdots$　(253)

　　　1.2　瞬时速度　$\cdots$　(254)

　　　1.3　导数概念　$\cdots$　(254)

　　　1.4　可导与连续　$\cdots$　(255)

　§2　导数的计算　$\cdots$　(256)

　　　2.1　导数的四则运算　$\cdots$　(256)

　　　2.2　链锁法则　$\cdots$　(256)

　　　2.3　高阶导数　$\cdots$　(256)

　　　2.4　基本初等函数求导公式　$\cdots$　(257)

　§3　基本定理　$\cdots$　(257)

　　　3.1　函数的局部极值　$\cdots$　(257)

　　　3.2　拉格朗日中值定理　$\cdots$　(259)

　§4　微分　$\cdots$　(260)

　　　4.1　微分定义　$\cdots$　(261)

　　　4.2　微分公式　$\cdots$　(261)

　　　4.3　基本初等函数微分表　$\cdots$　(262)

　　　4.4　微分的应用　$\cdots$　(262)

　　　4.5　论导数与微分　$\cdots$　(263)

第十七章　积分学　$\cdots$　(265)

　§1　不定积分　$\cdots$　(265)

1.1 基本概念 ……………………………………………………………… (265)

1.2 不定积分的运算法则 ………………………………………………… (266)

1.3 基本初等函数的不定积分表 ………………………………………… (267)

1.4 第一换元积分法 ……………………………………………………… (267)

1.5 第二换元积分法 ……………………………………………………… (268)

1.6 分部积分法 …………………………………………………………… (269)

§2 定积分 ……………………………………………………………………… (270)

2.1 面积问题 ……………………………………………………………… (270)

2.2 作为和的极限的面积 ………………………………………………… (271)

2.3 定积分的定义 ………………………………………………………… (272)

2.4 定积分的几何意义 …………………………………………………… (273)

§3 定积分的性质 ……………………………………………………………… (274)

3.1 定积分的简单性质 …………………………………………………… (274)

3.2 定积分中值定理 ……………………………………………………… (275)

§4 可积性研究 ………………………………………………………………… (276)

4.1 可积性的必要条件 …………………………………………………… (276)

4.2 达布和 ………………………………………………………………… (276)

4.3 达布和的简单性质 …………………………………………………… (277)

4.4 积分存在的条件 ……………………………………………………… (278)

4.5 定积分存在定理 ……………………………………………………… (278)

§5 微积分基本定理 …………………………………………………………… (279)

§6 定积分的换元积分法与分部积分法 ……………………………………… (281)

6.1 换元积分法 …………………………………………………………… (281)

6.2 分部积分法 …………………………………………………………… (282)

§7 再论微分学与积分学 ……………………………………………………… (282)

7.1 微分学 ………………………………………………………………… (282)

7.2 积分学 ………………………………………………………………… (283)

第十八章 回顾与展望 ………………………………………………………… (285)

§1 第三次数学危机 …………………………………………………………… (285)

1.1 对数学基础的探讨 …………………………………………………… (285)

1.2 什么是悖论? ………………………………………………………… (285)

1.3 悖论与艺术 …………………………………………………………… (286)

§2 数学基础 …………………………………………………………………… (287)

2.1 逻辑主义 ……………………………………………………………… (287)

2.2 直觉主义 ……………………………………………………………… (288)

　　　2.3 形式主义 ·· (288)

§3 哥德尔的不完全性定理 ·································· (289)

§4 新的黄金时代 ·· (290)

§5 数学家及其活动与数学社团的成立 ················ (291)

　　　5.1 数学家及其活动 ·································· (291)

　　　5.2 数学社团的成立 ·································· (292)

§6 两个大奖:菲尔兹奖和沃尔夫奖 ···················· (293)

　　　6.1 菲尔兹奖 ·· (293)

　　　6.2 沃尔夫奖 ·· (295)

§7 希尔伯特问题与 20 世纪的数学 ···················· (295)

§8 七加一数学奖问题 ·· (296)

　　　8.1 克莱数学促进会 ·································· (296)

　　　8.2 千禧年悬赏数学问题简介 ···················· (297)

　　　8.3 另一个价值百万的数学之谜 ················ (297)

自在如神之笔,凌云迈往之气——庞加莱 ·············· (298)

永远的不完全——哥德尔 ···································· (299)

参考书目 ·· (300)

数学文化与数学教育

随着人类文明的发展,数学的地位越来越重要.这就使得数学在整个教育中占有更加重要的地位.这正是本书前两章所重点讲述的内容.第一章主要涉及两个问题:

(1) 数学是什么? 从数学中我们学到了什么?

(2) 如何学数学?

同时还指出了当前数学教育中的弊病和应对.

第二章涉及数学与人类文明的关系,讲述了数学与人类文明的交互作用.使读者进一步认识到,数学在人类文明中的基础作用.主要涉及以下问题:

(1) 数学文明的诞生——它诞生在何时? 何地?

(2) 数学与文艺复兴;

(3) 数学与自然科学;

(4) 数学与人文科学.

目的是使读者认识到,数学与国家的兴衰,数学与人生的关系,理解我们所处的时代.

第一章 绪 论

古今之成大事业大学问者,必经过三种之境界."昨夜西凤凋碧树,独上高楼,望尽天涯路",此第一境界也."衣带渐宽终不悔,为伊消得人憔悴",此第二境界也."众里寻她千百度,蓦然回首,那人却在灯火阑珊处",此第三境界也.

王国维

§1 关于素质教育

素质教育应包含两个方面:科学素养与艺术素养,两者要结合起来.科学的目的在于认识世界,改造世界.即探索宇宙的奥秘,掌握宇宙的奥秘,为人类服务,对近代中国而言就是富国强民.艺术的目的在于追求真善美,追求社会、人生与心灵的和谐.

科学的基本态度是实事求是.

科学的基本方法是观察、实验和推理.

科学的基本精神是理性精神,怀疑与批判,探索与创新.

教育应当是"科学"的教育,即贯穿上述精神的教育.现在事实上,在表面繁荣的背后隐藏着某种危机,走着与理性探索相违背的道路.现代社会中浮现着人人都看得到的浮华潮流.不少人在追求学问的物化.考研、提职称的背后是地位和金钱.心不在"理"而在"技".这种心态应当改变,否则素质教育难以奏效.

正确的教育在于培养有道德、有智慧的人,并具有献身精神和探索精神.我们来看看著名科学家是如何看待素质教育的.

爱因斯坦说:"用专业知识教育人是不够的.通过专业教育,他可以成为一种有用的机器,但不能成为一个和谐发展的人.使学生对价值(即社会伦理准则)有新的理解并产生强烈的感情,那是最基本的."

爱因斯坦晚年曾说过他为什么选择物理.他说:"在数学领域里,我的直觉不够,我不能辨认哪些是真正重要的研究,哪些只是不重要的题目.而在物理领域里,我很快学到怎样找到基本问题来下工夫."这与杨振宁回答青年朋友应该研究物理还是研究数学时一样.杨振宁说:"这要看你对哪个领域里的美和妙有更高的判断力和更大的喜爱."

"美"和"妙"这就不是物理和数学的概念了,而属于文化艺术范畴的审美观念了,它取决于一个人的文化品格和素养.可见文化素质对于一个科学家研究方向的取舍、直觉判断能力和创造性思维有多大的影响了.

§2 美 与 真

自古希腊以来,随着几何学的美妙结构和精美推理的发展,数学变成了一门艺术.数学工作必须满足审美要求.正如英国著名数学家哈代(Godfrey Harold Hardy,1877—1947)所说:"美是首要的标准;不美的数学在世界上是找不到永久的容身之地的."他还说:"数学家的造型与画家或诗人的造型一样,必须美."庞加莱(Jules-Henri Poincaré)说:"数学家首先会从他们的研究中体会到类似于绘画和音乐那样的乐趣;他们赞赏数和形的美妙的和谐;当一种新发现揭示出意外的前景时,他们会感到欢欣鼓舞……他们体验到的这种欢欣难道没有艺术的特征吗?"

为什么把美看得这么重要? 因为首先,评判科学的价值有两条标准:实用标准与审美标准.长期以来,人们只注意实用原则,而忽视美学原则.把数学讲得枯燥无味.人们学数学是因为考试,而不是因为有趣.这与素质教育是背道而驰的.所以应该强调一下,引起注意.事实上,这在日常生活中也是一样.例如,装修房屋,一是图舒服,一是图美观,没有别的.女人买衣服也是这两条.

其次,科学研究的任务有两条,就是庄子说的:"判天地之美,析万物之理."这是一句非常深刻的话.日本物理学家、诺贝尔奖得主汤川秀树把这两句话印在他的书的扉页上,作为现代物理的指导思想及最高美学原则.这两句话也是我们学习数学的指导思想.判天地之美,就是发现与鉴赏宇宙的和谐与韵律;析万物之理,就是探索宇宙的规律.这样,我们才能做到人与宇宙的和谐共处.通过本书,我们将展现数学精神的魅力,阐述数学推理之妙谛.

最后,美和真是相伴的,有美的地方就有真,有真的地方就有美.判美是为了求真.希腊箴言说,美是真理的光辉.因而追求美就是追求真.爱因斯坦曾说过,当他发现研究的问题越来越复杂时,他便会停下思考,结果常常发现自己走上了错误的道路.因为他相信,宇宙的真相应该是简单而完美的.他对简单之美的信念与追求指引他发现真.法国数学家阿达玛(Jacques-Salomon Hadamard,1865—1963)说:"数学家的美感犹如一个筛子,没有它的人永远成不了数学家."可见,美感和审美能力是进行一切科学研究和创造的基础.

另外,真也在塑造美.当某个理论有悖于人们普遍的审美倾向时,开始人们会怀疑、反对,但如果长期的事实证明了理论的真实性,人们就会接受,并且该理论的审美倾向会影响人们已有的审美概念,并进一步影响人们以后对于真的探求.哥白尼的日心说就是一个很好的例子,它使人们从相信地心说转变为相信日心说.

关于美和真的关系,英国诗人济慈写道:

> 美就是真,
>   真就是美——这就是
> 你所知道的,
>   和你应该知道的.

那么,什么是美呢? 美有两条标准:一、一切绝妙的美都显示出奇异的均衡关系(培根),二、"美是各部分之间以及各部分与整体之间固有的和谐"(海森伯).这是科学和艺术共同追求的东西.

数学的美表现在什么地方呢? 表现在简单、对称、完备、统一、和谐与奇异.

让我们心中怀着美来探索数学的奥秘吧.

§3 数学是思维的工具

首先,数学的抽象性帮助我们抓住事物的共性和本质.例如,把实际问题化为数学问题的过程就是一个科学抽象的过程.它要求人们善于把问题中的次要因素、次要关系、次要过程先撇在一边,抽出主要因素、主要关系和主要过程,而后化为一个数学问题.这种方法可以用于数学以外.

其次,数学赋予知识以逻辑的严密性和结论的可靠性.爱因斯坦说:"为什么数学比其他一切科学受到特殊的尊重? 一个理由是,它的命题是绝对可靠的和无可争辩的,而其他一切科学的命题在某种程度上都是可争辩的,并且经常处于被新发现的事物推翻的危险之中.……数学之所以有高声誉,还有一个理由,那就是数学给精密自然科学以某种程度的可靠性,没有数学,这些科学是达不到这种可靠性的."

再次,数学是思想的体操.进行数学推导和演算是锻炼思维的智力操.这种锻炼能够增强思维本领,提高抽象能力、逻辑推理能力和辩证思维能力.数学不仅仅是一种工具,它更是一个人必备的素养.它会影响一个人的言行、思维方式等各个方面.一个人,如果他不是以数学为终生职业,那么他的数学素养并不只表现在他能解多难的题,解题有多快,数学能考多少分,关键在于他是否真正领会了数学的思想,数学的精神,是否将这些思想融会到他的日常生活和言行中去.日本的米山国藏说:"我搞了多年的数学教育,发现学生们在初中、高中接受的数学知识因毕业进入社会后,几乎没有什么机会应用这些作为知识的数学,所以通常是出校门不到一两年就很快忘掉了.然而,不管他们从事什么业务工作,惟有深深铭刻于头脑中的数学精神、数学的思维方法、研究方法和着眼点等,都随时随地发生作用,使他们受益终生."

数学还有另外的作用.数学家狄尔曼说:"数学能集中、强化人们的注意力,能够给人以发明创造的精细和谨慎的谦虚精神,能够激发人们追求真理的勇气和信心,……数学更能锻炼和发挥人们独立工作精神."

N.布特勒说:"现代数学,这个最令人惊叹的智力创造,已经使人类心灵的目光穿过无限的时间,使人类心灵的手延伸到了无边无际的空间."

数学已成为现代人的基本素养.

§4 数学的特点

数学区分于其他学科的明显特点有三个：第一是它的抽象性，第二是它的精确性，第三是它的应用的极端广泛性.

从中学数学的学习过程中读者已经体会到数学的抽象性了.数本身就是一个抽象概念，几何中的直线也是一个抽象概念，全部数学的概念都具有这一特征.整数的概念、几何图形的概念都属于最原始的数学概念.在原始概念的基础上又形成有理数、无理数、复数、函数、微分、积分、n 维空间以至无穷维空间这样一些抽象程度更高的概念.但是需要指出，所有这些抽象度更高的概念，都有非常现实的背景.

不过，抽象不是数学独有的特性，任何一门科学都具有这一特性.因此，单是数学概念的抽象性还不足以说尽数学抽象的特点.数学抽象的特点在于：第一，在数学的抽象中只保留量的关系和空间形式而舍弃了其他一切；第二，数学的抽象是一级一级逐步提高的，它们所达到的抽象程度大大超过了其他学科中的一般抽象；第三，数学本身几乎完全周旋于抽象概念和它们的相互关系的圈子之中.如果自然科学家为了证明自己的论断常常求助于实验，那么数学家证明定理只需用推理和计算.这就是说，不仅数学的概念是抽象的、思辨的，而且数学的方法也是抽象的、思辨的.

数学的精确性表现在数学定义的准确性、推理和计算的逻辑严格性以及数学结论的确定无疑与无可争辩性.当然，数学的严格性不是绝对的、一成不变的，而是相对的、发展着的，这正体现了人类认识逐渐深化的过程.

讲一个故事.三位名人坐火车访问云南，一位数学家，一位物理学家，一位作家.作家看到窗外田野上有一只黑羊，感慨道："想不到云南的羊都是黑的！"物理学家说："不对，云南至少有一只羊是黑的."数学家举头看看窗外，说："云南至少有一块地上有一只羊，至少半边是黑的."

数学中的严谨推理和一丝不苟的计算，使得每一个数学结论都是牢固的、不可动摇的.这种思想方法不仅培养了科学家，而且它也有助于提高人的科学文化素质，它是全人类共同的精神财富.关于欧几里得几何的严密体系，爱因斯坦曾说过这样的话："世界第一次目睹了一个逻辑体系的奇迹，这个逻辑体系如此精密地一步一步推进，以致它的每一个命题都是绝对不容置疑的——我这里说的是欧几里得几何.推理的这种可赞叹的胜利，使人类理智获得了为取得以后成就所必需的信心."的确如此，最早出现于希腊的数学向演绎证明的变革，也许是人类文明史上的最伟大的变革.

数学应用的极其广泛性也是它的特点之一.正像已故著名数学家华罗庚教授曾指出的，宇宙之大，粒子之微，火箭之速，化工之巧，地球之变，生物之谜，日用之繁，数学无处不在，凡是出现"量"的地方就少不了用数学，研究量的关系，量的变化，量的变化关系，量的关系的变化等现象都少不了数学.数学之为用贯穿到一切科学部门的深处，而成为它们的得力助手与工具,缺少了它就不能准确地刻画出客观事物的变化,更不能由已知数据推出其他数据,因而就减少了科学预见的精确度.

§5　数学提供了有特色的思考方式

数学科学的特点,蕴涵出它的有特色的思考方式:

抽象化:选出为许多不同的现象所共有的性质来进行专门研究.

符号化:数学语言与通常的语言有重大的区别,它把自然语言扩充、深化,而变为紧凑、简明的符号语言.这种语言是国际性的,它的功能超过了普通语言,具有表达与计算两种功能.物理学家赫兹说:"我们无法避开一种感觉,即这些数学公式自有其独立的存在,自有其本身的智慧;它们比我们还要聪明,甚至比发明它们的人还要聪明;我们从它们得到的实比原来装进去的多."数学语言具有单义性、准确性和演算性.

公理化:从前提,从数据,从图形,从不完全和不一致的原始资料出发进行推理,这就是公理化方法.在使用这种方法时,归纳与演绎并用.公理化的方法也深刻地影响着其他学科.

最优化:考查所有的可能性,从中寻求最优解.

数学模型:对现实现象进行分析.从中找出数量关系,化为数学问题,并予以解决.

应用这些思考方式的经验构成数学能力.这是当今信息时代越来越重要的一种智力.它使人们能批判地阅读,辨别谬误,摆脱偏见,估计风险.数学能使我们更好地了解我们生活于其中的充满信息的世界.

§6　数学教育中的弊病与应对

6.1　数学教育中的弊病

(1) 目前在初、高等教育中,特别在教材、教学法中,就数学而言,过于偏重于演绎论证的训练,把学生的注意力都吸引到逻辑推理的严密性上去了.课堂上讲的基本上是逻辑,是论证,是定理证明的过程,而不是发明定理的过程,也不是发现定理证法的过程.用一句古话来说:鸳鸯绣出任君看,不与郎君度金针.这对培养学生的创造力来说是十分不利的.当然,必要的逻辑推理训练不可少,但对培养数学家来说,发明与创新比命题论证更重要.定理的发明与论证常常是两回事,课上应当讲讲数学的发现与发明.讲一个故事:

> 昔一人苦贫特甚,而生平虔奉吕祖.感其至心,忽降其家,见其赤贫,不胜悯之,念当有以济之.因伸一指,指其庭中磐石,粲然化为黄金.曰:汝欲之乎?其人再拜曰:不欲也.吕祖大喜,谓:子诚如此,便可授汝大道.其人曰:不然,我心欲此指头耳.

老师给学生的应当是点石成金的手指头,而不是帮他们点石成金.换言之,鸳鸯既要绣出,金针亦需度尽.

(2) 课上讲的东西都是成熟的、完美的. 不讲获得真理的艰苦历程. 有时有意回避问题,掩盖缺陷. 因而学生获得的是片面的知识. 著名数学史作家 M. 克莱因(M. Klein)说:

> "课本中字斟句酌的叙述,未能表现出创造过程中的斗争、挫折,以及在建立一个可观的结构之前,数学家所经历的艰苦漫长的道路. 学生一旦认识到这一点,他将不仅获得真知灼见,还将获得顽强地追究他所攻问题的勇气,并且不会因为自己的工作并非完美无缺而感到颓丧. 实在说,叙述数学家如何跌跤,如何在迷雾中摸索前进,并且如何零零碎碎地得到他们的成果,应使搞研究工作的任一新手鼓起勇气."

(3) 在教学与教材中,常常见木不见林,细节多,思想少,见不到本质,这在一定程度上失去了"真". 其次,割断了数学与哲学、数学与艺术、数学与自然科学的联系,使学生见不到各个学科间的联系与相互为用,这就在一定程度上失去了"善". 自然地,也见不到数学的整体结构的和谐与一致,这在一定程度上失去了"美". 结果使学生丧失了对理性追求的兴趣.

除去课程设置和教材体系的问题之外,还存在着教育观念和教学方法等方面的问题. 教学过程中普遍缺乏对学生的启发性,忽视对学生科学探讨精神的帮助与鼓励,不讲课程内容的科学意义而在一些枝节问题上大做文章,甚至把做题作为整个教学的中心,误导学生做难题、偏题、怪题. 这就变相地扼杀了学生的创造性.

著名数学家柯朗(R. Courant, 1888—1972)曾尖锐地批评数学教育. 他说:"两千年来,掌握一定的数学知识已被视为每个受教育者必须具备的智力. 数学在教育中的这种特殊地位,今天正在出现严重危机. 不幸的是,教育工作者对此应负其责. 数学的教学逐渐流于无意义的单纯演算习题的训练. 固然这可以发展形式演算能力,但却无助于对数学的真正理解,无助于提高独立思考能力." 柯朗的话是何等的好啊! 它值得我们每一个数学教育工作者思考,反思我们的教学工作. 归根到底,时代变了,培养数学人才的模式也与以前不同了,时代对数学教育提出了更高的要求. 这就要求我们转变教育观念,对过去的教学体系和内容进行改革,并逐步在实践中建立适合现实需要的新的教学体系和新的教育观. 这样的任务历史地落在现在这一代数学教育工作者的身上.

6.2 数学教育中的应对

素质教育应从弥补这些缺陷入手. 数学发展的历史贯穿着理性探索与现实需要这两股动力,贯穿着对真善美与对功利用的两种追求. 我们将在文化这一更加广阔的背景下讨论数学的发展、数学的作用以及数学的价值,从历史的、文化的和哲学的高度鸟瞰数学的全貌和美丽.

首先是历史的. 如果我们不知道我们从哪里来,那么我们也就不知道到哪里去. 而且,"一门科学的历史是那门科学中最宝贵的一部分,因为科学只能给我们知识,而历史却能给我们智慧"(化学家傅鹰),所以我们要讲一点历史.并且,将力量集中在划时代学科的诞生与重要概念的发展上,考查数学科学的演变,并给出评价与展望,而不去过多地涉及细节.

其次,我们要讲述数学与各种文化的交互影响,从中认识到数学是理解当今世界的一把大钥匙,任何学科都离不开它;同时也将阐述数学与人文科学的联系,目前这方面的论述比较少.

目前是知识空前发展的时代,各门学科呈现相互交叉的趋势.只懂得一门学问是远远不够了.高校开设素质教育通选课,不仅向学生提供一门知识,也是提供一种机会.各门学科的交叉点常常是新学科的发源地.要使数学成为对于怀着各种各样不同兴趣的学生都有吸引力的一门学科.

贝弗里奇在《科学研究的艺术》一书中指出:"如果研究的对象是一个正在发展的学科,或是一个新问题,这时内行最有利.如果研究的对象是一个不再发展的学科,那就需要一种新的革命的方法,而这种革命的方法更可能由一个外行提出."这里给出一个实例.

大约在 1950 年,一个名叫 H. Hauptman 的数学家对晶体的结构这个谜产生了兴趣.从 20 世纪初化学家就知道,当 X 射线穿过晶体时,光线碰到晶体中的原子而发生散射或衍射.当他们把胶卷置于晶体之后,X 射线会使随原子位置而变动的衍射图案处的胶卷变黑.化学家的迷惑是,他们不能准确地确定晶体中原子的位置.这是因为 X 射线也可以看做是波,它们有振幅和相位.这个衍射图只能探清 X 射线的振幅,但不能探测相位.化学家们对此困惑了 40 多年.H. Hauptman 认识到,这件事能形成一个纯粹的数学问题,并有一个优美的解.

借助傅里叶分析,他找出了决定相位的办法,并进一步确定了晶体的几何.结晶学家只见过物理现象的影子,H. Hauptman 却利用 100 年前的古典数学从影子来再现实际的现象.前些年在一次谈话中,他回忆说,1950 年以前,人们认为他的工作是荒谬的,并把他看成一个大傻瓜.事实上,他一生只上过一门化学课——大学一年级的化学.但是,由于他用古典数学解决了一个难倒现代化学家的谜,而在 1985 年获得了诺贝尔化学奖.

这个例子告诉我们,各门学科的交叉点常常是新发明的沃土.

第三,方法论是本课程的一个目标.

§7　初等数学回顾

本课程的起点基本上是初等数学,但背景来自高等数学.我们希望通过浅显的知识,讲授数学的精神、方法和应用.因而这里对初等数学作一简要回顾.

孔子说:"温故而知新."柏拉图说:"天下本无新事."这是告诉我们,要从旧中找出新,从新中辨出旧.只有如此我们才能学得深、理解得透.

初等数学的主要内容有:算术,代数,几何,三角和解析几何.它们提供了最基本的数学知识和最基本的思维模式.

这些内容清楚地表明,数学是空间形式和数量关系的学科.那么,形与数的本质是什么?

形:空间形式的科学,视觉思维占主导,培养直觉能力,培养洞察力,培养逻辑推理能力.

数:数量关系的科学,有序思维占主导,培养符号运算能力.

在学习数学的时候要注意数、形结合.已故著名数学家华罗庚对此非常重视.他曾写了一首词:

> 数与形,本是相倚依,焉能分作两边飞.
>
> 数缺形时少知觉,形少数时难入微.
>
> 数形结合百般好,隔离分家万事非.
>
> 切莫忘,几何代数统一体,
>
> 永远联系,切莫分离.

数与形相结合,既有助于加深理解,也有助于记忆.

在初等数学中,算术与代数以研究数量关系为主,几何与三角以研究空间形式为主.解析几何是数与形结合的典范.几何学教给我们逻辑推理的能力,代数学教给我们数学演算的能力.在整个初等数学中代数占有更加重要的作用.它提供了:

最基本的运算:四则运算;

最基本的运算法则:结合律,分配律,交换律.

从算术到代数有四个主要进步:(1)从数字运算到文字运算;(2)从已知数运算到未知数运算;(3)从处理常量到处理变量;(4)引进指数与对数两种新运算.

自然数集与加法(或乘法)结合在一起构成近代代数中的群的原型.有理数集与四则运算结合在一起构成近代代数中的域的原型.

中学数学的主要任务有四:(1)发展符号意识;(2)实现从直观描述到严格证明的转变,培养严密的逻辑思维能力;(3)实现从具体数学到概念化数学的转变;(4)实现从常量数学到变量数学的转变.

§8 学 习 原 则

学习数学要有办法.对任何学科而言,学识有两大组成部分:知识与才智.才智是运用知识的能力.没有一定的独立思考、能动性和创新精神就谈不上才智.在数学中,才智就是解问题,找出证明,评议百家,流畅地运用数学语言和工具,在各种场合辨认数学概念的能力.才智比仅有知识更为重要.学习要遵循哪些原则?

1. 主动学习原理(苏格拉底法,公元前 470—399)

学习任何东西的最好途径是自己去发现.德国物理学家李希坦贝尔格说:"那曾经使你不得不亲自动手发现了的东西,会在你脑子里留下一条路径,一旦有所需要,你就可以重新运用它."

2. 循序渐进

康德说："学习从行动和感受开始,再从这里上升到语言和概念."我们把循序渐进分成三个阶段:探索阶段、形式化阶段和同化阶段.

探索阶段:更接近于行动和感受,要认识事物,熟悉事物,这时处于一种比较直观和启发式的水平上.

形式化阶段:引入术语和定义,给出证明,达到一种概念化的水平.

同化阶段:这时应有一种洞察事物"内部境界"的尝试.应当将所学材料经过消化吸收到自己的知识体系中,到自己的精神境界中去.这一阶段为应用铺平了道路,又打开了通向更高境界的道路.

3. 审同辨异

审同辨异,即同中观异,异中观同,这是发明创造的开始.

异中观同就是抓住本质,抓住共性.领域不管相隔多远,外表有多大不同,实质可能是一样的.实质认的越清楚,作出新发明的可能就越大.

例如,庞加莱做 Fuchs 群的研究,做了半个月只得到一点结果,基本上是失败的.他放弃了这项研究,到乡间去旅行.他写道:"这时我离开了居住的锡安城,参加矿冶学院主持的一次地质考察.这次外出旅行好几天,使我完全忘记了我正在进行的数学研究.到了康旦城,我们正要搭车出门,就在我一只脚踩上车门的那一瞬间,灵感在我的脑海中冒了出来.我突然领悟到,我定义 Fuchs 函数的变换方法同非欧几何的变换方法是一样的."正是因为抓住了不同领域间的共性使庞加莱完成了他的研究.类似的经历在他身上出现过三次.

高斯(Carl Friedrich Gauss)也写过关于他求证数年而未成功的一个问题."终于在两天前我成功了.……像闪电一样,谜一下子解开了.我自己也说不清楚是什么导线把我原先的知识和使我成功的东西接连起来了."

希尔伯特(Hilbert David)的最早的门生布鲁门萨尔在给希尔伯特写的传记中这样说:"在剖析伟大的数学才能时,你必须区分不同的情况,一种是创造概念的能力,一种是意识事物之间的深刻联系,并使基本原理简明化的才能.在希尔伯特身上,你能看到一种不可抗拒的深邃洞察力,这正是他的伟大之处.在他的全部工作中包含有那样一些例子,它们来自相距很远的领域,只有希尔伯特才能辨认出它们之间的内在联系以及跟当前所研究的问题的联系;这就是从这一切工作中最终创造出一个综合物——他的艺术杰作.……只有极少数伟大人物能和希尔伯特相提并论."

最近的例子是,1998 年 8 月号的《科学的美国人》刊登了阿德尔曼的一篇文章《让 DNA 作计算》.我们知道,DNA 由两条链组成,每一条链按一定顺序排列着四种核苷酸碱基,分别记做 A,T,C,G.两条链上的碱基通过氢键连接.但是,由于这些原子基团的构造不同,A 只能与 T 相连,C 只能与 G 相连.这样一来,如果 DNA 一条链上的碱基已经确定,则另一条链上的碱基也一定相应地被确定.从信息角度来看,A,T,C,G 的化学结构、化学特性都不重要,重要的是,它们是信息的载体,因此,需要研究它们的排列、对应、变换等,即把它们作为符号去研究数学. 如果在 DNA 的一条链上排列了一串碱基, 例如 GAACAG, 就会有一个酶——DNA 聚合酶制造出相应的另一串碱基 CTTGTC, 这就成了一条碱基链的互补链, 如此可以复制 DNA 以至整个细胞. 按照还原论的观点, 生命就是 DNA 聚合酶复制 DNA. DNA 聚合酶是一个奇异的纳米机器, 它一跳就骑在 DNA 的一条链上, 顺着它往下滑, 一边滑一边"读"出 A, T, C, G 这些字母, 同时"写"出与它互补的字母链 T, A, G, C.

现在回到阿德尔曼. 他写道: "我正躺着叹服于这个令人惊奇的酶, 并且突然为它们与图灵发明的机器之相似而大为震动." 想到这一点使他"彻夜难眠, 想办法让 DNA 作计算." 这就是 DNA 计算机的起源.

现在讲同中观异. 恩格斯说: "从不同观点观察同一对象, ……殆已成为马克思的习惯." 法国雕塑家罗丹说: "所谓大师就是这样的人, 他们用自己的眼睛去看别人见过的东西, 在别人司空见惯的东西上能够发现出美来." 所以必须训练自己的观察力和对事物的敏感度, 否则你只能停留在常人水平. 德国哲学家尼采说: "独创性——并不是首次观察某种新事物, 而是把旧的、很早就已知的、或者人人都视而不见的事物当做新事物观察, 这才证明是真正具有独创性的头脑." 同中观异似乎更难. 再举个例子. 大家知道, 李白是才气很大的. 他站在黄鹤楼上, 有感于眼前美景, 准备写诗. 抬头一看, 崔颢的"黄鹤楼"在上面, 写得非常之好. 他无法超越, 于是提笔写道"眼前有景道不得, 崔颢题诗在上头".

对同一个概念, 或同一个定理, 不同的人有不同的理解, 其深度可以相去甚远.

对数学中的重要概念, 要多花一些心思去琢磨它. 要借助大量丰富的例子去加深对概念内涵的理解. 有些同学没有学好数学, 常常是因为基本概念没有弄清楚.

如何学好定理? 我们提出五个怎样: 怎样发现定理; 怎样证明定理; 怎样理解定理; 怎样应用定理; 怎样推广定理. 如果你能够从这五个方面考察一个定理, 你就会对定理有一个较为全面的理解.

4. 直觉力

任何一个数学分支都是一个演绎体系, 任何演绎体系都是通过证明组织起来的. 可见, 证明成为每一门数学课的中心内容是不奇怪的. 通过证明我们可以清楚地了解定理在理论中的地位. 因而讲数学不可能不讲证明. 数学证明在数学理论中具有重要的地位. 但是我们也必须看到, 证明是论证的手段, 而不是发明的手段. 一个数学课忽视后一点将是一个巨大的损失. 那些伟大的数学家在逻辑证明尚未给出以前, 就知道某个定理肯定是正确的. 直觉和美感是他们的向导. 事实上, 费马(Pierre de Fermat)关于数论的大量工作以及牛顿(Isaac Newton)关于三次曲线的工作都没有给出证明, 甚至没有暗示证明存在. 数学的前进主要是靠具有超长直觉的人们推动的, 而不是靠那些长于作出严格证明的人们推动的. 数学中有许多著名猜想都是这么产生的, 例如哥德巴赫猜想、费马大定理、黎曼猜想、四色问题等都是. 实验、猜测、归纳和类比在数学的发现中具有重要的作用, 这是学好数学的重要组成部分, 所以, 在数学学习中应给以相当的关注.

5. 鉴赏力

鉴别真与假、好与坏、美与丑、重要与不重要，基本与非基本，是一件非常重要的事情. 有鉴别力的学生会区分主次，自然学得好. 鉴赏力可以在教学过程中逐渐加以培养. 如何培养? 讲一点数学史，它会给出正确的价值观. 历史上留下来的问题都是大浪淘沙的结果，是"淘尽污泥始见金".

培养鉴赏力的另一个手段是经常作比较，可能的话，展示最好的.

与哲学相结合. 哲学的思考可以提供观察问题的方法和角度，引人深入. 没有哲学无法看清数学的深度. 以简驭繁、返璞归真都是哲学思考. 具有鉴赏力的学生能够抓住事物的本质.

§9 数学与就业

二次世界大战以后，数学与社会的关系发生了根本性的变化. 数学已经深入到自然科学和社会科学的各个领域. 著名数学家 A. Kaplan 说："由于最近 20 年的进步，社会科学的许多领域已经发展到不懂数学的人望尘莫及的阶段."A. N. Rao 指出：一个国家的科学的进步可以用它消耗的数学来度量. 20 世纪 70 年代末，美国国家研究委员会正式提出，美国的扫盲任务已转变为扫数学盲. 1989 年，美国国家研究委员会发表《人人关心数学教育的未来》一书，书中重点强调："我们正处在国家由于数学知识而变得在经济上和种族上都被分裂的危险之中."并解释道："……除了经济以外，对数学无知的社会和政治后果给美国民主政治的生存提出了惊恐的信号. 因为数学掌握着我们的基于信息的社会的领导能力的关键，具有数学读写能力的人与不具有这种能力的人之间的差距越来越大，从种族和经济的范围上，其程度是惊人地一致. 我们冒着变成一个分裂的国家的危险，其中数学知识支持着多产的、技术强大的精英阶层，而受赡养的、半文盲的成年人、不相称的西班牙人和黑人，却发现他们远远不具备经济和政治的能力. 这必须纠正过来，否则没有数学基本能力的人和文盲将迫使美国崩溃."

我们知道，语言的读写能力是非常重要的. 一个文盲是没有读写能力的，或者只会写自己的名字. 他很难在社会上找到重要的工作. 现在数学的读写能力，也就是量的读写能力正在提到我们的眼前. 现代社会的许多信息是用量的方式提供的，因而作为一个现代人，用量的方式去思维、去推理和判断成为一种基本能力. 1999 年美国出版了一部教材名叫《应用与理解数学》(Using and Understanding Mathematics. by Jeffrey O. Bennett, and William L. Briggs). 在书的第三页，列出了一张就业表（见表 1、表 2），其中包含两种能力：英语与数学（表中只摘录了其中一部分）.

表 1 技术水平

	语言水平	数学水平
4	写报告、总结、摘要,参加辩论	熟练使用初等数学,熟悉公理化几何
5	读科技杂志、经济报告、法律文件,写社论、评论文	懂微积分与统计,能处理经济问题
6	比 5 级更高一级	使用高等微积分,近世代数和统计.

表 2 职业要求

职业	语言水平	数学水平
生物化学师	6	6
心理学家	6	5
律师	6	4
经济分析师	4	5
会计	5	5
公司董事	4	5
计算机推销员	4	4
税务代理人	6	4
私人经纪人	5	5

§10 当前数学科学发展的主要趋势

1. 综合与新分支

数学与自然科学、社会科学和哲学的相互联系的加深与加广,而且互相依赖,互相促进,正在形成一个综合的知识集合体,可研究的问题从不可见的粒子一直扩展到宇宙间的黑洞. 这使得各门科学都获得了新的视野,新的分支不断涌现,同时,也促使数学获得根本性的进步.

2. 数学化与形式化

从 20 世纪开始,几乎社会科学的所有领域都不同程度地表现出一种重要特征,即这些学科的理论与方法正在朝着日益数学化和形式化的方向演变,并实现从定性描述到定量描述的转化.

3. 计算机的作用

计算机的诞生使上述两种趋势加深、加快和加广. 信息处理的速度大大加快,信息传输与交流正在全球化,学术界对新事物、新学科的反映更加敏感.

这三种趋势将形成一个大的潮流,把数学、自然科学与人文科学冲刷到一起,让它们联合作战. 这三种趋势中起中心作用的是数学. 当然,这不是说所有重要的发展都是数学单独引起的,而是说,数学在其中起了关键的作用,它一直是主角. 本书将从历史的角度阐明这一事实.

最后,用六句话来概括数学素质教育通选课的目的:

给你打开一个窗口,让你领略另一个世界的风光——数学的博大精深,数学的广阔用场;

给你一双数学家的眼睛,丰富你观察世界的方式;

给你一颗好奇的心,点燃你胸中的求知欲望;

给你一个睿智的头脑,帮助你进行理性思维;

给你一套研究模式,使它成为你探索世界奥秘的望远镜和显微镜;

给你提供新的机会,让你在交叉学科中寻求乐土,利用你的勤奋和智慧去作出发明和创造.

论文题目

1. 我与数学.
2. 数学与素质教育.

初中文凭,独步中华——华罗庚

华罗庚是 20 世纪中国最杰出的数学家,1910 年 11 月 12 日诞生于江苏省金坛县,1985 年 6 月 12 日于日本东京病逝.因家境贫寒,早年没有接受过系统的高等教育.他初中毕业后,考取了上海中华职业学校,因拿不出 50 元的学费而中途辍学,回金坛帮助其父经营"乾生泰"小店,同时刻苦自修数学.1930 年在上海的《科学》杂志上发表了一篇关于五次方程的文章而受到清华大学数学系系主任熊庆来的注意,认为华罗庚有培养前途.经熊庆来推荐,华罗庚于 1931 年到清华大学数学系任数学系助理,1933 年被破格提升为助教,一年后教微积分课.1934 年华罗庚成为"中华文化教育基金会董事会"乙种研究员.1935 年被提升为教员.1936 年作为访问学者到英国剑桥大学进修.1938 年应清华大学之聘任正教授,执教于西南联合大学.1946 年 2 月至 5 月应前苏联科学院与前苏联对外文化协会的邀请对前苏联作了广泛的访问.1946 年 7 月赴美,他先在普林斯顿高级研究院作研究,后在普林斯顿大学教数论.1948 年春在伊利诺伊大学任正教授.1950 年 2 月回国,任清华大学数学系教授,并着手筹建中国科学院数学研究所.1952 年华罗庚出任中国科学院数学研究所第一任所长.

1957 年,华罗庚、曾昭抡、钱伟长、千家驹、童第周在《光明日报》发表联名文章,对我国的科技发展问题提出了宝贵意见,但该文竟被批判为反党、反社会主义的科学纲领.曾昭抡与钱伟长被错划为右派分子,华罗庚被剥夺了发言权,成为数学所的重点批判对象.

1958年后，华罗庚普及优选法，足迹遍及全国，取得了很好的经济效益．

1966年，长达十年的"文化大革命"爆发，华罗庚在劫难逃，家被抄过好几次，手稿散失殆尽．

华罗庚在解析数论、矩阵几何学、典型群、自守函数、多复变函数论、偏微分方程、高维数值积分等广泛的数学领域都做出了卓越的贡献．

华罗庚是享有国际盛誉的数学家．1978年他出任中国科学院副院长，1982年当选为美国科学院院士，1983年当选为第三世界科学院院士．

值得一提的是，华罗庚文学水平极高，他写了不少诗文，并以诗歌的形式传授数学方法论．

华罗庚在学习(1983年)

第二章　数学与人类文明

这个学科(数学)能把灵魂引导到真理.

苏格拉底

许多数学家知道他们所研究的东西的细节,但对表述数学科学的哲学特征却毫无所知.

怀特海

尽管数学的系谱是悠久而又朦胧的,但是数学思想是起源于经验的.这些思想一旦产生,这个学科就以特有的方式生存下去.和任何其他学科,尤其是与经验学科相比,数学可以比作一种有创造性的,又几乎完全受审美动机控制的学科.

冯·诺伊曼

§1　自然数是万物之母

1.1　三个层次

整个人类文明的历史就像长江的波浪一样,一浪高过一浪,滚滚向前.科学巨人们站在时代的潮头,以他们的勇气、智慧和勤奋把人类的文明从一个高潮推向另一个高潮.我们认为,整个人类文明可以分为三个鲜明的层次:

（1）以锄头为代表的农耕文明;

（2）以大机器流水线作业为代表的工业文明;

（3）以计算机为代表的信息文明.

数学在这三个文明中都是深层次的动力,其作用一次比一次明显.

在人类文明中数学一直是一种主要的文化力量. 数学不仅在科学推理中具有重要的价值,在科学研究中起着核心的作用,在工程设计中必不可少. 而且,在西方,数学决定了大部分哲学思想的内容和研究方法,摧毁和构造了诸多宗教教义,为政治学和经济学提供了依据,塑造了众多流派的绘画、音乐、建筑和文学风格,创立了逻辑学. 作为理性的化身,数学已经渗透到以前由权威、习惯、风俗所统治的领域,并成为它们的思想和行动的指南.

人类历史上的每一个重大事件的背后都有数学的身影:哥白尼的日心说,牛顿的万有引力定律,无线电波的发现,三权分立的政治结构,一夫一妻的婚姻制度,爱因斯坦的相对论,孟德尔的遗传学,巴贝奇的计算机,马尔萨斯的人口论,达尔文的进化论,达·芬奇的绘画,巴赫的 12 平均率,晶体结构的确定,DNA 双螺旋疑结的打开,等等都与数学思想有密切联系.

但是,要说清楚数学的中心作用,必须从根谈起,必须从古希腊谈起.

1.2 古希腊的数学

古希腊人最了不起的贡献是,他们认识到数学在人类文明中的基础作用.这可以用毕达哥拉斯(Pythagoras,约公元前580—约前500)的一句话来概括:自然数是万物之母.

毕达哥拉斯学派研究数学的目的是企图通过揭示数的奥秘来探索宇宙的永恒真理.他们对周围世界作了周密的观察,发现了数与几何图形的关系,数与音乐的和谐,他们还发现数与天体的运行都有密切关系.他们把整个学习过程分成四大部分:

(1) 数的绝对理论——算术;

(2) 静止的量——几何;

(3) 运动的量——天文;

(4) 数的应用——音乐.

毕达哥拉斯

合起来称为四艺.

以音乐为例,从毕达哥拉斯时代开始,人们就认为,对音乐的研究本质上是数学的,音乐与数学密不可分.他们做过这样的试验:将两条质料相同的弦水平放置,使它们绷紧,并保持相同的张力,但长度不同.使两条弦同时发音,他们发现,如果弦长的比是两个小整数的比,如 1:2,2:3,3:4 等,听起来就和谐、悦耳.正是基于这种认识,毕达哥拉斯学派定出了音律(图 2-1).这是毕达哥拉斯作出的第一个发现,它对哲学和数学的未来方向具有决定性的意义.其意义不是这一发现本身,而是对这一发现的解释.四大文明古国:中国、印度、巴比伦和埃及都发现了这一事实,并由此制定了音律,但没有深思一步.而毕达哥拉斯由此得出结论:如果你想认识周围的世界,就必须找出事物中的数.一旦数的结构被抓住,你就能控制整个世界.毕达哥拉斯学派有一句原话:"数是人类思想的向导和主人,没有它的力

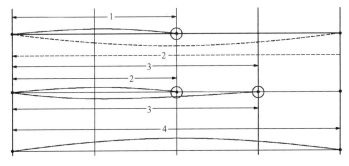

图 2-1

量,万物就处于昏暗与混乱之中."事实上,我们并不生活在一个真理的世界中,而是生活在蒙昧与错觉中.在数中,而且只有在数中,我们才发现一个可理解的宇宙.这是一个最为重要的思想.

古希腊对数学的主要贡献在什么地方?

首先是演绎推理的作用.希腊人认识到,演绎推理异乎寻常的作用是数学惊人力量的源泉,并且是数学与其他科学的分水岭.科学需要利用实验和归纳得出结论,但科学中的结论经常需要纠正,甚至会被全盘否定,而数学结论数千年都成立.勾股定理已有两千年的历史,它有一点陈旧感吗? 没有.

希腊人对数学的第二个卓越贡献是,他们将数和形抽象化.他们为什么这样做呢? 显然,思考抽象事物比思考具体事物困难得多,但有一个最大的优点——获得了一般性.一个抽象的三角形定理,适用于建筑,也适用于大地测量.抽象概念是永恒的、完美的和普适的,而物质实体却是短暂的、不完善的和个别的.

坚持数学中的演绎法和抽象方法,希腊人创造了我们今天所看到的这门学科.

古希腊数学家强调严密的推理以及由此得出的结论.他们所关心的并不是这些成果的实用性,而是教育人们去进行抽象推理,激发人们对理想与美的追求.因此,这个时代产生了后世很难超越的优美文学,极端理性化的哲学,以及理想化的建筑与雕刻.正是由于数学文化的发展,使得希腊社会具有现代社会的一切胚胎.

但是,令人痛惜的是,罗马士兵一刀杀死了阿基米德(Archimedes,约公元前287—前212)这位科学巨人,这就宣布了一个光辉时代的结束.怀特海对此评论道:"阿基米德死于罗马士兵之手是世界巨变的象征.务实的罗马人取代了爱好理论的希腊人,领导了欧洲.……罗马人是一个伟大的民族.但是受到了这样的批评:讲求实效,而无建树.他们没有改进祖先的知识,他们的进步只限于工程上的技术细节.他们没有梦想,得不出新观点,因而不能对自然的力量得到新的控制."

此后是千余年的停滞.

§2　数学与自然科学

2.1　宇宙的和谐

欧洲在千余年的沉寂后,迎来了伟大的文艺复兴.这是一个需要巨人,而且也产生了巨人的时代.奇怪的是,在历史上天才的萌发常常是丛生的;要么不出现,要么出现一批.1564年,伽利略诞生了,无独有偶,同年莎士比亚也诞生了.历史上向前一步的进展,往往伴随着向后一步的推本溯源.文艺复兴运动为人们带来了希腊的理性精神,其核心是数学思想的复苏.

随着数学思想的复苏,伟大的科学革命便开始了.在创立科学方面有四个不同凡响的伟人：哥白尼（Copernicus Nicolaus）、开普勒（Kepler Johannes）、伽利略（Galileo Galilei）和牛顿. 从哥白尼到牛顿的时代是观念巨变和科学突进的伟大时代（插图 2-1）.

哥白尼第一个重新提出了日心说（彩图 1），这是具有革命性意义的伟大事件. 任何科学上的大革命都有两个特点. 一是反叛，摧毁已被承认的科学体系；二是引入新的科学体系. 哥白尼的科学体系正符合这两个特点.

首先，它违反常识. "东方红，太阳升"是历代世人的俗念，但现在要作根本的修正. 人们都认为自己在一个不动的稳定的地球上悠悠卒岁，现在却发现自己生活在一个高速旋转的球体上，而这个球体以惊人的速度绕太阳飞速运动. 粗糙地说，一个站在赤道上的人，以每小时 1500 千米的速度绕地轴旋转（彩图 2），以每小时 97200 千米的速度绕太阳运行.

这真是"石破天惊"之论！更严重的是，它与《圣经》冲突，因而哥白尼遭到天主教徒的强烈仇恨. 当路德获悉这件事时，极为震愤. 他说：

插图 2-1 托勒密、哥白尼和第谷

"这蠢材想要把天文学这门科学全部弄颠倒；但是《圣经》里告诉我们，约书亚命令大地静止下来，没有命令太阳."《圣经》中是这么说的：

> 主掌权为王，以威严为袍，……他奠定了尘寰，大地就不得动摇.

哥白尼的学说使人类感到屈辱. 地球从宇宙的中心一下子降为一个小小的行星，而人类不过是小小行星上的一种小小的动物. 这是人们，特别是教会难以接受的. 甚至到了现在，仍有人批判哥白尼. 若干年前，神学家汉斯·康在《做一个基督徒》一书中写道："在经过一系列羞辱，人的幻觉破灭之后，文艺复兴留下的是什么？第一个羞辱来自哥白尼证明人的地球并非宇宙的中心；……第三个来自达尔文描述了人起源于低级动物……"

其次，哥白尼引入了一个真正的宇宙体系，为数学化宇宙找到了坐标原点. 哥白尼在他的《天体运行论》中写道：

> 在所有天体的中心，太阳岿然不动. 在这所最美丽的殿堂中，要把所有的天体都照亮，哪有比这更好的地方？有人称，它是世界之光，有人称它是世界的灵魂，有人称它是世界的统治者. 诚然，这些都不能说不恰当. ……所以太阳就像坐在帝王的宝座上，统治着环绕它的星星家族.

哥白尼的思想终于成了全人类的共识,成为人类文化中不可缺少的一部分.现在,即使是基督教的信徒,佛教的僧侣也都承认,地球绕着太阳转.

关于这场革命,科学史家科恩这样评价:"哥白尼发动了一场宇宙结构观念的革命,是一场思想革命,是一场人的宇宙和人与宇宙关系的观念转变.它不仅仅是一场科学革命,而且是一场人类的智力发展和人的价值系统的革命."

新天文学除了对人们关于宇宙的想象产生革命性的影响以外,还有两点伟大的价值:第一,承认自古以来便相信的东西也可能是错误的;第二,发现科学真理就是耐心收集事实与大胆猜测相结合.这两点在他的后继者那里得到了更充分的发挥.

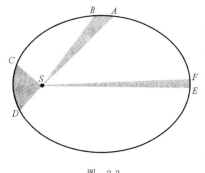

图 2-2

接着,在第谷·布拉埃观察的基础上,开普勒提出了天体运动三定律:

(1)行星在椭圆轨道上绕太阳运动,太阳在此椭圆的一个焦点上.

(2)从太阳到行星的向径在相等的时间内扫过相同的面积(图 2-2).

(3)行星绕太阳公转的周期的平方与椭圆轨道的半长轴的立方成正比.

开普勒是世界上第一个用数学公式描述天体运动的人,他使天文学从古希腊的静态几何学转化为动力学.这三定律出色地证明了毕达哥拉斯主义核心的数学原理.的确是,现象的数字结构提供了理解现象的钥匙.

近代科学起源于定量化.可能除了牛顿以外,伽利略要算是近代科学的最伟大的奠基者了.一种关于科学的哲学是由他开创的.与亚里士多德不同,伽利略认为,科学必须寻求数学描述,而不是物理解释.这一方法开创了科学的新纪元,扭转了科学研究的方向,加深与加强了数学的作用.他的工作成为牛顿伟大工作的开端.

伽利略提出了一个科学规划.这个规划包含三个主要内容:

第一,找出物理现象的定量描述,即联系它们的数学公式;

第二,找出最基本的物理量,这些就是公式中的变量;

第三,在此基础上建立演绎科学.

规划的核心就是寻求描述自然现象的数学公式.在这个思想的指导下,伽利略找出了自由落体下落的公式:

$$s = \frac{1}{2}gt^2.$$

由此推出,同高度的两个不同重量的物体将同时落地.为了让大众信服,他作了著名的比萨斜塔的实验,彻底推翻了延续两千多年的亚里士多德的错误观念.他还研究了抛物体的运动,得到抛物体运动的轨迹是抛物线.两千年前希腊人关于圆锥曲线的发现到他和开普勒手里才得到第一次应用.他还找出了力学第一定律和第二定律.所有这些成果和其他成果,伽利略都总结在《关于两门新科学的谈话和数学证明》一书中,此书耗费了他 30 多年的心血.在这部著作中,伽利略开创了物理科学数学化的进程,建立了力学科学,设计和树立了近代科学思维模式.

到 1650 年,在科学家头脑中占据最主要地位的问题是,能否在伽利略的地上物体运动定律和开普勒的天体运动定律之间建立一种联系?在可见的复杂现象后面,应该有不可见的简单规律.这种想法可能过于自信和不凡,但在 17 世纪的科学家的头脑中确实产生了.他们确信,上帝数学化地设计了世界.

牛顿(彩图 3)在伽利略和开普勒的基础上,发现了万有引力定律.万有引力定律是牛顿和他同时代科学家共同奋斗的结果.牛顿熟悉伽利略的运动定律,知道行星受一个被吸往太阳的力.如果没有这个力,按照运动第一定律,行星将作直线运动.这个想法许多人都有过.哥白尼、开普勒、胡克、哈雷及其他一些人在牛顿之前就开始了探索工作.并且有人猜想,太阳对较远的行星的引力一定比较小,而且随着距离的增大,力成反比地减小.但他们的工作仅限于观察和猜测.

牛顿在他们猜想的基础上通过研究月球的运动,给出了万有引力公式:

$$F = k\frac{m_1 m_2}{r^2},$$

其中,F 表示引力,k 是常数,m_1, m_2 分别表示两个物体的质量,r 是两物体间的距离.这真是伟大的发现,因为世界上从来没有运用过方程式达到如此程度的单一化和统一化.从运动三定律和万有引力公式很容易推出地球上的物体运动定律.对天体运动来说,牛顿的真正成就在于,他从万有引力定律出发证明了开普勒的三定律.这为万有引力定律的正确性提供了强有力的证据.

牛顿的功绩在于,他为宇宙奠定了新秩序,以最确凿的证据证明了自然界是以数学设计的.

牛顿是人类历史上最伟大的数学家之一.像莱布尼茨(Gottfried Wilhelm Leibniz)这样做出了杰出贡献的人也评价道:"在从世界开始到牛顿生活的年代的全部数学中,牛顿的工作超过一半."拉格朗日(Joseph-Louis Lagrange, 1736—1813)称他是历史上最有才能的人,也是最幸运的人,因为宇宙体系只能被发现一次.英国著名诗人波普(Pope)是这样来描述这位伟大科学家的:

> 自然和自然的规律
> 　　沉浸在一片混沌之中,
> 上帝说,生出牛顿,
> 　　一切都变得明朗.

这个发现深深地激励了人类征服宇宙的决心,空前地提高了人类的自信心.由于掌握了事物中的数字结构,人便有了征服环境的新力量.在某种意义上讲,它使得人更像上帝.毕达哥拉斯把上帝看做至高无上的数学家.要是人能够在某种程度上运用并提高自己的数学才能,那他就更接近于神的地位.听听莎士比亚在《哈姆雷特》里的描述吧:

> 人是何等了不起的杰作!
>
> 多么高贵的理性!多么伟大的力量!
>
> 多么文雅的举动!
>
> 举止多么像天使!理解力多么像上帝!
>
> 宇宙的精华!万物的灵长!

万有引力定律是宇宙的根本定律.根据万有引力定律所作的预测中最令人瞩目的要算是哈雷的预言.哈雷(E. Halley, 1656—1742)在 1705 年向英国皇家协会作了《彗星摘要》的专题报告.在这份经典论文中,他仔细研究了有关彗星的各种记载,并根据牛顿定律对从 1337 年到 1698 年作过专门观察的 24 颗彗星进行了抛物线的计算.这份论文的准确性和完备性达到了至善至美的程度,对人类知识做出了既有纪念意义又令人回味无穷的贡献.正是在这篇论文中,哈雷想到,彗星的轨迹可能是极扁的椭圆而不是抛物线.然而在前一种情况下,彗星就是太阳系的成员了,经过漫长的若干年,它们将重新出现.正因为有这种可能,哈雷才做了大量的计算工作.这样,当出现一个新彗星时,可将它的轨迹与已计算出的轨迹比较,由此就可确定出这颗彗星是否出现过.正是这些计算使他相信,1531 年的那颗彗星与 1607 年观察到的彗星以及 1682 年他亲自观察过的彗星是同一颗彗星.他写道:"由此我很有信心地大胆预言,这颗彗星将于 1758 年出现."这就是最著名的哈雷彗星的起源.哈雷没有看到这颗彗星再次出现就去世了,但它确实在哈雷所预言的那一年出现了.

数学对天文学的另一个著名应用是海王星的发现.这个太阳系的最远的行星之一,是 1846 年在数学计算的基础上发现的.天文学家阿达姆斯和勒未累分析了天王星的运动的不规律性,得出结论:这种不规律性是由其他行星的引力而发生的.勒未累根据力学法则计算出这个行星应该位于何处,他把这个结果告诉了观察员,而观察员果然用望远镜在勒未累指出的位置看到了这颗行星.这个发现是数学计算的胜利.

2.2 物理学

18 世纪的数学家们,同时也是科学家们继承了牛顿的想法继续前进.例如拉格朗日的《分析力学》可作为牛顿数学方法的典范,他对力学作了完全数学化的处理.这种方法也用到了流体力学、弹性力学和电磁学.定量的数学化方法构成了科学的本质,真理大多存在于数学中.数学支配一切,18 世纪最伟大的智者们对此深信不疑.狄德罗是《法国大百科全书》的主要编辑之一,他说:"世界的真正体系已被确认、发展和完善了."自然法则就是数学法则.

19 世纪是科学高速前进的世纪,科学家们不断开辟新的研究领域.英国物理学家麦克斯韦概括了由实验建立起来的电磁现象定律,把这些定律表示为方程的形式,用纯数学的方法断言,存在电磁波,并且这些电磁波应该以光速传播.麦克斯韦的结论推动人们去寻找纯电起源的电磁波. 这样的电磁波果然为赫兹所发现, 接着波波夫找到了电磁振荡的激发、发送和接受的办法. 现在是信息时代, 无线电技术对人类的重要性是人人皆知的. 但是, 可不要忘了数学的作用哟!

1928 年, 狄拉克灵感突发, 发现了一个关于电子的方程, 这个方程预言了许多事情, 后来都得到了证明, 其中最著名的是正电子的存在性.

这几个例子说明, 数学不但可以解释已知现象, 而且可以预见新现象.

爱因斯坦的相对论是宇宙观的另一次伟大革命, 其核心内容是时空观的改变. 牛顿力学的时空观认为时间与空间不相干. 爱因斯坦的时空观却认为时间和空间是相互联系的. 促使爱因斯坦作出这一伟大贡献的仍是数学的思维方式. 爱因斯坦的空间概念是相对论诞生 50 年前德国数学家黎曼为他准备好的概念.

2.3　生命的奥秘

数学在生物学中的应用使生物学从经验科学上升为理论科学, 由定性科学转变为定量科学. 它们的结合与相互促进必将产生许多奇妙的结果.

数学在生物学中的应用可以追溯到 11 世纪. 我国科学家沈括已观察到出生性别大致相等的规律, 并提出"育胎之理"的数学模型. 1865 年奥地利人孟德尔 (Gregor Mendel, 1822—1884) 发表一篇文章, 通过植物杂交实验提出了"遗传因子"的概念, 对遗传提供了科学的解释, 并发现了生物遗传的分离定律和自由组合定律, 由此引发了一场人类对生命认识的革命.

我们来看看孟德尔是如何发现遗传定律的. 孟德尔是一个男修道院的院长, 1854 年在修道院的花园里种了 34 个株系的豌豆, 开始进行植物杂交育种的遗传研究. 他同时进行自花授粉和杂交授粉的实验. 下一代生长出来后, 继续进行同样的实验. 他用这种方法研究子代与亲本之间的遗传关系.

他做了什么样的实验呢? 孟德尔的实验选用的是普通的豌豆. 他培育了纯粹黄色的品系, 即这个品系中每一代的每一个植物只有黄色的种子. 他又培育了纯粹绿色的品系. 然后他使它们杂交, 即用一种品系的花粉使另一种品系的胚珠授粉. 我们把黄-绿杂交的种子叫"第一代杂交". 第一代杂交产生的种子全是黄色的, 与纯粹黄色品系的种子不可区别, 绿色似乎完全消失了. 接着孟德尔让第一代杂交产生的种子自身授粉, 产生第二代杂交种. 第二代杂交产生的种子有一些是黄色的, 有一些是绿色的. 这样, 在第一代消失的绿色在第二代中又重

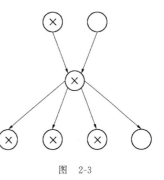

图　2-3

新出现. 令人惊奇的是, 绿色以确定的、简单的比例出现: 第二代杂交种子中, 大约 75% 是黄色的, 25% 是绿色的 (图 2-3, 图中⊗表示黄色, ○表示绿色).

这个规律的背后是什么呢? 孟德尔假定存在一种实体, 现在称为"基因". 按照孟德尔的

理论,存在两种不同的基因,它们成对地出现以控制种子的颜色.不妨把它们表示为 y(代表黄色)和 g(代表绿色).由此,在第二代杂交种子中存在四种不同的基因对:

$$y/y, \quad y/g, \quad g/y, \quad g/g.$$

基因对按下述规则控制种子的颜色:

$$y/y, y/g, g/y:黄色;$$

$$g/g:绿色.$$

遗传学家指出,y 呈显性性状,g 呈隐性性状,并且组成种子的所有细胞含有相同的颜色基因对.但是有一个例外,性细胞,不论是精子细胞还是卵子细胞,只包含基因对中的一个基因.例如,包含基因对 y/y 的植物将产生含基因 y 的精子细胞和基因 y 的卵子细胞.包含基因对 y/g 的植物将产生一些含基因 y 的精子细胞和一些含基因 g 的精子细胞.事实上,它的一半精子细胞包含 y,一半精子细胞包含 g.同样地,包含基因对 y/g 的植物将产生一些含基因 y 的卵子细胞和一些含基因 g 的卵子细胞;它的一半卵细胞包含 y,一半卵细胞包含 g.

这个模型给出了实验结果的解释.纯粹黄色品系的植物有颜色基因对 y/y,因此它的精子和卵子细胞全都只含基因 y.同样地,纯粹绿色品系的植物有颜色基因对 g/g,因此它的精子和卵子细胞全都只含基因 g.两种植物杂交的结果产生了一个具有基因对 y/g 的受精细胞,而这种植物的颜色是黄色的.这就是为什么第一代杂交产生的种子全是黄色的.

第二代如何?它们的精子细胞有一半含有基因 y,有一半含有基因 g;同样地,它们的卵子细胞有一半含有基因 y,有一半含有基因 g.当第二代植物交配时,受精细胞从每一个亲本中随机地得到一个基因.现在我们可以把两个生殖细胞的随机相遇与任意摸球的随机实验相比了.

设有两个盒子,每一个盒子中都装有数量相等的黄球和绿球.然后随机地从每一个盒子中摸出一个球,我们将得到如下的比例:

$$y/y:25\%;$$

$$y/g, g/y:50\%;$$

$$g/g:25\%.$$

这就说明了为什么第二代中大约有 75% 的种子是黄色的.

令人遗憾的是,孟德尔开创性的研究被忽视了.30 多年以后,孟德尔定律又重新被发现.孟德尔的研究为什么会被忽视?一个名叫 Htis 的学生曾这样写道,1899 年他发现了孟德尔的论文,并激动地给他的教授看.这个有学问的教授说:"啊!这篇论文我全知道,无关紧要.除了数字和比例,比例和数字以外,一无他物.它是毕达哥拉斯式的东西,不要为它浪费时间,把它忘了吧!"看,对数学作用的忽视竟造成生物遗传学的 30 多年的延期!

孟德尔的原理在所有的生命形式中都起作用,从植物到动物,从苍蝇到大象.一粒豌豆种子总是长出豌豆,不会长出鲸鱼.

孟德尔的成果是概率论在生物学上一个卓有成效的应用. 个源于赌博的学科居然产

生了这样的伟大成果,真是出人意料.孟德尔因此被称为遗传学之父.他的伟大在于,他的大胆、他的深刻的洞察力和他敏锐的概率论头脑.

1899 年英国人皮尔逊创办《生物统计学》是数学大量进入生物学的序曲.哈代和费希尔在 20 世纪 20 年代创立了《群体遗传学》,成为生命科学中最活跃的定量分析方法和工具.意大利数学家沃尔泰拉在第一次世界大战后不久创立了生物动力学.而这几位都是当时的一流数学家.

我们再介绍一些数学对生物学的新应用.

数学对生物学最有影响的分支是生命科学.目前拓扑学和形态发生学,纽结理论和 DNA 重组机理受到很大重视.数学家琼斯在纽结理论方面的工作使他获得 1990 年的菲尔兹奖.生物学家很快地把这项成果用到了 DNA 上,对弄清 DNA 结构产生了重大影响.事实上,正如第一章所说的,DNA 由两条链组成,而这两条链以非常复杂的方式相联结,常有纽结出现,所以纽结理论的数学和计算机建模在遗传工程中起着越来越大的作用.Science 杂志为此发表了文章《数学打开了双螺旋的疑结》.

其次是生理学.人们已建立了心脏、肾、胰腺、耳朵等许多器官的计算模型.此外,生命系统在不同层次上呈现出无序与有序的复杂行为,如何描述它们的运作体制对数学和生物学都构成挑战.

第三是脑科学.目前网络学的研究对神经网络极其重要.

为了让数学发挥作用,最重要的是对现有生物学研究方法进行改革.如果生物学仍满足于从某一实验中得出一个很局限的结论,那么生物学就变成生命现象的记录,失去了理性的光辉,更无法去揭开自然之谜.

§3 数学与人文科学

最值得研究的是人.

Alexander Pope

在所有科学中,最有用但最不成熟的是关于人的科学.

卢梭

3.1 数学与西方宗教

从古希腊起,数学还成为人类三种信仰的基石.首先,世界上存在严格的真理,它们是理性的产物,是严密逻辑的结果,它们放之四海而皆准.其次,世界上存在永恒的东西.数学的对象,例如数,必然是永恒的,不在时间之内.事实上,古人对数"2"的理解与今人的理解没有什么差异.勾股定理已经两千多年了,它依然如新.第三,存在一个超感觉的可知的世界.几何学讨论的严格的圆在现实世界上是不存在的.不管我们多么谨慎地使用圆规,画出的圆总有一些不完备和不规则的地方. 这就告诉我们,一切严格的推理都只能应用于与可感觉的对象相对立的思想的对象. 进一步思考我们会承认,思想比感官更高贵,思想的对象比感官知觉的对象更真实. 因为感觉的对象是易变的、不完备的,而思想的对象是永恒的.

对数学的这种信仰深深地影响了后来的西方哲学与神学. 自从毕达哥拉斯之后,特别是柏拉图(Plato,公元前 428—前 348)之后,理性主义的宗教一直被数学和数学方法支配着. 例如,在西方基督徒认为基督就是道,神学家追求上帝存在和灵魂不朽的逻辑证明皆源于此.

柏拉图在他的《蒂迈欧》一书中对创世的解释——通过复制理想的数学模型造出我们的宇宙. 由此引出了早期基督思想中的创世说. 在犹太教义和伊斯兰教义中也可以找到受柏拉图影响的高度数学化的宇宙论. 柏拉图的观点还被犹太教、基督教和伊斯兰教的哲学家们用来探明神明和灵魂如何与物质世界相互作用.

3.2　数学与西方政治

自然界的规律和秩序井然有序,一年四季往复循环,行星按照确定的轨道周期运行,不出半点偏差. 自然界具有理性、规律性和可预见性. 即使有些规律目前还不被掌握,科学家仍然相信,经过努力,他们总能发现藏在事物背后的规律. 造物主数学化地设计了宇宙.

人类不也是自然界的一部分吗?人的肉体属于物质世界,而唯物主义告诉我们,意识起源于物质. 在自然界存在普遍规律,可以用数学公式来刻画,人类社会同样也应当存在自然规律,也可以用数学公式来刻画. 一旦发现了这些规律,人类的社会将变得更加美好,腐败和罪恶更加容易根除,社会将更加稳定而公正. 因此需要有这样一门人文科学,去探索人类社会的自然规律.

在自然科学成功的鼓舞下,社会科学家们开始以空前的热情投入了这项研究. 卢梭指出,这门科学不能通过实验来研究,我们可以找出主要的原理,用演绎的方法推导出真理. 康德也同意有必要设立一门社会科学,他还说,发现人类文明的定律应该有开普勒和牛顿才行. 社会科学家们希望,在这一领域内,数学取得在其他纯科学领域内同样辉煌的成就. 于是,金钱、美女、轻歌、妙舞都成了数学的研究对象.

假定存在社会规律,社会科学家们如何发现它们呢?欧几里得(Euclid)几何为他们树立了榜样. 首先,他们必须发现一些基本公理,然后通过严密的数学推导,从这些公理中得出人类行为的定理. 公理如何产生呢?借助经验和思考. 公理自身应该有足够的证据说明它们合乎人性,这样人们才会接受. 一时出现了一股狂热的势头,社会科学家们纷纷探索人类行为科学的公理. 18～19 世纪这方面的著作有洛克(Locke John,1632—1704)的《人类理智论》,贝克莱的《人类知识原理》,休谟的《人性论》和《人类理解研究》,边沁(Bebtyham Jeremy,1748—1832)的《道德与立法原理引论》以及穆勒的《人性分析》,等等.

在这些著作中,有些关于人类行为的公理很值得重视. 这些公理的一部分已融合于人类的社会意识中,并成为推动社会前进的力量. 例如,边沁提出如下的公理:

（1）人生而平等；

（2）知识和信仰来自感觉经验；

（3）人人都趋利避害；

（4）人人都根据个人利益行动.

当然这些公理并不都为当时的人们所接受,但却十分流行.

趋利避害需要做解释.一个特殊的行为可能对一些人有利,而对另一些人有害,所以边沁又加上一条:"最大多数人的最大利益是衡量是非的标准."

这样,以边沁为代表的社会科学家们勇敢地把理性的旗帜插到了以前由风俗和权威统治的领域.他们还为伦理学体系寻求理性主义观点.这种伦理学不是建立在宗教教义上,而是建立在人文科学的基础上.以边沁为代表的伦理学家们成功地完成了他们的计划.他们利用人性的规律和人与人之间相互关系的公理,创建了富于逻辑性的伦理学体系.

洛克对政府的起源和政府存在的理由及目的进行了探讨,即寻求政府存在的逻辑基础.我们知道,关于政府的起源主要有两类理论.一类理论是君权神授的理论.差不多在一切初期的文明各国中,为王的都是神圣人物,例如在中国皇帝被称为真龙天子.国王们自然把它看成绝妙的好理论.这个理论强调世袭制.但是当资本主义兴起的时候,这个理论就受到商人们的质疑.另一类理论主要以洛克为代表,他的理论是社会契约论.他在1689～1690年写出的《政府两论》中阐述了这一理论.在第一篇论文中他驳斥了君权神授的理论,在第二篇论文中他提出了自己的理论.洛克的理论获得了巨大的成功.这个理论对此后的各国的政府形式产生重大影响,特别是新独立的国家.

奇怪的是,关于政治权力,人们摒弃了世袭主义,在经济权力方面却承认世袭主义.政治朝代消灭了,经济朝代却活下来.

洛克的理论是从认识论出发的.他认为,所有的人在生下来时头脑是一片空白,人的知识和性格都是后天形成的.既然人与人的区别是环境所致,所以人生来都是平等的.所有的人都拥有天生的、不可剥夺的权利,如自由等,这就是著名的"天赋人权论".另一方面,为了获得生命、自由和财产的保障,人们制定"社会契约"赋予政府对犯罪行为予以惩罚.一旦接受这一契约,人们就同意按照大多数人的意愿行事,而政府就应该照章办事.如果统治者背叛了选民,那么选民的反叛就是理所当然的了.对政府本质所作的上述探讨回答了下面的问题:为什么政府存在? 它从哪里获得了权力? 它在什么时候超出了这一权力? 如何对待暴政?

美国的《独立宣言》是一个著名的例子.《独立宣言》是为了证明反抗大英帝国的完全合理性而撰写的.美国第三任总统杰斐逊(1743—1826)是这个宣言的主要起草人,他引用了不少洛克的话.他试图借助欧几里得的模型使人们对宣言的公正性和合理性深信不疑."我们认为这些真理是不证自明的……"不仅所有的直角都相等,而且"所有的人生来都平等".这些自明的真理包括,如果任何一届政府不服从这些先决条件,那么"人民就有权更换或废除它".宣言主要部分的开头讲,英国国王乔治的政府没有满足上述条件."因此,……我们宣布,这些联合起来的殖民地是,而且按正当权力应该是自由的和独立的国家."顺便指出,杰斐逊爱好文学、数学、自然科学和建筑艺术.

比《独立宣言》的数学形式更为重要的是,它所表现出来的政治哲学.这篇重要文献的开头说:

> 在人类历史事件的进程中,当一个民族必须解除它与另一个民族之间迄今所存在的政治联系,并在世界列国中取得"自然法则"和"自然神明"所规定给他们的独立与平等的地位时,就有一种真诚的尊重人类公意的心理,要求他们一定要把那些他们不得已而独立的原因宣布出来.

这里的关键词是"自然法则".它清晰地表明了 18 世纪人们的信念:整个物质世界,包括人类,都受自然规律的支配.自不待言,这一信念是建立在由牛顿时期的数学家和科学家们发现的有关世界结构的证据之上的.这些规律给人类的理想、行为和风俗习惯带来决定性的影响.因此,政府的有效法律必须符合自然规律.真正促成美国革命的正是这一被广泛接受的政治哲学.实际上,美国革命和法国革命都被普遍认为是自然和理性战胜了谬误.

边沁在《道德与立法原理引论》(1789)一书中阐述了关于人性的观点和他的伦理学体系.这部书还涉及对政府的研究,实际上创立了政治学.他认为,政治领域的首要真理或基本公理是,政府应当追求绝大多数人的最大幸福.边沁意识到这里有一个明显的矛盾:统治者通常只追求自己的幸福,而不顾人民的利益.这当然与对政府的要求相矛盾.如何协调这两个矛盾呢? 要做到这一点,就应当使每一个人都享有权利.因而民主制是组织政府的最好形式.

理论家们在对政府的研究中取得了成就,并对人类社会产生深刻影响.边沁的为绝大多数人的最大幸福和洛克的天赋人权论,以及社会契约论共同铸造了美国的民主制.此外,在欧氏几何中有一个著名的定理:三角形的任意两边之和大于第三边.这个定理构成了美国的三权分立中权利分配的理论基础.

当然,数学在人文科学中的成就决不能与数学在宇宙学中取得的成就比美,这是因为社会现象要复杂得多.

顺便讲一个爱情悲剧.边沁将数学方法应用于人文科学取得了巨大成功,但当他把同一方法应用于个人生活时,却令人遗憾地失败了.他过了 57 年的独居生活后,想到要结婚.经过仔细而严密的逻辑推理,他给一位 16 年没有见过面的女友写了一封求婚信,但被拒绝了.不过他没有灰心,回过头来,又对信作了更加仔细的推敲,以便使他的女友认识到他求婚的逻辑是何等有力.6 年之后,他又把信发了出去.可惜,那位女士重情,不重理,他又一次被拒绝了.这封信如果保存下来,肯定是历史上逻辑性最强、最理性、数学味最浓的情书.

3.3 人口论

世界上第一个为人口学建立科学理论的是英国的马尔萨斯(Malthus, 1766—1834).他的理论对世界各国的人口政策产生了重大影响. 马尔萨斯的《人口论》在方法上是地地道道的欧几里得式的, 他从公理出发研究了人口发展的规律. 在该书的开篇, 他写道:

> 我认为可以提出两个假设. (照例论证以公理作为出发点) 第一, 食物是人类生存所必需的; 第二, 性爱也是人类生存所必需的, 并且它将保持现存的状况…… 如果我的假设能够被接受, 那么我断定, 人口指数要比提供给人类生存必需品的土地能力的指数大得多.

马尔萨斯声称, 人口以几何级数增长, 生活资料以算术级数增长. 这样必将导致严重的社会问题. 马尔萨斯实际上意识到, 人口不是以几何级数增长. 战争、瘟疫、犯罪、饥饿这些因素都抑制人口的增长. 从长远角度看, 这些恶事是有利的, 它们是自然法则的一部分.

令人惊讶的是, 马尔萨斯的人口论引出了达尔文 (Darwin Charles, 1809—1882) 的生存竞争理论: 物竞天择, 适者生存.《物种起源》(1859) 一书指出, 有机体按照几何级数增长, 斗争随之而来. 达尔文说: "具有多种效力的马尔萨斯学说适用于动植物王国. 因为在这种情况下, 既不可能有人为的粮食增长, 也不会在婚姻上保持小心的克制." 在自由竞争中, 胜利属于最能适应环境的有机体.

顺便指出, 达尔文是一位幸运者. 一般讲, 在历史上最早提出新见解的人, 远远走在时代的前面, 以致人人都认为他无知, 结果他一直默默无闻. 后来世人逐渐有了接受新见解的心理准备, 在此幸运时期发表它的人便独揽全功. 达尔文就是如此. 他的前辈孟伯窦爵士, 虽然是最早提出该理论的人, 但因为世人不能理解而成为可怜的笑柄.

3.4 统计方法

统计学是关于收集数据与分析数据的学问. 它的特点是, 只收集那些受到偶然性影响的数据. 目前统计方法已深入到自然科学和社会科学的一切领域, 这里只谈早期影响.

1. 政治算术

在研究社会问题时, 统计方法常常是有效的. 对人口作统计起源很早, 无论在中国还是在西方从公元前已开始, 那时的目的在于征税和征兵. 用统计方法研究社会科学问题开始于 17 世纪. 当时苏格兰的一位杂货商人格兰特 (1622—1674), 作为消遣, 研究了伦敦的死亡记录. 他生活的时代正是黑死病在欧洲流行的时代. 这个可怕的疾病夺去了许多人的生命. 由于这个原因, 自 1604 年起, 伦敦教会每周发表一次 "死亡公报", 死亡者按死因分类. 这些公报积累了大量的数据. 但在格兰特之前, 没有人对它进行过整理分析. 格兰特是第一个作这项工作的人. 他把他的成果总结在《关于死亡公报的自然和政治观察》(1662 年) 一书中. 他注意到, 事故、自杀、各种疾病的死亡百分比固定不变. 出人意料地揭示了一种惊人的规律性. 这项研究引起了全世界的瞩目; 居然在婚姻、死亡、犯罪等方面也存在某些数学常数, 这是统计学的一项重大成就. 他还注意到, 男孩与女孩出生比例差不多, 而男孩稍多. 在这个统计的基础上, 他得出这样的结论, 由于男人受到战争和职业的危害, 因此适婚男人的数量大约等于适婚女人的数量,所以一夫一妻制符合自然规律.这是一夫一妻制的最早理论说明.这件事看来很简单,却对全世界的婚姻制度带来重大影响.例如,中国古代的婚姻制不是一夫一妻制,皇帝、高官和富人是一夫多妻.中国真正实行一夫一妻制是 1949 年以后,还不到 60 年.格兰特的书对后世影响很大,一些统计学家建议,以该书的出版日作为统计学的诞生日.

格兰特的工作得到了他的朋友佩蒂爵士的支持,佩蒂是一位解剖学、音乐教授,后来成了一名军医.他虽未做过像格兰特那样的观察,但思想深刻.他认为,社会科学必须像物理科学一样定量化.他给统计学这门刚起步的科学命名为"政治算术".

2. 正态曲线

在统计学中要用到一些曲线,其中最重要的一种曲线叫正态曲线.这条曲线大约在 1720 年由法国数学家棣莫弗(Abraham de Moivre,1667—1754)所发现.正态曲线有很大的普适性,它可以用来描述自然科学与社会科学中的许多现象.它的函数表达式的标准形式是

$$y = \frac{1}{\sqrt{2\pi}}e^{-\frac{x^2}{2}},$$

其中含有三个常数:$\sqrt{2},\pi,e$.它的图形如图 2-4 所示.正态曲线有三个主要特征:

（1）曲线关于 y 轴对称;

（2）曲线下的面积为 1;

（3）曲线在 x 轴的上方,以 x 轴为渐近线.

正态曲线的一般公式是

$$y = N(\mu,\sigma) = \frac{1}{\sigma\sqrt{2\pi}}e^{-\frac{(x-\mu)^2}{2\sigma^2}}.$$

这是一族曲线,其形状随参数 σ,μ 的不同而不同(图 2-5).现在曲线的最高点和对称轴移到了平行于 y 轴的直线 $x=\mu$ 的地方.σ 表示曲线的宽度,点落在区间 $(\mu-\sigma,\mu+\sigma)$ 的概率大约是 0.68.$\frac{1}{\sigma\sqrt{2\pi}}$ 叫正规化系数,它保证曲线下的面积为 1.

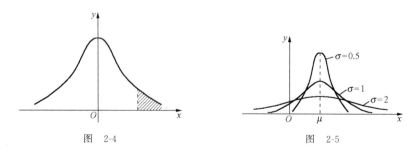

图 2-4   图 2-5

确定正态曲线下两个确定值之间的面积是十分重要的,它表示某些事件发生的概率.

大约在 1833 年,比利时统计学家凯特勒打算用正态曲线来研究人的特征和能力的分布. 在上千次的测量之后,他发现,人类几乎所有的精神和物理特征都呈正态分布.身高、体重、腿长、脑的重量、智力等,所有这些特征在一个"民族"之内,总是呈正态分布.这件事具有重大意义.充斥着偶然性的世界是一个纷乱的世界,正态曲线为这个纷乱的世界建立了一定的秩序.所有的人就像面包一样,都是从同一个模子里制造出来的.不同之处仅仅在于在创造过程中发生了某些意外的变化.由此可见,天才稀少,美人难得;因为要把身体的各个部位安排得恰到好处,那概率是很小的.

3. 回归效应

我们来介绍优生学的奠基人英国的高尔顿,他是达尔文的表弟.高尔顿研究的问题是,异常的身高是否有遗传性.我们来看看高尔顿的学生皮尔逊(Karl Pearson,1857—1936)所做的研究.他选取了 1078 个父亲,记录下他们的身高.然后测量他们的已是成人的儿子的身高.一般规律是,父亲高,儿子也高——"有其父必有其子".皮尔逊对他的数据做了仔细分析.其中一组数据是

父亲平均身高 68 英寸;儿子平均身高 69 英寸.

儿子平均比父亲高 1 英寸.由此,很自然地会猜测,72 英寸高的父亲会有 73 英寸高的儿子.但事实如何呢? 皮尔逊的另一组的数据是

父亲平均身高 72 英寸;儿子平均身高 71 英寸.

这两组数据说明什么问题呢? 高尔顿发现,父亲的身高与儿子的身高有一种确定的正相关.一般说来,高个父亲有高个儿子.高尔顿还发现,儿子与中等个的偏差比父亲的小,也就是,儿子的身高向中等个退化.高尔顿在智力遗传的研究中也发现了类似的结果:天才的孩子们比较平庸,而智力水平一般的父亲可能有智力超常的孩子.这项研究对智力平庸的父母是一个好消息,因为他们的孩子可能智力突出.

高尔顿由此得出结论,人的生理结构是稳定的,所有有机组织都趋于标准状态.这种效应叫**回归效应**.

3.5 诺贝尔经济学奖与数学

数学在经济学中广泛而深入的应用是当前经济学最为深刻的变革之一.现代经济学的发展对其自身的逻辑和严密性提出了更高的要求,这就使得经济学与数学的结合成为必然.首先,严密的数学方法可以保证经济学中推理的可靠性,提高讨论问题的效率.其次,具有客观性与严密性的数学方法可以抵制经济学研究中先入为主的偏见.第三,经济学中的数据分析需要数学工具,数学方法可以解决经济生活中的定量分析.第四,经济学中的决策问题也有赖于博弈论.

事实上,从诺贝尔经济学奖的获奖情况可以看到数学对经济学的影响是何等巨大.1968 年,瑞典银行为庆祝建行 300 周年,决定从 1969 年起以诺贝尔的名誉颁发经济学奖.获奖人数每年最多为 3 人.到 2001 年共有 49 位经济学家获此殊荣.北京大学的史树中教授把得奖

者运用数学的程度分为 4 等:特强、强、一般和弱."特强",指其应用数学的程度大致与理论物理相当,即数学方法在其研究中起着相当本质的作用.按这个标准,获奖者中有 27 位可以评为特强,占全体获奖者的一半以上."强",指使用较多的数学工具,但没有较深刻的数学内容,这样的获奖者有 14 位.这就使人有这样的印象,诺贝尔经济学奖是颁发给经济学界的数学家的.特别是,在 2000 年,电影《美丽心灵》获得奥斯卡奖之后,更使人们认为,诺贝尔经济奖是颁发给数学家的.《美丽心灵》是根据 1994 年荣获诺贝尔经济学奖的大数学家纳什的传记拍摄的.但是,必须认识到,经济学有经济学的规律,数学只是它的工具,决不能用数学替代经济学.

3.6 选票分配问题

选票分配问题属于民主政治的范畴.选票分配是否合理是选民最关心的热点问题.这一问题早已引起西方政治家和数学家的关注,并进行了大量深入的研究. 那么,选票分配的基本原则是什么呢? 首先是公平合理.要做到公平合理,一个简单的办法是,选票按人数比例分配.但是会出现这样的问题:人数的比例常常不是整数.怎么办? 一个简单的办法是四舍五入.四舍五入的结果可能会出现名额多余,或名额不足的情况.因为有这个缺点,美国乔治·华盛顿时代的财政部长亚历山大·汉密尔顿在 1790 年提出一个解决名额分配的办法,并于 1792 年为美国国会所通过.

美国国会的议员是按州分配.假定美国的人口数是 p,各州的人口数分别是 $p_1, p_2, \cdots,$ p_l.再假定议员的总数是 n.记

$$q_i = \frac{p_i}{p} \cdot n,$$

称它为第 i 个州分配的份额.汉密尔顿方法的具体操作如下:

(1) 取各州份额 q_i 的整数部分 $[q_i]$,让第 i 个州先拥有 $[q_i]$ 个议员.

(2) 然后考虑各个 q_i 的小数部分 $\{q_i\}$,按从大到小的顺序将余下的名额分配给相应的州,直到名额分配完为止.

我们举例来说明这一情况.假定某学院有甲、乙、丙三个系,总人数是 200,学生会需要选举 20 名委员.表 1 是按汉密尔顿方法进行分配的结果.

表 1

系别	人数	所占份额	应分配名额	最终分配名额
甲	103	51.5	10.3	10
乙	63	31.5	6.3	6
丙	34	17	3.4	4
合计	200	100	20	20

汉密尔顿方法看起来十分合理,但是仍存在问题.按照常规,假定各州的人口比例不变,议员名额的总数由于某种原因而增加的话,那么各州的议员名额数或者不变,或者增加,至少不应该减少.可是汉密尔顿方法却不能满足这一常规.这里还以校学生会的选举为例给以说明.由于考虑到 20 个委员在表决提案时会出现 10:10 的结局,所以学生会决定增加 1 名委员.按照汉密尔顿方法分配名额得到表 2.

表　2

系别	人数	所占份额	应分配名额	最终分配名额
甲	103	51.5	10.815	11
乙	63	31.5	6.615	7
丙	34	17	3.570	3
合计	200	100	21	21

表 2 的例子指出,委员的名额增多了,丙系反而减少一名.令人惊奇! 1880 年,亚拉巴马州曾面临这种状况.人们把汉密尔顿方法产生的这一矛盾叫做亚拉巴马悖论.汉密尔顿方法侵犯了亚拉巴马州的利益.其后,1890 年,1900 年人口普查后,缅因州和克罗拉多州也极力反对汉密尔顿方法.所以,从 1880 年起,美国国会就针对汉密尔顿方法的公正合理性展开了争论.因此,必须改进汉密尔顿方法,使之更加合理.新的方法不久就提出来了,并消除了亚拉巴马悖论.但是新的方法引出新的问题,新的问题又需要消除.于是更新的方法,当然是更加公正合理的方法又出现了.人们当然会问,有没有一种一劳永逸的解决办法呢?

这个问题从诞生之日起,就一直吸引着众多政治家和数学家去研究.这里要特别提出的是,1952 年数学家阿罗证明了一个令人吃惊的定理——阿罗不可能定理,即不可能找到一个公平合理的选举系统,这就是说,只有更合理,没有最合理.原来世上无"公"! 阿罗不可能定理是数学应用于社会科学的一个里程碑.

阿罗不可能定理不仅是一项数学成果,也是十分重要的经济成果.因此,作为一名数学家,阿罗于 1972 年获得了诺贝尔经济学奖.选举问题吸引经济学家的因素主要有两个方面:策略与公平性.而策略的研究又引出了博弈论.

论文题目

1. 数学与我的专业.
2. 选举的数学.

一个叛逆的宇宙设计师——哥白尼

哥白尼（Copernicus Nicolaus, 1473—1543）是伟大的天文学家,他发动了一场宇宙结构观念的革命,是西方知识发展的划时代的转折点.他是波兰人,生于波兰东部的托伦城,卒于弗龙堡.1491年进克拉科夫大学学习时,对天文学发生兴趣.1497年,他的舅父送他到波洛尼亚大学继续学习.在三年半的时间里,他学习了希腊文、数学和柏拉图的著作,并对天文学有了进一步的了解.1497年,他作了第一次天文观测,观测发生在3月9日的月掩恒星毕宿五.1500~1503年到意大利,在帕多瓦大学学习法律和医学.1503年回波兰.1512年他舅父去世后,他就定居在弗龙堡.此后,他开始系统地研究天文学,主要对象是太阳系.

古代天文学的遗产是托勒密的天文学,到哥白尼出现为止,一直统治着西方.随着观测精度的提高,哥白尼发现,托勒密体系变得越来越复杂,并且与实际不符合,这就引起了他对该体系的怀疑.在古希腊人地动思想的启迪下,他提出一个比托勒密体系更简单而又完美的假说.在1510~1514年间,他在一份手稿中完整地表达了他的日心说:太阳是宇宙的中心,地球绕自转轴自转,并同五大行星一起绕太阳公转;只有月亮绕地球运转.用这种学说很容易解释各种天体的运动现象.这份手稿在他的朋友中间流传.他确信,他的体系是对天体运动的真实描述.但他知道,他的学说与基督教格格不入,因而迟迟不能下决心出版.后来在朋友的多方劝说下,直到他弥留之际,他的不朽名著《天体运行论》才终于问世.

哥白尼的学说彻底改变了人类的宇宙观,引发了一场伟大的哥白尼革命.

风骨超常伦——伽利略

伽利略（Galileo Galilei, 1564—1642）于1564年生于意大利的比萨,1581年入比萨大学攻读医学.他是世界著名的数学家、天文学家、物理学家,对现代科学思想的发展作出重大贡献.他是最早用望远镜观察天体的天文学家,曾用大量的事实证明地球环绕太阳旋转,否定地心说.由于他最先把科学实验和数学分析方法相结合,并用来研究惯性运动和落体运动规律,而被认为是现代力学和实验物理的创始人.

1583 年,他发现教堂吊灯摆动的周期性,后来经过证实,并提出摆动原理.1585 年,他到佛罗伦萨学院任教.1586 年发表他发明的比重计,因此而闻名于意大利.1587 年写出关于固体质心的论文,因此而出任比萨大学的数学讲师.从此他开始研究运动理论,首先推翻亚里士多德关于不同重量的物体以不同速度下落的论点.1592 年他到帕多瓦任数学讲座教授,在那里工作 18 年,完成了大量杰出的工作.他试图从理论上证明等加速度运动定律,并提出抛物体沿抛物线运动的定律.他利用自制的望远镜观察天体.1609~1610 年间,他宣布了一系列的发现:月球表面不规则,银河系由大量恒星组成,木星的卫星,土星光环和太阳黑子,等等.

1632 年,伽利略发表《关于托勒密和哥白尼两大世界体系的对话》,大力支持和阐释哥白尼的地动说,因此而受到教会的痛恨.1633 年罗马教廷宗教裁判所对他进行了审判,并处以八年软禁.他虽被监禁而继续从事研究,次年完成《关于两门新科学的谈话和数学证明》一书,扼要地讲述了他的早期实验成果和对力学原理的思考.他坚持"自然科学书籍要用数学来写"的观点.他的著作当时在欧洲被认为是文学和哲学的杰作.

伽利略在科学史上具有不朽的地位,他的贡献是划时代的,具有永久的意义.首先,他认识到数学的核心意义,用数学公式去表达物理定律,把天上和地上的现象统一到一个理论之下.其次,他是近代力学的创始者.再者,他用望远镜观测天象,是人类走向宇宙的第一步.

1642 年 1 月 8 日,伽利略在阿切特里去世,享年 78 岁.1983 年,罗马教廷正式承认,350 年前宗教裁判所对伽利略的审判是错误的.

宇宙的秩序——开普勒

开普勒(Kepler Johannes,1571—1630)是德国天文学家、物理学家和数学家.行星三大定律的发现者,近代光学的奠基人,1571 年 12 月 27 日生于施塔特的魏尔,1630 年 11 月 15 日卒于雷根斯堡.

他自幼体弱多病,但智力超群.1587 年进图宾根大学,并成为哥白尼的忠实信徒,次年得学士学位,1591 年获硕士学位,1594 年到奥地利的格拉茨任数学教师.1596 年出版《宇宙的奥秘》一书,书中介绍了宇宙和谐的思想,受到当时大天文学家第谷的赏识.1600 年他到布拉格近郊的贝纳泰克的天文台任第谷的助手.翌年第谷去世,开普勒受聘为皇家数学家,继承第谷的未竟事业.

1609 年,他在《新天文学》一书中宣称火星的轨道不是正圆而是椭圆,太阳位于椭圆的两个焦点之一.这是对认为行星沿圆轨道做匀速运动的传统观念的一个严重挑战,也是对哥白尼学说的重大发展.他还发现火星的向径在相等的时间内扫过相同的面积,并指出,这两定律也适用于其他行星和月球.1619 年开普勒在《宇宙和谐》一书中指出,行星公转周期的平方与轨道半长轴的立方成正比.行星运动三定律为日后牛顿发现万有引力定律奠定了基础.

他是微积分的先驱之一.在《酒桶的新立体几何》(1615)一书中,他引入了无穷大和无穷小概念,并讨论了 87 种各类物体的体积问题.

开普勒在极度的贫苦中去世,在他的墓碑上刻着他自己写的墓志铭:

我曾观测苍穹,今又度量大地.
灵魂遨游太空,身躯化为尘泥.

数学与艺术有什么关系？对于只是粗浅了解数学的人来说，数学与艺术似乎没有什么关系. 但事实远非如此. 数学与艺术之间存在着深刻的, 多方面的联系.

科学和艺术都是通过感官提供的信息去追求一个共同的目标：揭示自然界的奥秘. 科学的特点是寻求共性, 艺术的特点是寻求个性. 虽然它们分属于不同的领域, 但是科学和艺术不是截然相反的概念, 而是研究自然和人生的两种互补的方法. 前者借助分析, 后者凭借直觉. 爱因斯坦这样说：

> 在那不再是个人企求和欲望主宰的地方, 在那自由的人们以惊奇的目光探索和注视的地方, 人们进入了艺术和科学的殿堂. 如果通过逻辑语言来描绘我们对事物的观察和体验, 这就是科学；如果用有意识的思维难以理解而通过直觉感受来表达我们的观察和体验, 这就是艺术. 两者共同之处就是摒弃专断, 超越自我的献身精神.

如果要培养有创造力的科学家, 仅仅提供思想的食粮是不够的, 我们还必须提供大量想象的养分, 即艺术与科学的融合养分.

本书只是选择了两个方面进行介绍, 即音乐与绘画.

音乐——听觉艺术：时间的艺术.

绘画——视觉艺术：空间的艺术.

在数学中恰有两个分支与之对应：

代数与分析：与时间相关的学问.

几何：与空间相关的学问.

第三章　透视画与射影几何

欣赏我的作品的人,没有一个不是数学家.

达·芬奇

在那不再是个人企求和欲望主宰的地方,在那自由的人们以惊奇的目光探索和注视的地方,人们进入了艺术和科学的殿堂.

A. 爱因斯坦

几乎每个人都是这样,从孩提时代起就喜欢绘画和音乐.这真是人类的天性.两门艺术的起源和人类的起源一样古老,不知起于何代,更不知止于何年.艺术对于人类心灵的震撼是强烈而久远的.上古时代,韩娥一曲会"余音绕梁,三日不绝".孔子在齐国听了韶乐后,三个月不知肉味,并说:"不图为乐之至于斯也."一幅名画,也有同样的效果.它有力的线条,混沌的荒野,古朴的屋宇,雄壮的骏马,可以让人怦然心动,而思骋于八荒之表,神游于千载之上.

在本章和下一章里,我们试着去探索绘画艺术的奥秘,试着去解释,缘何你能怡然地坐在电视机旁,一边品茗,一边欣赏远在万里之外的维也纳的金色大厅,聆听正在那里演奏的"蓝色多瑙河".

§1　绘画与透视

1.1　绘画体系

在整个绘画史上,绘画的体系大致分为两大类:观念体系与光学体系.观念体系就是按照某种观念或原则去画画.例如,埃及的绘画和浮雕作品大都遵从观念体系.画中人物的大小不是依照写实的原则,而是依据人物的政治地位或宗教地位来决定.法老经常是最重要的人物,他的尺寸最大,他的妻子比他小一些,仆人就小得可怜了.光学透视体系则试图将图形本身在眼睛中的映像表达出来,它是从西方绘画艺术中发展起来的.早在希腊和罗马时期,光学体系已经有了发展.但是到了中世纪,基督教神秘主义的影响使艺术家们回到了观念体系.画家们所画的背景和主题倾向于表现宗教题材,目的在于引导宗教感情,而不是表现现实世界中的真人真事.从中世纪末到文艺复兴时期,绘画艺术发生了质的变化.其典型特征是,艺术家朝写实方向前进.在 13 世纪末,数学也进入了艺术领域.

在进入光学体系之前,先观察一下中西绘画的差别.

1.2 一个标准,两种风格

评价一件艺术品好坏的一个重要标准是看它有无意境.这一标准不但适用于评价中国的诗歌、书法和绘画,同样也适用于评价西方的诗歌、雕塑和绘画.那么,什么是意境呢?所谓"意",就是情和理的统一;所谓"境",就是形和神的统一.情、理、形、神的完美统一就会产生出一件震撼人心的艺术品.

在世界绘画史上出现了两种迥然不同的绘画风格,这就是中国画与西方画.中国画尚意,主张以形传神,注重情和神.在唐、宋时代中国绘画艺术已经达到了人与环境的高度统一.这在世界绘画史上是独一无二的.1970年6月16日日本诺贝尔文学奖得主川端康成在台北市中泰宾馆九龙厅的亚洲作家会议上发表的特别公开演讲中有这样一段话:

> 我来台北怀着一个很大的期待,就是可以在故宫博物馆观赏古代的中国美术.中国古代美术确实是庄严而崇高的.从我的感觉上来说,它已深深浸透到我的身体里了,给我以颤栗般的感动.能给我以这种感觉的美术在西方仅有列奥纳多·达·芬奇,而在中国古代的铜器、绘画等当中却有许多.

由于西方绘画更注重形与理,所以从西方绘画中产生了光学透视体系,并进而引出了一门新的数学分支——射影几何.本书的目的在数学,西方绘画将占有更多的篇幅.

1.3 黄金分割

神学家阿奎那(St. ThoMas Aquinas,1225—1274)说:"愉快的感觉来自恰当的比例."什么样的比例是最令人愉快的?

1. 黄金分割数

差不多两千年前,希腊数学家考虑了这样一个数学问题:给出任何一个线段 AB,在其上找一点,这一点把线段分成长短两部分,使得全长与较长部分的长度的比等于较长部分与较短部分的长度的比.

如图 3-1 所示,设分点是 C,较长部分是 AC,较短部分是 CB.依题设,

$$\frac{AB}{AC} = \frac{AC}{CB}.$$

为了确定 C 的位置,令 $x = \dfrac{AB}{AC}$.由 $AB = AC + CB$,我们有

图 3-1

$$x = \frac{AB}{AC} = \frac{AC + CB}{AC} = 1 + \frac{CB}{AC} = 1 + \frac{1}{x}.$$

它可化为一个二次方程

$$x^2 - x - 1 = 0. \tag{3-1}$$

这个方程有两个根

$$x_1 = \frac{1+\sqrt{5}}{2}, \quad x_2 = \frac{1-\sqrt{5}}{2}.$$

由于 $\sqrt{5}$ 比 2 大, 所以第二个根是负根. 第一个根是 $x_1 = 1.618\cdots$. 现在用一个固定的符号 φ 来表示它. 有了这个值, C 点的位置就确定了. 实际上, 用 x_1 的倒数更方便:

$$\frac{AC}{AB} = \frac{2}{\sqrt{5}+1} = \frac{2}{\sqrt{5}+1} \cdot \frac{\sqrt{5}-1}{\sqrt{5}-1} = \frac{\sqrt{5}-1}{2} = 0.618\cdots.$$

C 点约在 AB 长度的 0.618 的位置上.

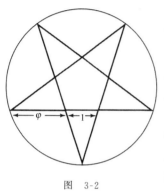

图 3-2

希腊数学家把这个几何问题里的点 C 叫做黄金分割点, 这个比值 φ 叫做黄金分割数. 顺便指出, 字母 φ 是希腊著名雕刻家菲狄亚斯的名字的希腊拼写法的第一个字母. 菲狄亚斯可能是人类历史上第一个把黄金分割数用于自己作品的人. 这个数是无理数. 无理数的诞生引起了数学史上的第一次数学危机 (见第六章). 希腊人为无理数绞尽了脑汁. 尽管如此, 他们还是很欢迎这个数的, 并将它用于他们的哲学和艺术. 此外, 他们还用这个数解决了许多几何问题. 例如, 正五角星的作图问题 (图 3-2). φ 在这个五角星内至少以 10 种不同方式出现. 例如, 如果五角星内的正五边形的边长为 1, 则五角星的臂长就是 φ.

以图 3-1 中的 AB, AC 为边作一矩形, 这个矩形叫做黄金矩形. 黄金矩形在希腊人的眼里既是神秘的, 又是实用的, 它构成了希腊美学的基石. 在古希腊的艺术和建筑中, 他们广泛地使用黄金矩形, 例如, 古希腊的巴特农神庙, 其高和宽的比非常接近黄金数 (插图 3-1, 3-2).

插图 3-1

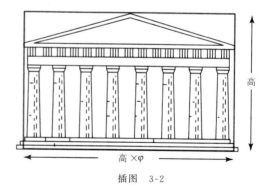

插图 3-2

2. 黄金分割与艺术

黄金分割大量地出现在绘画艺术中, 并形成了黄金分割学派, 其中包括达·芬奇、A. 丢勒、G. 西雷特等许多画家. "维纳斯的诞生"(彩图 4)是波提切利的名作, 表现女神维纳斯从爱琴海中浮水而出, 花神、风神迎送左右的情形. 画中也包含了黄金分割. 西奥多·Λ. 库克在他的《生命的曲线》一书中对此作了分析.他说:"将人像从头顶到脚底包括在内的一条线在肚脐处分成……由黄金分割 φ 给出的精确比例……在整个作品中,我们发现了七个相邻的 φ."

人们会注意到,维纳斯不是直立的.如果画出直立的模特儿,会发现图像有些拉长.插图 3-3 取自同书的另一幅画直立的模特,那位少女稳定地站在 φ^7 上.

黄金分割还出现在达·芬奇未完成的作品《圣徒杰罗姆》中(彩图5).该画创作于 1480—1482 年.在作品中,圣徒杰罗姆的像完全位于画上附加的黄金矩形内.这不是偶然的巧合,而是达·芬奇有目的地使画像与黄金分割相一致.

更近一些,法国印象派画家乔治·修软特(Georges Seurat)把黄金矩形用到了他的每一幅油画中.20世纪的荷兰画家芒德润(Piet Mondrian)的抽象几何画中就充满了不同的黄金矩形(彩图6).今天,黄金矩形出现在各个不同的角落.例如,摄影、纪念卡、广告、窗户中等.于是,产生了一个问题:黄金矩形确实好看吗?19世纪后期,德国的心理学家费赫纳尔(Gustav Fechner,1801—1887)

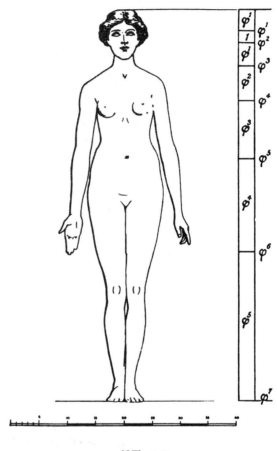

插图 3-3

从统计学的角度对这个问题进行了研究.他画了各种长宽比例不同的矩形给几百个人去评价,让他们说出自己最喜欢的和最不喜欢的矩形.费赫纳尔详细地记录下来,并作了统计分析.他的统计结果如表1所示.从表中可看出,约 75% 的人喜欢的矩形接近于黄金矩形.

表 1

长宽比	最喜欢的矩形(百分比)	最不喜欢的矩形(百分比)
1.00	3.0	27.8
1.20	0.2	19.7
1.25	2.0	9.4
1.33	2.5	2.5

（续表）

长宽比	最喜欢的矩形(百分比)	最不喜欢的矩形(百分比)
1.45	7.7	1.2
1.50	20.6	0.4
$\varphi \approx 1.62$	35.0	0.0
1.75	20.0	0.8
2.00	7.5	2.5
2.50	1.5	35.7

3. 大自然的艺术品

令人惊奇的是,自然界也偏爱黄金分割. 我们从对数螺线谈起. 图 3-3 是一个黄金矩形. 在这个黄金矩形中分出一个正方形,位于左边,右边剩下的仍是一个小的黄金矩形. 在这个黄金矩形中再分出一个正方形,位于上边,下边剩下的是一个更小的黄金矩形. 把这个过程继续下去,结果如图 3-4 所示. 现在我们用一条光滑的连续曲线把所有正方形的顶点连起来,得到的就是对数螺线,或等角螺线. 海螺、蜗牛的外形就非常近似于对数螺线(插图 3-4).

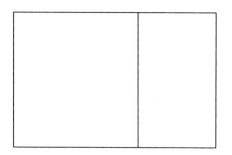

图 3-3

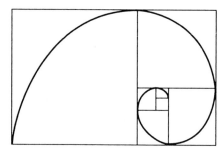

图 3-4

插图 3-4

4. 如何找黄金分割点

那么,从几何上如何用圆规和直尺找出点 C 呢? 过点 B 作一直线垂直 AB,在这条直线

上取线段 BD，使 BD 的长度是 AB 的一半，然后连接 AD（见图 3-5）. 再以 D 为圆心，BD 为半径作弧，这弧交 AD 于点 E. 然后再以 A 为圆心，AE 为半径作弧，这弧交 AB 于点 C. 点 C 就是我们要求的黄金分割 AB 的点.

证明 设 $BD=x$，由商高定理，$AD^2=AB^2+BD^2=(2x)^2+x^2=5x^2$. 而

$$AC = AE = AD - BD = (\sqrt{5}-1)x,$$

所以

$$\frac{AB}{AC} = \frac{2}{\sqrt{5}-1} = \frac{\sqrt{5}+1}{2}.$$

这就是我们刚才所求的黄金数. 注意到，

$$\frac{AC}{AB} = \frac{\sqrt{5}-1}{2} = 0.618\cdots.$$

如果 AB 是单位长度，则 C 点落在 0.618 处.

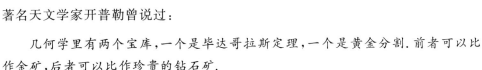

图 3-5

著名天文学家开普勒曾说过：

> 几何学里有两个宝库，一个是毕达哥拉斯定理，一个是黄金分割. 前者可以比作金矿，后者可以比作珍贵的钻石矿.

1.4 希腊的数学精神与裸体艺术

《米洛的维纳斯》（彩图 7）是迄今被发现的希腊女性雕像中最美的一尊. 她在 1820 年被发现之后，立刻在雕塑艺术中占据了不可动摇的中心地位. 直到今天她仍然是最流行的美的象征，或美的商标. 从美容室到大宾馆，从书的封面到各种商品，都可以见到维纳斯的形象. 她是人类最杰出的肉体美的作品，是理想的完美标准. 这件作品凝聚了古希腊人关于"美"的理想. 面对这尊融崇高与优美于一体的希腊雕塑，19 世纪的艺术巨匠罗丹情不自禁地感叹道："神奇中的神奇！"

古希腊人相信，人体是应该引为自豪之物，并应使它保持完美的状态. 在艺术史中，裸体艺术是表达秩序的核心对象，是艺术的中心题材，它能激发出最伟大的作品. 人体是我们自身，它能唤起与我们切身相关的一切愿望，而最首要的愿望就是使自身的永存.

在人体美的探寻中，艺术家不是摹仿自然而是追求完美. 这是古希腊遗产中的一个组成部分. 亚里士多德说过："艺术完成自然不能完成的东西. 艺术家使我们认识了自然界所没有实现的目标."这段话的后一句有一个假设：任何事物都有一个理想的完美形式. 任何经验现象或多或少都是有纰漏的赝品. 艺术家的完美形象与真实对象间的关系和数学家的几何形象与实物的几何形体的关系处于相同的地位. 当我们评价一个人的形象时，往往说，这个人脖子太长，腰太粗，或腿太短，等等. 这种评价来自何处？拿什么作标准？这说明，在人们的心目中存在一个理想的模式，理想的美. 事实上，没有一个人体作为整体来看是完美的.

俞平伯在评价《红楼梦》中的美人时曾说过,美人必有一陋.此言不谬.美术家从不同的人体中选择最美的部分,再将它们组成一个完美的整体.这里需要的是抽象和综合的能力.这种能力首先来自数学素养.

在毕达哥拉斯的影响下,古希腊人对数学充满了激情.在古希腊人思想的每一个领域里,我们都可以见到对于可测量的比例的信仰.他们也把这种思想表现在雕塑和绘画艺术中.或许古希腊的雕塑家有一种非常精妙的、细致的计算系统,就像他们的建筑师那样,但可惜,已无书可查.

插图 3-5

古希腊的建筑学家维特罗乌斯(Marcus Vitruvius Pollio,公元前 1 世纪)在他的著作《建筑论》第三卷的开头,当谈及圣殿的建筑原则时宣称,这些建筑应该具有像人体一样的比例.他指出了一些人体的正确比例,并说人体是比例的典范,因为当人伸直四体时,他就与完美的几何形式——正方形和圆相吻合.这一简要的论述在文艺复兴时代说来,意义实在非凡:它远不止是一个实用的法则,而是一个哲学体系的基础.它同毕达哥拉斯的五线谱一起提供了感觉与秩序的联系,有机体与美的几何原则的联系.这个几何标准,过去是,现在依然是哲学家的美学基石.于是,在 15～17 世纪这段时期,在关于建筑和美学的论文中出现了许多在正方形和圆中的人物插图,它们早在达·芬奇以前就出现了.但只是在达·芬奇著名的威尼斯图稿中,这种人像才达到最出色的展示(插图 3-5),在整体上说,也是最正确的展示.这是艺术家们企图在绘画中展现数学本质的最有趣的证据.这张图是达·芬奇为数学家 L·帕西欧里的书《神奇的比例》所作的图解,该书出版于 1509 年.

裸像与建筑物一样,表现一种理想模式与功能需要之间的平衡,各部分的形态和位置安排要保持适当的比例.现在可以肯定的几个少数古典比例法则之一是,在女性的裸像中,两乳之间,下半乳房到肚脐,肚脐到大腿根部的长度是相等的.在所有古典时期的裸像中,以及在公元 1 世纪前的绝大部分古典时期的作品中,这一法则是严格被遵循的.米洛的维纳斯就是一个例子.

应当指出,艺术家不可能根据数学的法则构造出优美的裸像,就像在音乐中不可能靠数学创造出赋格曲一样.但同时艺术家也不能忽略数学法则.这些法则一定要储存在他的大脑深层或是手指之间.归根结底,他和建筑师一样要依赖于它们.

1.5 新的时代,新的艺术

到了 13 世纪的时候,通过翻译阿拉伯和希腊的著作,使亚里士多德的著作广泛为人们所知晓. 西方的画家们开始意识到, 中世纪的绘画是脱离现实和脱离生活的, 这种倾向应当纠正. 实际上, 从中世纪转向文艺复兴, 首先是人性的觉醒. 在中世纪, 艺术只是为了"训导人"成为一个好的信徒. 到了文艺复兴时期, 艺术则更多的是, 为了"丰富人"和"愉悦人".

在中世纪严格的思想控制下, 希腊、罗马艺术中美丽的维纳斯竟被看做是"异教的女妖", 而遭到摒弃. 到了文艺复兴时期, 向往古典文化的意大利人却觉得这个从海里升起来的女神是新时代的信使, 她把美带到了人间.

但是, 足以与神学抗衡的, 不是别的, 而是科学. 决不可低估文艺复兴时期科学成果对人类文化的巨大影响. 哥伦布发现新大陆, 哥白尼确立日心说, 都使世界改变了面貌. 科学也有效地促进了艺术的发展, 因为艺术的发展固然要求人的感情从神的控制下解放出来, 但也需要人能以理性的明智去正确地认识世界.

新的时代需要新的艺术. 这种新艺术就是透视画.

文艺复兴时期的艺术家们最先认真地运用希腊的学说: 自然界的本质在于数学. 为什么会这样呢? 第一个原因在任何时候都起作用, 那就是艺术家们追求逼真的绘画创造. 除去创作意图和颜色外, 画家所画的东西是位于一定空间的几何形体. 描绘它们在空间的位置与相互关系需要欧氏几何. 其次是他们深受希腊哲学的影响. 他们相信, 数学是现实世界的本质, 宇宙是有序的, 能够按照几何方式理性化. 再一个原因就是, 那时的艺术家都具有很好的数学素养, 他们也是那个时代的建筑师和工程师, 因此他们必然爱好数学.

1.6 引入第三维

文艺复兴时期的绘画与中世纪绘画的本质区别在于引入了第三维, 也就是在绘画中处理了空间、距离、体积、质量和视觉印象. 三维空间的画面只有通过光学透视体系的表达方法才能得到. 这方面的成就是在 14 世纪初由杜乔 (Duccio, 1255—1319) 和乔托 (Giotto, 1270—1337) 取得的. 在他们的作品中出现了几种方法, 而这些方法成为一种数学体系发展过程中的一个重要阶段.

乔托是西洋美术史上开启性的人物, 他不但是以画家的身份被承认、被尊重的第一人, 而且是对人类美术最光辉的文艺复兴时期影响最关键的人. 文艺复兴初期的马萨乔, 盛期的米开朗琪罗都承认深深受到乔托的影响, 因此后世尊乔托为"西洋绘画之父". 文艺复兴时期的传记作家乔治·瓦萨里曾这样赞美他:

> 我认为, 所有的画家都得益于乔托这位佛罗伦萨的画师, 正如他们得益于大自然一样. ……乔托竟能在一个如此鄙俗无能的年代迸发光彩, 一举恢复了他的同时代人几乎一无所知的古典艺术. 这实在是一大奇迹.

乔托是一个早熟的农家孩子, 为人牧羊. 他非常喜欢画画, 常常使用身边的任何材料作画. 当时的著名画师契马布埃听到后, 便来到路边, 让乔托画点什么看看, 结果使他大为惊奇,遂给这个孩子的父母一笔钱,把乔托带到佛罗伦萨为徒.

乔托是历史记载中第一个凭直觉悟出有一种绘画技巧最为优越的人,这就是在构图上应把视点放在一个静止不动的点上,并由此引出一条水平轴线和一条竖直轴线来.由此,乔托在绘画艺术上恢复了欧几里得的空间概念,虽然他并没有用大量的几何命题加以解释.这样,沿袭了两千年的扁平画面,一下子得到了深度这个第三维度.这可以在他的作品《金门重逢》(彩图 8)中看出来.这就是"透视画法".

他在创作中直接利用了视觉印象中的空间关系.他画中的景物具有厚度感、空间感和生命力.他是光学透视体系发展中的关键人物.尽管他的画在视角上并不正确,但从整体看来,他的作品却显示了他那个时代的最伟大的成就.

乔托的最著名的作品之一是《圣方济之死》(彩图 9).在这幅作品中,景物安排得十分均衡,使人一看就觉得和谐,并且有立体感,是位于三维空间的景物.他还使用了缩距法表示景深.

插图 3-6

技巧和观念上的进步则应归功于洛伦采蒂(Ambrogio Lorenzetti,1323—1348).他所选取的题材具有现实性.他的线条充满生机,画面健康活泼,富有人情味.在《圣母领报图》(插图 3-6)中,景物所占据的地面给人以明确的现实感,而且与后墙明显地分开了.地面既作为对物体大小的度量,又暗示出空间向后延伸,直到后墙.其次,从观察者角度看,楼板线条都向后收缩并交于一点.最后,房屋伸向远处时逐渐缩小了,以致最后消失在背景中.

在洛伦采蒂身上,我们看到了文艺复兴时期的艺术家在引入光学透视体系前所达到的最高水平.

1.7 郑板桥画竹

中国画家虽然没有发展出光学透视体系,这并不说明中国古代画家没有用过光学透视体系.据记载,从五代开始就有画家借助光学透视体系来提高他们的画艺了.今以画竹为例作些介绍.

中国画竹起源很早,据说第一个画竹的是蜀国名将关羽.到唐代,著名诗人王维就画竹,开元年间有石刻.五代北宋间,画竹一科逐渐发展,蔚然成为一大流派,延续至今.

中国绘画的美学观点着重于尚意.从笔墨到意境,每一点划中都渗透了作者的意想,类同虚拟,改变现实,虚拟位置,以求得在情景的统一中塑造出艺术形象,并且神似重于形似.

但是,形似仍然是一个不可忽略的问题.为了求得形似,中国画家在他们的艺术实践中采用了中心投影与平行投影两种手法.以画竹为例,最早使用平行投影的是五代十国时蜀国的李夫人.李夫人善文章和书画.后唐招讨史郭崇韬征蜀,蜀主王衍投降,郭尽收蜀中之宝,并强占李夫人.夫人悒悒不乐,月夜独坐南窗,轩外竹影婆娑,映在窗纸上,夫人用笔就窗纸摹写竹影,觉得生意具足.这是墨竹的肇始.

对南窗而言,月亮处于无穷远处,故月光可视为平行光.李夫人是最早利用平行投影的人.

另一位使用平行投影的人是郑板桥(1693—1765).郑板桥名燮,字克柔,板桥是他的外号.他是《红楼梦》的作者曹雪芹的同时代人.从下面的两则题记中可看出,郑板桥主要是从平行投影中学习画竹的.

(1)予家有茅屋两间,南面种竹.夏日新篁初放,绿荫照人,置一小榻其中,甚凉适也.秋冬之际,取围屏骨子,断去两头,横安以为窗棂,用匀薄洁白之纸糊之.风和日暖,冻蝇触窗纸上,冬冬作小鼓声.于是一片竹影凌乱,岂非天然图画乎? 凡吾所画竹,无所师承,多得于纸窗粉壁、日光月影中耳!

(2)江馆清秋,晨起看竹,烟光日影雾气,皆浮动于疏枝密叶之间.胸中勃勃,遂有画意.其实胸中之竹,并不是眼中之竹也,而磨墨展纸,落笔作变相,手中之竹,又不是胸中之竹也.总之,意在笔先,定则也;趣在法外,化机也.独画云乎哉!

读者可以在彩图10欣赏郑板桥墨竹.采用中心投影的画家是黄华,他是著名画家文同的学生,文同是苏东坡的好友.他经常用灯照着竹枝,对影写真.但投影画在中国始终不是主流.

1.8 数学的引入

到15世纪,西方画家们终于认识到,必须从科学上对光学透视体系进行研究.这一认识固然受到了古希腊、古罗马透视方面的著作的影响而得以强化,但更主要的是受到了描述真实世界这一渴望的刺激.从根本上讲,把握空间结构,发现自然界的奥秘,乃是文艺复兴时期哲学的一种信念,而数学是探索自然界的最有效的方法,终极真理的表达方式就是数学形式.

绘画科学是由布鲁内莱斯基(Brunelleschi,1377—1446)创立的,他建立了一个透视体系.第一个将透视画法系统化的是阿尔贝蒂(Alberti leon Battista,1404—1472).他的《绘画》一书于1435年出版.在这本论著中他指出,做一个合格的画家首先要精通几何学.他认为,借助数学的帮助,自然界将变得更加迷人. 阿尔贝蒂的重要功绩是,他抓住了透视学的关键,即"没影点的存在".他大量地应用了欧几里得几何学的原理,以帮助后世的艺术家掌握这一技术.

最重要的透视学家碰巧也是15世纪最重要的数学家之一,他是弗朗西斯卡(Piero della Francesca,1416—1492).在《绘画透视论》一书中,他极大地丰富了阿尔贝蒂的学说.在他后半生的20年内写了三篇论文,试图证明,利用透视学和立体几何原理,从数学中可以推出可见的现实世界.

自乔托开始,经阿尔贝蒂和其他艺术家归纳和提高而得到的透视原理,是艺术史上的里程碑.艺术家本着一个静止点画画,便能把几何学上的三维空间以适当的比例安排到画面上.透视的意思是"清楚透彻地看",它给艺术带来了一个新的维度.将景物按照透视原理投射到二维平面上,这就使平面变成了一扇开向想象中的立体视界的窗户.对海员航海而言,最重要的水平线从此成了美术上最重要的定向线,美术从取材到结构都面向了真正的世界.

对此,埃文思(W. Ivins)在著作《美术与几何学》一书中这样评述:

> 透视原理与近大远小有很大不同.从技术角度来说,透视是将三维空间以中心投射的方式放入平面.用非技术性的词语来解释,透视则是使放在平面上的各个图形,同它们所代表的种种实际物体彼此之间相对而言,在大小、形状和位置上,与从真实的空间中的某一点看上去能够一模一样的方法.我未曾发现古希腊人何时曾在实践中或在理论上提到过上述概念.……这是个不曾为古希腊人掌握的概念.这个原理在被阿尔贝蒂提出时,人们对几何学是如此无知,以至于他不得不对"直径"和"垂直"两个名词作出解释.

鲁塞尔认为这一发现十分重要:

> 透视原理把唯一一个视点作为第一要素,这便使视觉体验建立在稳定的基础上.于是,它在混沌中创立了秩序,使相互参照实现了精密化和系统化.很快地,透视原理便成了一致和稳定的试金石.

对透视学做出最大贡献的是艺术家列奥纳多·达·芬奇(彩图 11)(Leonardo da Vinci, 1452—1519).他是意大利文艺复兴时期著名的画家、雕塑家、建筑家和工程师.他认为视觉是人类最高级的感觉器官,它直接而准确地表达了感觉经验.他指出,人观察到的每一种自然现象都是知识的对象.他用艺术家的眼光去观察和接近自然,用科学家孜孜不倦的精神去探索和研究自然.他深邃的哲理和严密的逻辑使他在艺术和科学上都达到了顶峰.

毫无疑问,达·芬奇是 15 至 16 世纪的一位艺术大师和科学巨匠.文艺复兴时期的传记作家乔治·瓦萨里曾这样赞美他:

> 世间男女,
> 资质出众,才气横溢者,屡见不鲜.
> 然间或有人,独蒙上天垂爱,
> 风韵优雅,才华盖世,
> 令众生望尘莫及.
> 其行为举止,处处富有灵性,
> 而其所作所为,
> 实则无不出于造物之手,
> 非人力所能企及.

达·芬奇通过广泛而深入地研究解剖学、透视学、几何学、物理学和化学,为从事绘画做好了充分的准备.他对待透视学的态度可以在他的艺术哲学中看出来.他用一句话概括了他的《艺术专论》的思想:

> "欣赏我的作品的人,没有一个不是数学家."

达·芬奇坚持认为,绘画的目的是再现自然界,而绘画的价值就在于精确地再现.因此,绘画是一门科学,和其他科学一样,其基础是数学.他指出,

> "任何人类的探究活动也不能成为科学,除非这种活动通过数学的表达方式和经过数学证明为自己开辟道路."

1.9 艺术家丢勒

15 世纪和 16 世纪早期,几乎所有的绘画大师都试图将绘画中的数学原理与数学和谐、实用透视学的特殊性质和主要目的结合起来.米开朗琪罗、拉斐尔以及其他许多艺术家都对数学有浓厚的兴趣,而且力图将数学应用于艺术.他们利用高超而惊人的技巧、缩距法精心创作了难度极大、风格迥异的艺术品.他们有时将技法的处理置于情感之上.这些大师们意识到,艺术创作尽管利用的是独特的想象,但也应受到规律的约束.

在透视学方面最有影响的艺术家是丢勒(Albrecht Durer,1471—1528).他是文艺复兴时期德国最重要的油画家、版画家、装饰设计家和理论家.同达·芬奇一样,他具有多方面的才能.他的人文主义思想使他的艺术具有知识和理性的特点.他从意大利的大师们那里学到了透视学原理,然后回到德国继续进行研究.他认为,创作一幅画不应该信手涂抹,而应该根据数学原理构图.实际上,文艺复兴时期的画家们并没有能完全自觉地应用透视学原理.

下面,我们通过阿尔贝蒂、达·芬奇和丢勒的术语对艺术家们所发展的数学体系作一解释.他们将画布想象为一玻璃屏板,艺术家们通过它看到所要画的景物,如同我们透过窗户看到户外的景物一样.从一只固定不变的眼睛出发,设想目光可以投射到景物的每一个点上.这种目光称为投射线.投射线与玻璃屏板交点的集合称为一个截景.截景给眼睛的印象与景物自身产生的效果一样.实际上,一幅画就是投影线的一个截景.

对这条原则,丢勒的版画(插图 3-7,3-8)给出了很好的说明.这里选取的版画展示了求得截景的具体过程.

1.10 数学定理

绘画毕竟不是截景,画布也不是透明的玻璃板.因此,艺术家必须从截景的启发中找出指导绘画的原则.这样一来,专注于研究透视的学者们就从投影线和截景原理中获得了一系列定理,它们包括了聚焦透视体系的大部分内容.文艺复兴以来,几乎所有的西方艺术家都使用这一体系.

数学透视体系的基本定理和规则是什么呢?假定画布处于通常的垂直位置.从眼睛到

插图　3-7

插图　3-8

画布的所有垂线,或者到画布延长部分的垂线都相交于画布的一点上,这一点称为**主没影点**.主没影点所在的水平线称为**地平线**;如果观察者通过画布看外面的空间,那么这条地平线将对应于真正的地平线.

插图 3-9 是这些概念的直观化,表示观察者所看到的大厅过道.观察者眼睛的位置处于与画面垂直且通过 P 点的垂线上.P 点是主没影点,P_1PP_2 就是地平线.

定理 1　景物中所有与画布所在平面垂直的水平线在画布上画出时,必须相交于主没影点.

例如,Bb, Cc, Dd 和其他类似的直线都在 P 点相交,也就是所有实际上平行的线都应该画作相交.这与我们的日常经验符合吗?符合.大家知道,两条铁轨是相互平行的,但是在人眼看来,它们相交于无穷远处.这就是为什么把 P 点叫做没影点.但在现实的景物中没有一个点与之相应.

一幅画应该是投影线的一个截景.从这条原理出发可以导出另一个定理.

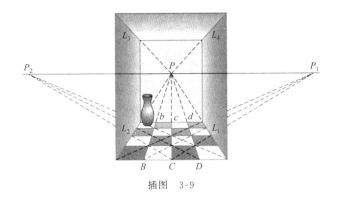

插图 3-9

定理 2　任何与画布所在平面不垂直的平行线束,画出来时与垂直的平行线相交成一定的角度,且它们都相交于地平线上的一点.

在水平平行线中有两条非常重要.在插图 3-9 中,BP_1 和 CP_1 在现实世界中它们是平行的,并且与画布所在的平面成 45° 角.BP_1 和 CP_1 相交于 P_1,这个点称为对角没影点.类似地,水平平行线 CP_2 和 DP_2 在现实世界中与画布成 135° 角,画出来时,必须相交于第二个对角没影点 P_2.

定理 3　景物中与画布所在平面平行的平行水平线,画出来是水平平行的.

对于真正从事创作的艺术家来说,要达到写实主义的理想境地还有许多其他定理可供使用.但进一步追求这些特殊的结果将使我们离题太远.

1.11　名画挂在什么地方

上面的讨论对于一个欣赏者而言也是十分有益的.依照透视体系创作出来的画与艺术家眼睛的位置密不可分.从什么位置欣赏画会达到最佳效果呢?欣赏者的眼睛应该位于主没影点的水平线上,而且在从主没影点到两个对角没影点的等距离的正前方.实际上,如果画能挂在适合于欣赏者的高度,而又能上下移动的位置上,将会达到理想的效果.如果你到过巴黎的卢浮宫,你就会发现,达·芬奇的名作"蒙娜·丽莎"就挂在几乎和人眼平等的位置上,并且,不论你从哪个方向看她,蒙娜·丽莎都在对你微笑.

1.12　对透视体系的议论

应当指出,这个体系并不能将眼睛所看到的一切都再现出来.因为任何平行线在眼睛看来都在无穷远处相交,并且当你转过身来向另一个方向看去的时候,它们又会相交.这一方面与欧氏几何的结论不符合,另一方面,有两个交点的直线在眼睛看来一定是曲线.希腊人和罗马人已经认识到这一点:直线,当用眼睛观察时就是弯曲的.在欧几里得的《光学》中也确有这样的论述.光学透视体系忽略了这一明显的事实.此外,人观察景物是通过两只眼睛,而且每只眼睛看到的东西微有差别,这一点在光学透视体系中也没有得到反映.

既然这个体系还有一些缺点，为什么艺术家们又采用它呢？对 15～16 世纪的艺术家们来说，这是一个完全数学化了的体系。在探索自然界奥秘的过程中，数学的重要性给人们留下了深刻的印象，构造出一个完整的数学体系已经使他们心满意足了。事实上，艺术家们认为这个体系与欧几里得几何一样真实。

1. 13 完美的结合，艺术的顶峰

现在让我们来看看几何与绘画的结合产生的一些传世名作。

第一次开始应用透视学的画家是马萨乔（Masaccio，1401—1428）。他的《纳税钱》比任何早期的作品都更具有写实主义气息。G. 瓦萨里说，马萨乔是第一个达到了完全真实地描绘事物的艺术家。这幅画寓意深刻、广博、富有自然主义特色。人物的形象厚实魁伟，每个人都占据着一定的空间。人物形象比乔托的作品更为真实。此外，马萨乔还是一个处理光线明暗的高手。他虽然只活了 27 岁，但其影响难以估量。

乌切洛（Uccello，1397—1475）也是对透视学作出重大贡献的人物之一。他对这门学科具有浓厚的兴趣。瓦萨里说，乌切洛"为了解决透视学中的没影点，他通宵达旦地进行研究"。常常在妻子的再三催促下，他才不得不上床休息。他说："透视学真是一门可爱的学问"。遗憾的是，他在透视学方面创作出的最好的作品随着时间的流逝而严重损坏了。他的《一个酒杯的透视研究》（插图 3-10）显示了在精确的透视绘画中所涉及的景物的表面、线条和曲线的复杂性。

使透视学走向成熟的艺术家是弗朗西斯卡。这位造诣极深的画家对几何学抱有极大的热情，并试图使他的作品彻底数学化。每个图形的位置都安排得非常准确，保持着与其他图形的正确比例关系，使整个绘画作品构成一个整体。甚至对身体的各个部位及衣服的各个部分都运用了几何形式，他喜欢光滑弯曲的曲面和完整性。

弗朗西斯卡的《耶稣受鞭图》（彩图 12）是透视学的一幅珍品。主没影点的选择和聚焦透视体系的精确应用与院子前后的人物紧密地结合在一起，使得景物全都容纳在一个清晰有限的空间内（插图 3-11）。该画利用立柱和地上的方格造成有节奏的严格的透视结构，大理石地板中黑色地砖的减少也经过了精确的计算。画中各种不同的线组成了一个和谐的网络。每一个画面都从另一个中出来，这便构成了一个理想的数学世界。画的高度是 58.6 cm，这正好是弗朗西斯卡的诞生地托斯卡纳的一个计量单位。对文艺复兴时期的艺术家来说，人的理想高度（以基督为代表）是三个计量单位。这个标准规定了画面各个部分的位置和比例。例如，画家在确定水平线时依据的是基督的高度。构图的垂直线把画面分为两块，每一块都根据一个多世纪以前乔托定下的方法，构成一个独立的画面。右半块把人物放在前景，目的在于造成左半部分的深远。这一场景具有内、外两个空间，而整个画面又朝向由左边一段楼梯给予暗示的第三个空间。基督正位于左边三个人物组成的人间世界与这一光明出口暗示的天国之间。含三个人物的右部分受到来自左边的阳光的照射，鞭打的情况则安排在立柱的后面，为一个强烈而神秘的光所照亮。这种光驱散了一切阴暗部分，使整个场面带上一种不安

的、谜一般的气氛.在这种气氛中,一切似乎都凝固了,人物安静地保持着间距和肃穆.空间安排得严谨周密,光的表现使我们有置身世外之感.某种神秘莫测使这一效果异常强烈,它构成了弗朗西斯卡艺术的核心.这种高贵强劲的气氛诱发了 20 世纪的艺术倾向.塞尚和立体派画家的几何手法,康定斯基强烈的抽象都已包含在这幅作品中.

插图 3-10

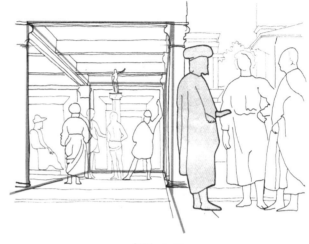

插图 3-11

弗朗西斯卡在他的论透视学的著作中说,他在绘画方面下过很大工夫.在其他作品中,他利用空间透视以增强立体感和深度感.他的画设计得精确入微,改动任何一小点都会破坏整个画面的效果.

达·芬奇创作了许多精美的透视学作品.这位真正富有科学思想和绝伦技术的天才,对每幅作品他都进行过大量的精密研究.他最优秀的杰作都是透视学的最好典范.《最后的晚餐》(彩图 13)描绘出了真情实感,一眼看去,与真实生活一样.观众似乎觉得达·芬奇就在画中的房子里.墙、楼板和天花板上后退的光线不仅清晰地衬托出了景深,而且经仔细选择的光线集中在基督头上,从而使人们将注意力集中于基督,这使得作品的真实感和宗教画所必有的神圣感都在其中得到最好的体现.这幅画可谓艺术中的珍品,而他的局部谋篇是成功的最大原因之一.12 个门徒分成 4 组,每组 3 人,对称地分布在基督的两边.基督本人被画成一个等边三角形,这样的描绘目的在于,表达基督的情感和思考,并且身体处于一种平衡状态(插图 3-12).

16 世纪显示了现实主义绘画在伟大的文艺复兴以来所发展的顶峰.达·芬奇的学生和米开朗琪罗、拉斐尔等著名画家创作出了若干世纪以前人们一直梦寐以求的理想、标准和成功的光辉典范.拉斐尔的《雅典学院》(彩图 14)以和谐的安排,巧妙的透视,精确的比例描绘了一个神圣庄严的学院.这幅画的意义不但在于它巧夺天工地处理了空间和景深,而且它还表达了文艺复兴时期的有识之士对希腊先圣们的崇敬之情.柏拉图和亚里士多德,一右一左,处于画的中心.此外则包括苏格拉底、色诺芬、犬儒哲学家狄奥金尼斯(坐在台阶上)、唯

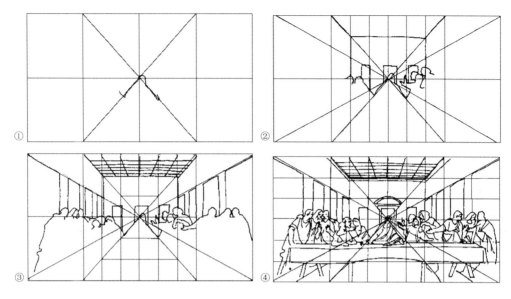

插图 3-12

物主义哲学家赫拉克里特,还有毕达哥拉斯,他正在作计算,右边的前景是欧几里得或阿基米德在那儿证明定理.画的右边,托勒玫手中拿着一个球.整个画中,有音乐家、数学家、文法家,群英荟萃.

再举一个风景画的例子.风景画在西方出现得很晚,只是到了 17 世纪才有荷兰画派的兴起.而在中国则至少可以追溯到公元 4 世纪.东晋的顾恺之不但是著名的人物画家,也是著名的山水画家.到了唐代,山水画已有高度的发展.著名诗人王维就是一位杰出的山水画家.苏东坡评论王维的诗和画时说:"味摩诘之诗,诗中有画.观摩诘之画,画中有诗".也就是说,诗诉诸听觉,画诉诸视觉.王维的诗从听觉引向视觉,而他的画则从视觉引向听觉.现在回到荷兰画派.荷兰的风景画家霍贝玛(1638—1709)以他杰出的《林荫道》(彩图 15)一画为后世风景画留下楷模.这是一幅平凡中见奇崛的作品.没影点正好在两行树的中间.近大远小的透视变化固然可以看得很明显,可是这种角度既难于画得正确,又易于呆板.他将路的位置略向右移,避免了绝对平衡的毛病.尤其是路两边的幼树,间隔的疏密不同,弯曲摇曳的姿态各异,使画面生动多姿.

利用聚焦透视体系的例子不胜枚举.上面的例子已经充分地说明了数学透视方法是如何使画家们从中世纪的束缚中解放出来,而自由自在地描绘现实世界中的山川河流、大街小巷.聚焦透视体系的发展状况也显示出,适当的数学定理,以及建立在数学基础上的自然哲学,有力地决定着西方绘画的进程.尽管现代绘画已经脱离了对自然界的直接描写,但是,在艺术学校中,聚焦透视体系已成为一门基础课,并且在绘画中仍在广泛使用.

1.14　从艺术中诞生的科学

画家们在发展聚焦透视体系的过程中引入了新的几何思想,并促进了数学的一个全新方向的发展,这就是射影几何.

在透视学的研究中产生的第一个思想是,人用手摸到的世界和用眼睛看到的世界并不是一回事.因而,相应地应该有两种几何,一种是触觉几何,一种是视觉几何.欧氏几何是触觉几何,它与我们的触觉一致,但与我们的视觉并不总是一致.例如,欧几里得的平行线只有用手摸才存在,用眼睛看它并不存在.这样,欧氏几何就为视觉几何留下了广阔的研究领域.

现在讨论在透视学的研究中提出的第二个重要思想.画家们搞出来的聚焦透视体系,其基本思想是投影和截面取景原理.人眼被看做一个点,由此出发来观察景物.从景物上的每一点出发通过人眼的光线形成一个投影锥.根据这一体系,画面本身必须含有投射锥的一个截景.从数学上看,这截景就是一张平面与投影锥相截的一部分截面.

设人眼在 O 处(图3-6),今从 O 点观察平面上的一个矩形 $ABCD$.从 O 到矩形的四个边上各点的连线形成一个投射棱锥,其中 OA,OB,OC 及 OD 是四根棱线.现在在人眼和矩形之间插入一平面,并在其上画出截景四边形 $A'B'C'D'$.由于截景对人眼产生的视觉印象与原矩形一样,所以人们自然要问:截景与原矩形有什么共同的性质?要知道截景与原矩形既不重合,也不相似,它们也没有相同的面积,甚至截景连矩形也不是.

把问题提得更一般一些:设有两个不同平面以任意角度与这个投射锥相截,得到两个不同的截景,那么,这两个截景有什么共同性质呢?

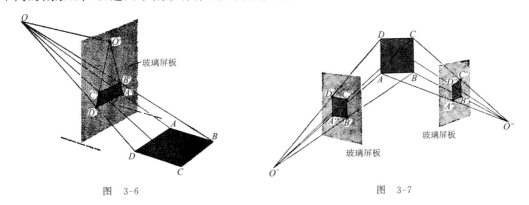

图　3-6　　　　　　　　　　　　　图　3-7

这个问题还可以进一步推广.设有矩形 $ABCD$ (图3-7),今从两个不同的点 O' 和 O'' 来观察它.这时会出现两个不同的投射锥.在每个锥里各取一个截景,由于每个截景都应与原矩形有某些共同的几何性质,因此,这两个矩形间也应有某些共同的几何性质.

17世纪的数学家们开始寻找这些问题的答案.他们把所得到的方法和结果都看成欧氏几何的一部分.诚然,这些方法和结果大大丰富了欧几里得几何的内容,但其本身却是几何学的一个新的分支.这一时期的著作偏向于应用,理论的严谨性不足,直到18世纪数学家们才写出严格的数学著作.到了 19 世纪,人们把几何学的这一分支叫做**射影几何学**.

射影几何集中表现了投影和截影的思想,论述了同一物体的相同投影或不同投影的截景所形成的几何图形的共同性质.这门"诞生于艺术的科学",今天成了最美的数学分支之一.

性灵出万象——达·芬奇

达·芬奇(Leonardo da Vinci,1452—1519)(彩图 11)或许是古往今来最富有创造力的天才,但创造力成全了他,也拖累了他.他兴趣广泛,思想活跃.结果,他的计划往往未能全始全终.

达·芬奇 1452 年 4 月 15 日生于意大利多斯卡纳的芬奇镇或其附近.他是私生子,在父亲家中长大.他天资颖悟,长于数学和音乐,但在绘画上显露了更高的才华.他的父亲把他送到当时享有盛誉的维洛基欧画室学画.达·芬奇大约 18 岁时,维洛基欧受委托为佛罗伦萨附近的一所教堂绘制祭坛画《基督受洗礼》.达·芬奇描绘了其中一个天使,因其形神兼备、秀丽优雅,竟使他的老师耻于不及弟子而放弃绘画,专事雕刻.

1482~1499 年是达·芬奇的第一米兰时期,是他在科学研究和艺术创作上成熟和走向繁荣的时期.这个时期,他创作了一生中最伟大的两件作品,一件是大型骑马雕像,一件是为葛拉吉埃修道院的餐室画的大型壁画《最后的晚餐》(1495~1497).把泥塑翻筑成青铜雕像本来可以造就不朽的业绩,但达·芬奇却无缘一试,由于法国人的入侵,青铜变成了大炮.达·芬奇完成了《最后的晚餐》,但他采用了一种试验性技法,令人遗憾的是,油彩在他生前就开始剥落,这使得这幅作品成为艺术史上最卓越又最令人痛惜的遗迹.这个时期,他还绘制了另一幅著名的祭坛画《岩下圣母》.

1490~1495 年,他开始艺术与科学论文的写作.他主要研究了四方面的内容:绘画、建筑、机械学和人体解剖学.他对地球物理学、植物学和气象学的研究也始于这一阶段.他的研究论文中都附有大量的插图.

1502 年,他以"高级军事建筑师和一般工程师"的身份为教皇军队的指挥官博尔贾测量土地,为此画了一些城市规划的速写和地形图,为近代制图学的创立打下了基础.

1503 年,他为佛罗伦萨韦基奥会议厅制作大型壁画《安加利之战》,而在会议厅对面的壁上则是由米开朗琪罗绘制《卡西纳之战》,可谓双璧交辉.可惜,达·芬奇的作品最后只留下了草图.但这幅画的战斗场面的描绘成为一种"世界性"风格,对以后战争题材的绘画产生了深远的影响.著名的《蒙娜·丽莎》和只留下草图的《丽达》都创作于这一时期.这段时期他还进行了紧张的科学研究,到医院研究人体解剖,对鸟类的飞行做系统的观察,甚至对水文学也进行了研究.

这一时期他继续画从佛罗伦萨带来的《圣安娜》与《丽达》,并和他的学生一道画了第二幅《岩下圣母》.在他一生的最后三年中,他很少作画,主要是整理他的科学研究的手稿.1519年5月2日,他谢世于法国安布瓦斯的克鲁园.一生留下的绘画只有17幅,其中还有一些是未完成的草图,他这些作品都获得了崇高的地位,成为世界文化宝库中的珍品,受到历代艺术大师的推崇.

他的《最后的晚餐》具有纪念碑式的宏伟结构,场面的安排简洁、紧凑,突破了表现这一题材的传统手法,是世界最伟大的作品之一.《岩下圣母》则体现了艺术的另一个侧面.画面是一个梦幻的境地,色调柔和,淡淡的光线把人物和背景拉开,气氛安详宁静,体现出基督和人的和谐关系.此外,《蒙娜·丽莎》、《丽达》、《岩下圣母》等作品都成为历史上的理想典型.

§2　射影几何浅窥

从上节我们知道,透视画的诞生引向了对投影性质的关注.其实更早的时间,在古希腊已经开始了对透视法的研究,当时出于绘图学和建筑学的需要.射影几何就是在这些应用科学与艺术的需要下产生和发展起来的.

一幅油画可以认为是从原景到画布的一个投影,投影的中心是画家的眼睛.在投影的过程中长度和角度必然要改变,改变的方式依赖于所画景物的相对位置,但原景的几何结构在画布上依然能辨别出来.这是为什么呢?自然是存在着某种在投影下保持不变的性质.这些性质就是射影几何学要研究的内容.

射影几何学的许多概念来自绘画,不过更加精密化和一般化了.一些深刻的定理已看不出它们和绘画的联系,它是一门独立的数学分支,有自身的逻辑体系和自身的追求,不能把它的每一个定理都和绘画联系起来.

欧氏几何基本上研究的是在刚体运动下保持不变的性质.射影几何研究在射影变换下不变的性质,所以需要给出射影变换的精确定义.显然,射影几何的定理不可能像欧氏几何那样是关于长度、角度和全等的命题.它们会是什么样的命题呢?

2.1　点列与线束的透视关系

为方便计,我们用大写字母 $A,B,C,\cdots$ 表示一平面 π 上的点,用小写字母 $a,b,c,\cdots$ 表示该平面上的直线.用 AB 记过点 A,B 的直线;AB 不只代表 A 到 B 的线段,而且包括其两端的延长线(图 3-8).用 ab 表示直线 a,b 的交点(图 3-9).

图 3-8   图 3-9

1. 点列的透视

在平面 π 上任取一直线 l_1，l_1 上的点的全体称为一个点列. 在平面 π 上另取一直线 l_2，和不在 l_1，l_2 上的一点 O(图 3-10).

中心投影   如图 3-10 所示，l_1 上的点 A_1，B_1，C_1，D_1，…和点 O 的连线 OA_1，OB_1，OC_1，OD_1，…与 l_2 交于点 A_2，B_2，C_2，D_2，…，这样就建立了点 A_1，B_1，C_1，D_1，…与点 A_2，B_2，C_2，D_2，…间的一一对应关系. 我们称这种对应构成透视，点 O 称为**透视中心**，直线 OA_1，OB_1，OC_1，OD_1，…称为**投影直线**，这种投影称为**中心投影**.

平行投影   若投影直线彼此平行，则由这样的直线实现的投影叫**平行投影**(图 3-11).

平行投影可视为点 O 处于无穷远的位置.

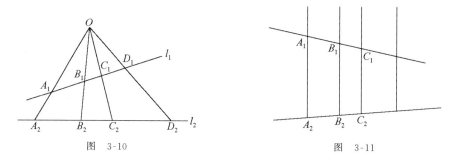

图 3-10   图 3-11

射影变换   用中心投影或平行投影把一个图形变成另一个图形的变换称为**射影变换**.

图 3-12 所示的变换就是一个射影变换，它把点 A_1，B_1，C_1 变换到 A_3，B_3，C_3. 射影几何就是研究这样的命题，它们在射影变换下保持不变.

如果一条直线通过一点，或者一个点在一条直线上，我们就说这个点与这条直线是相关联的. 显然，如果点 A 与直线 l 是相关联的，那么在射影变换下它们仍然是相关联的.

2. 线束的透视

在平面 π 上任取一点 L_1，过 L_1 的直线的全体称为一个线束，L_1 称为**线束的中心**(图 3-13). 平面 π 上另取一点 L_2 和不过 L_1，L_2 的任一直线 p. 过 L_1 的直线 a_1，b_1，c_1，d_1，…与 p 的交点分别是 pa_1，pb_1，pc_1，pd_1，…，这些交点与 L_2 连成直线 a_2，b_2，c_2，d_2，…. 直线 a_1，b_1，c_1，d_1，…与直线 a_2，b_2，c_2，d_2，…之间存在一一对应的关系，这种对应也称为透视，直线 p 称为**透视轴**.

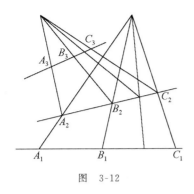

图 3-12

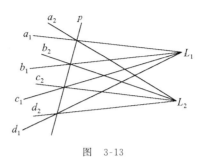

图 3-13

2.2 椭圆、双曲线和抛物线作为圆周的投影

设 S 是透视中心，π, π_1 是两个不过 S 的平面，今考虑以 S 为投影中心从 π 到 π_1 的投影. 我们讨论 π 上的一个圆周，如图 3-14 所示. 如果 S 在这个圆的圆心的垂线上，则从 S 到这个圆的投影是正圆锥面. 从 π 到 π_1 的投影相当于用平面 π_1 去截这个正圆锥面，分别得到圆、椭圆、双曲线和抛物线. 如果 S 不在这个圆的圆心的垂线上，则从 S 到这个圆的投影是斜圆锥面. 这时用平面 π_1 去截这个斜圆锥面，也分别得到椭圆、双曲线和抛物线. 总之，椭圆、双曲线和抛物线都可作为圆周的投影(彩图 18).

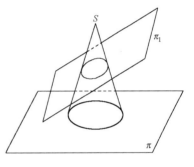

图 3-14

2.3 无穷远点的引入

画家没影点的概念实际上指的是无穷远点. 几何学家受此启发引入了无穷远点的概念.

阿尔贝蒂曾指出，画面上的平行线必须画成相交于某一点，除非它们平行于画面. 例如图 3-6 中的直线 $A'B'$ 和 $C'D'$ 必须相交于某一点 O'，而它们与平行线 AB 和 CD 相对应. 事实上，O 与 AB 确定一个平面，O 与 CD 也确定一个平面. 这两个平面交屏板于 $A'B'$ 和 $C'D'$，而由于它们交于 O，所以这两个平面必有一条交线，这条交线交屏板于点 O'，也是 $A'B'$ 和 $C'D'$ 的交点. 点 O' 并不对应于 AB 或 CD 上的任何一点，这个点是没影点.

为了使 $A'B'$ 与 AB 上的点，以及 $C'D'$ 与 CD 上的点建立一一对应，德扎格(Desargues，1593—1662)在 AB 上和 CD 上引进一个新点，使之与点 O' 相对应，这个新点叫无穷远点，记为 ∞. 并且，平行于 AB 或 CD 的任何直线上都有这个点，都与 AB 或 CD 在此点相交. 方向不同于 AB 或 CD 的任何一组平行线都同样有一个与此不同的公共的无穷远点. 由于每组平行线都有一个公共点，而平行线组的数目是无穷的，所以德扎格在平面上引入了无穷多个新点. 他进一步假定，所有这些新点都在一条直线上，这条直线对应于画面上的水平线. 这样,在欧氏平面上增加了一条新的直线——无穷远直线.有了无穷远直线后,平面上任何两条直线都交于一点.

开普勒在 1604 年也决定给平行线增加一个无穷远点.他的办法是这样的:

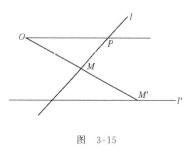

图 3-15

考察平面上两条不同的直线 l, l',并设点 O 不在直线 l, l' 上(图 3-15).如果从 O 作中心射影,那么直线 l 上的点 M 将与直线 l' 上的点 M' 相对应.这个对应是一一的,但要除去一个例外点 P,即当直线 OP 平行于直线 l' 的时候.为了排除这个例外点 P,建立两条直线间的一一对应,他引进一个新点,使之与点 P 相对应,这个新点开普勒也把它叫无穷远点.

从几何直观上看,这是自然的:当直线 OM 沿反时针方向旋转时,点 M 将逼近于点 P,而点 M' 无限远去.由此,我们设想直线 l 和 l' 在无穷远处相交.同时我们还注意到,当动点 M 落在点 P 的上方时,M' 将落在 l' 的左边——它从无穷远点回来了.这指出,无穷远点只有一个,即每一条直线上只增加一个新点.开普勒认为,直线的两"端"在"无穷远"处会合,因而直线与圆有相同的结构.他把直线看成是圆心在无穷远处的圆.

每一条直线上增加一个新点并不与欧氏几何的任何公理或定理相矛盾,但是在行文上必须作适当修改.

定义 引入无穷远点的直线叫**拓广直线**.在欧氏空间的每一条直线上都引入一个无穷远点,所有无穷远点的集合叫**无穷远直线**.引入无穷远直线后的欧氏平面叫**拓广平面**.

对引入的无穷远点作如下规定:

(1) 在每一条欧氏直线上引入唯一的无穷远点;

(2) 相互平行的欧氏直线具有相同的无穷远点;

(3) 不平行的欧氏直线具有不同的无穷远点.

从引入无穷远点的过程可以看出,上面三个要求是十分自然的.

2.4 射影平面

在拓广平面上无穷远元素与通常元素有明显的区别.消除这种区别的平面叫射影平面.

定义 在拓广平面上,如果不区别无穷远元素与通常元素,予以同等看待,则称拓广平面为**射影平面**.射影平面上的直线叫**射影直线**,射影平面上的点叫**射影点**,简称为**射影平面的点**.

在射影平面里,任何两条直线都交于一点,任何两点都决定一条直线.但是,有些结构却与通常平面不同.例如,在欧氏平面上一对点 A, B,如果规定从 A 到 B 为直线的正向,则沿直线的正向从 A 可移动到 B,但沿相反方向就不可能从 A 移动到 B.可是在射影直线上沿相反方向也可以从 A 移动到 B,但要通过无穷远点(图 3-16).在这个意义上讲,射影直线是封闭的. 又如欧氏平面上的一条直线 l 把平面分成两个区域,位于不同区域的两点不可能用一条与 l 不相交的直线把它们连起来. 但是在射影平面上却是可以做到的(图 3-17). 因此射影平面上的直线不能把该平面分为两个半平面.

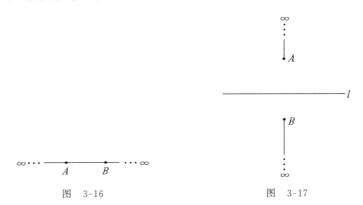

图 3-16   图 3-17

在通常平面上,相交直线把平面分成四个区域,而平行两直线把平面分成三个区域(图 3-18(a),(b)). 但在射影平面上两直线总是把平面分成两个区域(图 3-19).

图 3-18(a)   图 3-18(b)   图 3-19

同理,在通常平面上,不通过一点的三条直线把平面分成七个区域(图 3-20),但在射影平面上,这样的三条直线只能把平面分成四个区域(图 3-21).

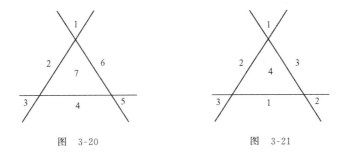

图 3-20   图 3-21

能不能造一个射影平面的模型呢? 可以这样造. 如图 3-22 所示,设以 O 为中心的半球面 S 与平面 π 相切. 以 O 为中心把平面 π 上的点投影到半球面上. 例如,点 $A \in \pi$ 投影到点 $A' \in S$. 通过投影,平面 π 上的通常点就一一地投影到了半球面 S 上. 对于平面 π 上的无穷远点,它在 S 上的像是过 O 引 π 的平行线,平行线与半球面 S 的赤道大圆的交点,例如, $OM_\infty (M_\infty \in \pi)$ 与大圆相交于两点 M_1, M_2,它们是大圆的对径点,要把它们视为 S 上的同一点.这样射影平面就与 S 上的点建立了一一对应.因此,半球面 S,当把赤道大圆的对径点看成一点时,它就是射影平面的模型.这个模型上的每条直线是半个大圆,而且赤道上的两个端点视为同一个点.从这个模型也可以看出,射影平面上的直线是封闭的.

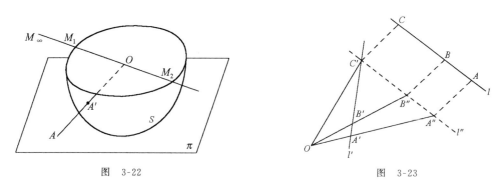

图 3-22   图 3-23

2.5 交比

有些射影性质人们一眼就能看出.例如,一个点在射影变换下变为一个点,一条直线变为一条直线.在射影性质中一个最基本的结果是,**射影变换保持交比不变**.令人惊讶的是,交比是古希腊的数学家帕普斯(Pappus,约 300—350)发现的,他的著作中出现了属于射影几何的概念.

射影变换不能保持长度是明显的.现在指出它也不能保持长度的比.事实上,一条直线 l 上的任意三点 A, B, C,通过做两次连续投影,总能与另一条直线 l' 上的任意三点 A', B', C' 相对应.为此,我们可以以 C' 为中心转动直线 l',使之达到平行于 l 的位置 l''(图 3-23).由此可见,比值 $\dfrac{AB}{AC}$ 不会被保持.

但是,如果一条直线上有四个有序点 A, B, C, D,它们在另一直线上的射影是 A', B', C', D'(图 3-24),则这时有某个量,称为四个点的交比,在射影变换下保持不变.

定义 比值

$$x = \frac{\overline{CA}}{\overline{CB}} \Big/ \frac{\overline{DA}}{\overline{DB}}$$

叫做四个有序点的**交比**,其中 $\overline{CA}$ 表示点 C, A 间的线段长度,其他类似.

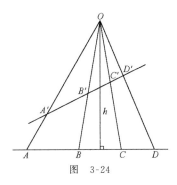

图 3-24

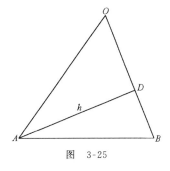

图 3-25

定理 4 在射影变换下四个有序点的交比保持不变.

证明中要用到三角形的面积公式. 一个三角形的面积等于它的底乘高的一半, 或等于两边乘其夹角正弦的一半. 如图 3-25 所示,

$$\triangle OAB \text{ 的面积} = \frac{1}{2}OA \cdot OB \cdot \sin\angle AOB. \tag{3-2}$$

这是容易证明的. 若在 $\triangle OAB$ 中, 用 AD 表示高, OB 表示底, 则

$$\triangle OAB \text{ 的面积} = \frac{1}{2}AD \cdot OB.$$

但 $AD = OA \cdot \sin\angle AOB$, 代入上式, 即得 (3-2) 式.

定理 4 的证明 我们对中心射影的情况给以证明, 平行射影的情况留给读者. 在图 3-24 中, 设 $\triangle OAD$ 的高是 h, 我们有

$$\triangle OCA \text{ 的面积} = \frac{1}{2}h \cdot CA = \frac{1}{2}OA \cdot OC \cdot \sin\angle COA,$$

$$\triangle OCB \text{ 的面积} = \frac{1}{2}h \cdot CB = \frac{1}{2}OB \cdot OC \cdot \sin\angle COB,$$

$$\triangle ODA \text{ 的面积} = \frac{1}{2}h \cdot DA = \frac{1}{2}OA \cdot OD \cdot \sin\angle DOA,$$

$$\triangle ODB \text{ 的面积} = \frac{1}{2}h \cdot DB = \frac{1}{2}OB \cdot OD \cdot \sin\angle DOB.$$

第一式比第二式, 第三式比第四式得出

$$\frac{CA}{CB} = \frac{OA \cdot \sin\angle COA}{OB \cdot \sin\angle COB}, \quad \frac{DA}{DB} = \frac{OA \cdot \sin\angle DOA}{OB \cdot \sin\angle DOB}.$$

从而

$$\frac{CA}{CB} \Big/ \frac{DA}{DB} = \frac{\sin\angle COA \cdot \sin\angle DOB}{\sin\angle COB \cdot \sin\angle DOA}.$$

因此, A, B, C, D 的交比只依赖于点 O 与 A, B, C, D 的连线所成的角. 由于对从 O 投影 A, B, C, D 而得到的任意四点 A', B', C', D' 来说这些角都是相同的, 所以在射影变换下交比保持不变.

2.6 调和比

到目前为止,我们把直线上的四个有序点 A,B,C,D 的交比理解为长度取正值的比. 对此,我们要稍做修改,使交比的概念用起来更加方便. 我们选取直线 l 的一个方向为正方向,并规定沿这个方向测量的长度是正的,沿相反方向测量的长度是负的. 有序点 A,B,C,D 的交比定义为

$$(ABCD) = \frac{CA}{CB} \Big/ \frac{DA}{DB}. \tag{3-3}$$

这里量 CA,CB,DA,DB 都具有特定的符号. 但必须指出,交比不依赖于 l 方向的选取. 事实上,l 改变方向不会影响交比的符号,因为当 l 改变方向时,(3-3)式右边的每一项都改变符号,因此交比的符号不会改变.

易见,交比 $(ABCD)$ 的符号由 A,B 这对点被 C,D 这对点分开的方式而定,而分开的性质在射影变换下保持不变,所以带符号的交比在射影变换下也保持不变.

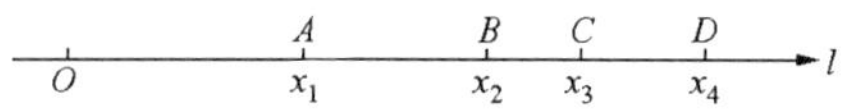

图 3-26

现在在 l 上固定一个点 O 作为原点,把 l 上每一点到 O 的距离 x 当做它的坐标. 设 A,B,C,D 的坐标分别是 x_1,x_2,x_3,x_4(图 3-26),则

$$(ABCD) = \frac{CA}{CB} \Big/ \frac{DA}{DB} = \frac{x_3 - x_1}{x_3 - x_2} \Big/ \frac{x_4 - x_1}{x_4 - x_2} = \frac{x_3 - x_1}{x_3 - x_2} \cdot \frac{x_4 - x_2}{x_4 - x_1}.$$

定义 若 $(ABCD) = -1$,则称 A,B,C,D 四点构成**调和比**,并称点偶 C,D **调和地分离**点偶 A,B,也称点偶 A,B **调和地分离**点偶 C,D.

当 $(ABCD) = 1$ 时,点 C 和 D 重合,或点 A 和 B 重合.

要记住,A,B,C,D 的次序是交比定义中不可缺少的部分. 若设 $(ABCD) = \lambda$,则

$$(BACD) = \frac{1}{\lambda}, \quad (ACBD) = 1 - \lambda.$$

四个点 A,B,C,D 有 24 种排列顺序,每一种排列都给出一个交比的值. 但有些值是相同的,只有 6 个不同的交比,它们是

$$\lambda, \quad 1 - \lambda, \quad \frac{1}{\lambda}, \quad \frac{1-\lambda}{\lambda}, \quad \frac{1}{1-\lambda}, \quad \frac{\lambda}{1-\lambda}.$$

但其中两个可以相等,例如当 $\lambda = -1$ 时就是如此.

2.7 含无穷远点的交比

如果点 A,B,C 是直线 l 上的普通点,则我们可以按下述方式定义符号 $(ABC\infty)$ 的值. 在 l 上取一点 P,然后令 P 沿 l 趋于无穷远,取 $(ABCP)$ 的极限为 $(ABC\infty)$ 的值(图 3-27):

$$(ABC\infty) = \lim_{P \to \infty} (ABCP).$$

但

$$(ABCP) = \frac{CA}{CB} \Big/ \frac{PA}{PB},$$

而
$$\lim_{P \to \infty} \frac{PA}{PB} = 1,$$

因此，我们定义
$$(ABC\infty) = \frac{CA}{CB}.$$

如果$(ABC\infty) = -1$，则 C 是线段 AB 的中点；中点和无穷远点在线段的这一方向上调和地分割这线段.

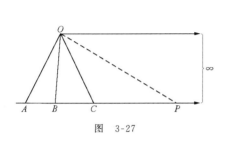

图 3-27

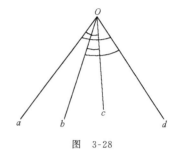

图 3-28

2.8　四条直线的交比

在射影几何中点与直线处于对偶的地位. 设有四条共面的直线 a,b,c,d，并假定它们有一个公共点 O（图 3-28）. 我们来定义它们的交比：

定义　直线 a,b,c,d 的**交比**是
$$(abcd) = \frac{\sin(a,c)}{\sin(b,c)} \bigg/ \frac{\sin(a,d)}{\sin(b,d)}.$$

规定反时针方向是角度的正方向.

从定理 4 的证明中也可以看出下面的定理成立.

定理 5　在射影变换下四条有序直线的交比保持不变.

2.9　对偶原理

在射影几何中，点与直线处于对称的地位. 如果一个定理中只谈到"点在直线上"，或"直线经过点"，那么把定理中的所有小写字母都改成大写字母，所有的"直线"都改为"点"，所有的"点"都改为"直线"，"在一条直线上"改为"过一点"，"过一点"改为"在一条直线上". 这样更改之后，得到一个新定理，与原来的定理互称为对偶定理.

对偶原理指出，两个互为对偶的定理，如果你证明了其中的一个，另一个不用证明就可以承认了. 如果你只知道其中的一个，只要把大写字母和小写字母对调，点和直线对调，点在直线上和直线过点对调，便可得出另一个定理.

2.10 三个美妙的定理

射影几何中最早发现的结果之一是德扎格定理(三角形定理):

德扎格定理 在△ABC 和△A'B'C'(图 3-29)中,如果对应顶点的连线交于一点,则对应边的延长线的三个交点共线;即若 AA',BB',CC'交于 O,而 AB 与 A'B'的交点为 Q,AC 与 A'C'的交点为 R,BC 与 B'C'的交点为 P,则 Q,R,P 三点共线.

这里需要指出,如果两个三角形处于两个不同(不平行)的平面上,德扎格定理仍然成立,而且在三维空间中,德扎格定理的证明是容易的.

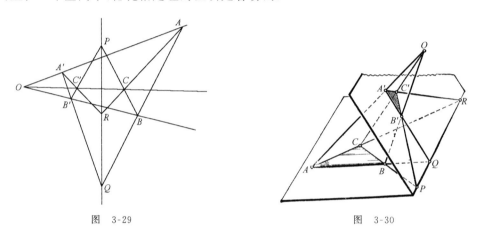

图　3-29　　　　　　　　　　　　　图　3-30

事实上,根据假设,如果直线 AA',BB',CC'交于一点 O(图 3-30),则 AB 和 A'B'在同一平面上,它们交于某一点 Q.同样地,AC 与 A'C'交于点 R,BC 与 B'C'交于点 P.由于 P,Q,R 在△ABC 和△A'B'C'的边的延长线上,它们和这两个三角形的每一个都共处在同一个平面上,所以必然在这两个平面的交线上.因此,P,Q,R 是共线的,这正是我们要证明的.

为了给出德扎格定理的对偶定理,我们引入三线形的概念.在射影平面上,取三条不共点的直线 a,b,c,其交点为 ab,bc,ca,由这些直线和这些交点构成的图形叫三线形,用△abc 表示.德扎格定理的对偶定理就是德扎格定理的逆定理.

德扎格定理的逆定理 若三线形△abc 和△a'b'c'的对应边的交点共线,则对应顶点的连线共点;即若 aa',bb',cc'在同一直线 l 上,则 ab,a'b'的连线,bc,b'c'的连线,ca,c'a'的连线交于同一点 O.

一个三角形可以看做一个三点形,也可以看做一个三线形,所以我们可以说两个三角形可以成中心透视或轴透视,如下表.

德扎格定理	对偶定理
假设：两个三角形成中心透视	假设：两个三角形成轴透视
结论：此两三角形成轴透视	结论：此两三角形成中心透视

对射影几何做出贡献的第二个主要人物是帕斯卡(Blaise Pascal).他在射影几何里的一个最著名的结果是现今以他命名的定理.

帕斯卡定理　若一六边形内接于一圆锥曲线,则每两条对边相交而得到的三点在同一条直线上.

如图 3-31 所示,六边形 $ABCDEF$ 内接于一圆,边 AB 与 ED 交于 P,BC 与 FE 交于 Q,FA 与 DC 交于 R,帕斯卡定理指出,R,P,Q 共线.

古希腊人已经知道,圆、椭圆、抛物线和双曲线是用平面去截锥面得到的截面(截景),如彩图 18 所示.如果我们想象眼睛位于 O 点,即锥面的顶点,那么 O 到截面的连线就是投影线.用各种不同的平面与这一投影相截就形成圆、椭圆、抛物线和双曲线.由于四种圆锥曲线都能从一个圆锥的截面得到,可见帕斯卡定理对所有圆锥曲线都适用.

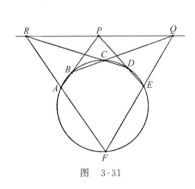

图　3-31

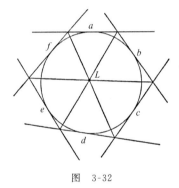

图　3-32

帕斯卡定理的对偶是布里昂雄定理.

布里昂雄定理　如果一个六边形外切于圆,则六边形对应顶点的三条连线相交于一点,如图 3-32 所示.

布里昂雄定理不仅对圆适用,而且对任何圆锥曲线也都适用.

从德扎格定理、帕斯卡定理和布里昂雄定理我们已经看到了射影几何的特征:它们集中表现了投影和截面取景的思想,刻画了同一物体的相同射影和不同射影所形成的几何图形的性质.

思考题

1. 在插图 3-13 中找出水平线与有关的没影点.

2. 插图 3-14 是著名画家埃舍尔(C. Escher,1898—1972)的画,画中的事物可能吗?

3. 证明:在平行投影下交比保持不变.

插图 3-13

插图 3-14

论文题目

论黄金分割在建筑中的应用.

直觉主义的先驱——帕斯卡

帕斯卡(Blaise Pascal,1623—1662)生于法国克勒芒,是数学家、物理学家、笃信宗教的哲学家、散文大师和概率论的奠基者.他提出一个关于液体压力的定律,现称为帕斯卡定律.他天资颖异,17岁时写出数学水平很高的论著《圆锥截线论》.1642~1644年间他制造了一个计算装置,可以说是第一架数字计数器.他是微积分的创始人之一,并对莱布尼茨有所影响.他的数学工作主要靠直觉.他作出了高明的猜测,预告了一些重大结果,看出了推理和运算的捷径.他的有些话久已闻名于世.例如,"心有其理,非理之所能知.""未谙真理者,才发觉需用理智这种迟缓迂回的方法.""孱弱无能的理智啊,你该有自知之明."他是直觉主义者的先驱.

第四章 音乐之声与傅里叶分析

音乐,是人类精神通过无意识计算而获得的愉悦享受.

G. 莱布尼茨

音乐是一种必须掌握一定规律的科学,这些规律必须从明确的原则出发,这个原则没有数学的帮助就不可能进行研究.我必须承认,虽然在我相当长时期的实践活动中获得许多经验,但是只有数学能帮助我发展我的思想,照亮我甚至没有发觉原来是黑暗的地方.

拉莫

§1 音乐——听觉的艺术

1.1 送往天外的音乐

科学家们正在怀着极大的兴趣探索在其他星球上是否有智慧生命.但是我们无法应用人类的语言与他们通讯.那么,如何与"外星人"交往呢? 科学家们将首先使用数学,因为数字是唯一的真正的宇宙语言.其次,就是音乐和图画了.

美国的"航行者"号太空船正遨游在群星之中.飞船里有一张即使使用十亿年也嘹亮如新的唱片,它向"外星人"带去了人类的问候.唱片中有 7 段音乐:

(1)《流水》,是一首中国古琴曲,描述了人的意识与宇宙的交融.

(2)《勃兰登堡协奏曲》第二号第一乐章,巴赫曲.

(3)《约翰·尼古迪》,查克·贝里曲.这是一首摇滚乐,是非、欧文化在美洲相遇的结晶.

(4)《新几内亚人的住屋》,是非洲最古老的传统音乐,优美而质朴.

(5)《秘鲁妇女婚礼歌》,南美音乐,由少女银铃般的声音唱出,希望引起外星球上"居民"的共鸣.

(6)《茫茫黑夜》,是约翰森的一首没有歌词的吉他夜曲,听来好像寂寞而深沉的探求和发问.

(7)《B 大调弦乐四重奏》,贝多芬作曲,表现了人类的渴求与希望.

音乐靠听,图画靠看,数学靠思考.这是人类的三种本质属性,也应当是宇宙智慧生命的共同属性.所以与"外星人"交往要用三者之一,或者三者并用.

1.2 多维艺术

在中学时代就听老师说过,音乐是时间的艺术.因为,对音乐来说,时间是各种因素中最重要的;音乐是不同高低声音的组合,同时又是不同长短的时间的组合.

虽说音乐是声音的艺术,但时间的重要性也不亚于声音.没有声音固然无所谓音乐,有声音而没有间歇也不是音乐.在乐曲中,没有声音的时间是音乐的重要组成部分.大家都记得大诗人白居易的诗句:

> 水泉冷涩弦凝绝,凝绝不通声暂歇.别有幽愁暗恨生,此时无声胜有声.

诗中的"此时"就是没有声音的音乐时间.白居易把无声的时间之重要性不是说得很清楚吗?

音乐家通过节拍、节奏、间歇等各种变化将不同的音乐时间组合起来.所以在一定意义下,我们可以说,欣赏音乐就是欣赏各种时间的组合.并且,确定的音乐时间是一首乐曲的固有本性,不可借某种手段去任意改变.音乐时间的改变可使乐曲的感情迥然不同.如若不信,试把一首歌曲进行快放或慢放,看效果如何.

以往把音乐称为时间的艺术,是因为声音并不需要占有空间,它与绘画、雕塑、建筑等占有空间的艺术有明显的区别.但这种看法并不全面.全面地看,音乐既是时间的艺术,又是空间的艺术.为什么呢?因为音乐声音是通过空气的振动而传入人耳的.大家知道,在不同的空间位置上,声波的特性有明显的差别,因而听者的感觉也很不一样.人的耳朵不仅有听到声音的能力,而且有辨别声源空间位置的能力,由此产生一种空间感,或立体感.现代立体声录音放音设备就是根据这个道理设计出来的.

立体声录音室分为许多小间,各种乐器处于不同的空间位置.录音师把从各个方向传来的音响分别录制在几个不同的声道上.放声的时候,再通过几个相应空间的扬声器放出,这样一来,人们就能听到立体声的音乐了.欣赏立体声音乐时,如身临音乐厅的现场,这就是音乐的空间性在起作用.

随着人类对空间认识的不断发展,空间的概念也在不断发展.时空结合在一起就形成一个四维空间.所以音乐至少是四维空间的艺术.如果把音程、音色等诸因素都加进去,那么音乐就是高维空间的艺术了.高维艺术必须用高维手段来处理.可见,改善音乐艺术水平的余地还是很大的.

§2 音律的确定

2.1 乐音体系

先引进一些基本概念.

在音乐中有固定音高的音的总和叫**乐音体系**.乐音体系中的音,按照音高次序排列起来叫**音列**.在钢琴上可以明显地看出在乐音体系中使用的音和音列.钢琴上有 88 个音高不同的音;有些音在音乐中几乎不用.乐音体系中的各音叫做**音级**.音级中有基本音级和变化音级两种.

乐音体系中有七个独立名称的音级称为**基本音级**.这七个基本音级分别用英文字母 C,D,E,F,G,A,B 来标记,叫做音名.它表示一定的音高,在钢琴键盘上的位置是固定的(插图 4-1).这七个音名在唱歌时依次用 do,re,mi,fa,sol,la,si 来发音,称为唱名.如果表示不同的八度还有小字一组 $c^1 \to b^1$,小字二组 $c^2 \to b^2$ 等.正对着钢琴钥匙孔的中间一组音的音名是小字一组 $c^1 \to b^1$.

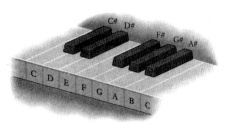

插图 4-1

两音之间的音高上的相互关系叫**音程**.七个基本音级在音列中是循环重复的.第一级音与第八级音的音名相同,但音的高度不同,构成了八度关系.这里的度指的是,琴键间的间距.例如把 C 当做起点,G 就是五度音.

2.2 古希腊音律的确定

在西方,从毕达哥拉斯时代开始,人们就认为,对音乐的研究本质上是数学的.这个思想对后来有深远的影响.莱布尼茨指出:"音乐就它的基础来说,是数学的;就它的出现来说,是直觉的."法国音乐理论家、作曲家拉莫(J. P. RaMeau,1683—1764)说:"音乐是一种必须掌握一定规律的科学,这些规律必须从明确的原则出发,这个原则没有数学的帮助就不可能进行研究.我必须承认,虽然在我相当长时期的实践活动中获得许多经验,但是只有数学能帮助我发展我的思想,照亮我甚至没有发觉原来是黑暗的地方."

音乐必须有美的音调,美的音调必然是和谐的,希腊人发现,最和谐的音调是由比 1:2:3:4 确定的.中世纪美学家奥古斯丁说过:"1,2,3,4 这四个最小的数是音乐上最美的数."为什么会是这样呢?看了毕达哥拉斯的生律法,就清楚了.

我们知道,振动物体对周围的空气发生作用,产生声波,声波沿各个方向传播出去,传到我们的耳朵,为我们所接受.但大部分声音,像说话,或鸟叫不是乐音.乐音通常是由弦的振动引起的,如小提琴、大提琴、吉他、钢琴等,或是由空气柱的振动引起的,如管风琴、小号、长笛等.

描述乐音的一个最基本的量是音高.什么是音高呢?这个问题看来简单,其实不简单.人类花了许多个世纪才对音高有了精确的理解.这要归功于伽利略和法国数学家兼宗教家梅森(Mersenne Masin,1588—1648).为了说明音高,需要引进频率的概念.

频率指的是物体在单位时间内振动的次数.通常,将单位时间取为秒,物体每秒振动多少次叫多少赫兹或多少赫.

例如,如果一条紧绷弦每秒振动 100 次,就说它的频率是 100 赫兹.

毕达哥拉斯连续使用比 2:3 找出了从 C 到 c^1 的各个音.他是如何做的呢?他将两条

质料相同的弦水平放置,使它们绷紧,并保持相同的张力.假定一根弦的长度为1,另一根弦的长度为前者的2/3,然后使两条弦同时发音,若前者发的音是C,则后者发的音是比前者高五度的音——G,再取后者长度的2/3,就得到比G高5度的音——d^1.把新弦长放大一倍,就得到D.把这个步骤继续下去,就可定出所有的音.这种定音的方法叫五度相生法.

五度相生法用3:2的频率关系生成音列,其频率比的公式是

$$k = 2^{-m}\left(\frac{3}{2}\right)^n, \quad 1 \leqslant k \leqslant 2, m, n \text{ 是整数}.$$

下面的表1是用五度相生法生成的(大调式)七音阶表.

表 1

音名	C	D	E	F	G	A	B	c^1
m	0	1	2	−1	0	1	2	−1
n	0	2	4	−1	1	3	5	0
频率比	1	9/8	81/64	4/3	3/2	27/16	243/128	2

从上表可以看出,如果以一个音阶的频率当做音阶的主音,按1:2:3:4的规律就会得到一个音阶中最和谐的几个音.从1:2得到八度音,2:3得到五度音,3:4得到四度音(插图4-2).由于它们比例最简单,所以产生的共同谐波就多,听起来很和谐.谁都知道八度音是最和谐的,似乎可以把它们融合在一起.在人类有音乐的初期,人们就会使用这个音,它也是复音音乐的起点.当一个小孩和一个成人同唱一首歌时,或一个男声和一个女声同唱一首歌时,就自然形成了八度平行.

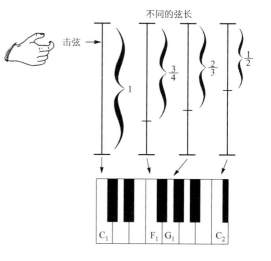

插图 4-2

2.3 古代中国对音律的贡献

中国古代对音乐的贡献是卓越的,并且也是最早的.1987年5月14日在河南舞阳贾湖地区发现了骨笛,骨笛有五孔的、六孔的、七孔的和八孔的.这些遗物是8000到10000年前的东西.近年来对骨笛的考古又有新的进展.2000年4月28日《光明日报》有一篇重要的报道:"河南舞阳贾湖遗址的发掘与研究".今摘要如下:

"……分属于贾湖早、中、晚三期的二十多支五孔、六空、七孔和八空的骨笛,经研究已具备了四声、五声、六声和七声音阶,并出现了平均率和纯率的萌芽.这一发现彻底打破了先秦只有五声音阶的结论,把我国七声音阶的历史提到八千年前.它的发现将改写中国音乐史,

同时也是世界上同期遗存中最为完整而丰富、音乐性最好的音乐实物.……"

而且,贾湖中、晚期的骨笛大多有计算刻孔位置的痕迹.这些音乐实物说明,在音程关系上,贾湖人已经具备了纯律和十二平均律.这个发现使我们对中华民族的音乐史、数学史和文明史有了新的认识.没有高度的数学文明,这种骨笛是造不出来的.目前骨笛的研究还只处于初步阶段,我们盼望着新的发现和新的认识.

就从目前已有的文献看,中国对音律的制定也早于希腊.《吕氏春秋·大乐》中说:

> "音乐之所由来者远矣:生于度量,本于太一."

这句话告诉我们两件事:一是,音律的确定——"生于度量",即需要数学;二是起源甚古——"所由来者远矣".《吕氏春秋》是战国时期秦国宰相吕不韦的门客所作.

中国古代生律的方法叫三分损益法.三分损益法与古希腊的方法本质上是一样的.这种生律法是按振动物体的长度来进行音律计算的.即,根据某一标准音的管长或弦长依照长度的比例来计算.三分损益法包含两个含义:

(1) "三分损一"."损"就是减去的意思,"三分损一"指,将原有长度分作三等分,然后减去其中的一分,即 $1 - \dfrac{1}{3} = \dfrac{2}{3}$.所生之音是原长度音上方的五度音.

(2) "三分益一"."益"就是增加的意思,"三分益一"指,将原有长度分作三等分,然后添加其中的一分,即 $1 + \dfrac{1}{3} = \dfrac{4}{3}$.所生之音是原长度音下方四度音.

这种方法是以 3 为除数,用比例 2:3 和 3:4 作为制定音阶的依据.由此得出完整的音阶.

我国历史上最早记述用三分损益法计算音律的书是《管子·地员篇》.此书相传是春秋时期齐国的管仲(约公元前 730—前 645 年)所作.《地员篇》是一篇研究土壤学的论文.在文中,管仲提出了有关音律和农业生产相关联的论点.把音的高度和井的深度及植物生长三者互相联系起来,并从数学的角度,提出了三分损益生律法.《管子》中说,

> 凡将起五音,凡首,先立一而三之,四开以合九九,以是生黄钟子素之首,以成宫.三分以益之以一,为百有八,为徵.不无有三分而去其乘,适足以是生商.有三分而复于其所,以是生羽.有三分而去其乘,适足以是成角.

这样就得到五声音阶:宫、商、角、徵、羽.继《管子·地员篇》之后,《吕氏春秋·音律篇》把三分损益法发展得更加完整,音律的计算从五律增加到十二律.其中《音律篇》有这样的叙述(黄钟、林钟、太簇、南吕、姑洗、应钟、蕤宾、大吕、夷则、夹钟、无射、仲吕是中国古代的音名):

> 黄钟生林钟,林钟生太簇,太簇生南吕,南吕生姑洗,姑洗生应钟,应钟生蕤宾,蕤宾生大吕,大吕生夷则,夷则生夹钟,夹钟生无射,无射生仲吕.三分所生,益之一分以上生;三分所生,去其一分以下生.黄钟,大吕,太簇,夹钟,姑洗,仲吕,蕤宾为

上；林钟，夷则，南吕，无射，应钟为下.

上述引文中，"三分所生，益之一分以上生；三分所生，去其一分以下生".完整地概括了三分损益法的具体内容.事实上，这句话给出了两个表达式，一个是上升表达式，一个是下降表达式.

需要指出的是，这里的上升和下降与今天的理解正好相反.《吕氏春秋》所说的"上生"，即"益之一分"是指，振动物体的长度增加为原长的三分之四，这在今天称为"向下生"，即产生下方纯四度的音.《吕氏春秋》所说的"下生"，即"去其一分"是指，振动物体的长度减少为原长的三分之二，这在今天称为"向上生"，即产生上方纯五度的音.古今说法各异，但本质是相同的.

2.4　十二平均律

音乐中使用的乐音在高度上不是任意定的，它们是按照严格的数学方法确定的，这就是定律法或生律法.具有特定高度标准和特定音高序列关系的音响，通常叫做"音律"或"乐律".

乐律即乐音的规律，就是把一个音阶（一个八度的音，从 C 到 c^1）分为若干部分，每一部分称为一律，部分越小，音律越多，部分越大，音律越少.从理论上讲，划分多，声音纯正，但从实际演奏讲，少分为是.

在人类的音乐史上，早在两千年前就开始了对乐音定律的研究，并曾创立了多种定律法和律制.但任何定律法和律制都要以音乐实践为依据.现今在世界上通行三种律制，即五度相生律、纯律和十二平均律.三种律制在音乐中各有其重要意义.前面我们介绍了五度相生法，现在说十二平均律.十二平均律因便于移调、转调等原因适应于现代音乐文化发展的需要而被国际间广泛采用.钢琴和所有的键盘乐器采用的都是十二平均律.

一个音阶内分成若干部分，每一部分间的频率比相等，就称为平均律.平均律也种类繁多，有全音平均律、三十二律、五十三律、四十一律、二十四律等，其中以亚里士多塞诺斯（Aristoxenus）和朱载堉（1536—1611）的十二平均律最为流行.亚氏虽然在公元前 4 世纪已提出了该理论，但在西方付诸实施却是 17 世纪的事了.中国明朝的数学家、音乐理论家朱载堉是第一个使用数学使平均律公式化的人.他的最大贡献是，在中国律学史上创立了十二平均律.他在《律吕精义》中提出了"新法密律"的计算方法.德国音乐理论家施姆赫兹（1821—1894）论《音乐感觉——乐理的心理学》中写到："在中国人中，据说有一个王子叫载堉的，他在旧派音乐家的大反对中倡导七声音阶.他把八度分成 12 个半音并给出变调的方法，……这是一个天才和能干的民族."

十二平均律的生律法是精确规定八度的比例，并把八度分成 12 个半音，使相邻两个半音的频率比是常数.设 C 的频率是 b，于是 c^1 的频率就是 $2b$.如果后、前两个相邻半音的频率之比是 a，那么十二平均律用数学公式写出来，各个半音的频率就分别是

$$b, ba, ba^2, ba^3, \cdots, ba^{11}, ba^{12} = 2b.$$

由最后一项,得到

$$a^{12} = 2 \Rightarrow a = \sqrt[12]{2} \approx 1.059463.$$

考虑指数函数(图 4-1)

$$x = ba^t \quad (0 \leqslant t \leqslant 1).$$

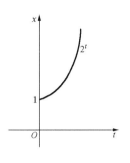

令 $t = \dfrac{1}{12}, \dfrac{2}{12}, \dfrac{3}{12}, \cdots, \dfrac{11}{12}$,我们就得到了上面所有的半音.如果我们把音分得更细,我们仍然会得到指数函数.

不知道你注意到没有,钢琴的弦和风琴的管外形轮廓都是指数曲线(插图 4-3).其实,不管弦乐器还是由空气柱发声的管乐器,它们的结构都呈指数曲线形状,原因就在于此.

图 4-1

十二平均律有许多优点,它易于转调,简化了不同调的升、降半音之间的关系.十二平均律是当前最普遍、最流行的律制.钢琴家巴赫很推崇十二平均律,他写下了大、小调各两套十二平均律钢琴曲 48 首.虽然十二平均律没有纯律和五度相生律那样"纯",这从表 2 的频率比中可以看出来,但人们的耳朵已经适应了十二平均律.表 2 是 12 平均率的频率表.

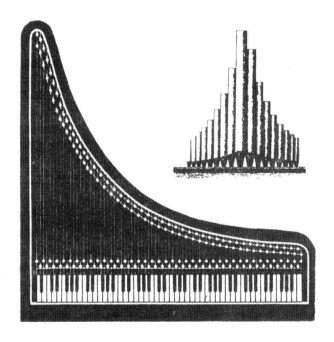

平台钢琴的弦与风琴的管,它们的外形轮廓都是指数曲线.

插图 4-3

要回答钢琴的外形轮廓为什么也呈指数曲线形状,还需要梅森的研究.

表 2

音 名	频 率	频率比	与C的频率比
C	260	1	1
C♯	275	1.05946	1.05946
D（2度）	292	1.05946	1.12246
D♯	309	1.05946	1.18921
E（3度）	328	1.05946	1.25992≈5/4
F（4度）	347	1.05946	1.33484≈4/3
F♯	368	1.05946	1.41421
G（5度）	390	1.05946	1.49831≈3/2
G♯	413	1.05946	1.58740
A（6度）	437	1.05946	1.68179≈5/3
A♯	463	1.05946	1.78180
B（7度）	491	1.05946	1.88775
C（8度）	520	1.05946	2

§3　数学与音乐的进一步联系

3.1　梅森的定律

古代的中国、希腊、埃及和巴比伦等国都对弦振动做了研究,积累了不少知识和经验,为后人的研究奠定了很好的基础.完整的研究出现在 17 世纪,是由梅森完成的.他根据前人的经验和自己的研究,总结出四条基本定律:

(1) 弦振动的频率与弦长成反比.这就是说,对密度、粗细、张力都不变的弦,增加它的长度会使频率降低,反之会使频率增加.

(2) 弦振动的频率与作用在弦上的张力的平方根成正比.演奏家在演出前,对乐器的弦调音时,把弦时而拉紧,时而放松,就是调整弦的张力.

(3) 弦振动的频率与弦的直径成反比.这就是说,在弦长、张力固定的情况下,直径越粗,频率越低.例如,小提琴的四条弦,细的奏高音,粗的奏低音.

(4) 弦振动的频率与弦的密度的平方根成反比.

一切弦乐器的制造都离不开这四条定律.

现在回到乐器的形状问题.我们已经知道,声音的频率依指数函数变化.上面的讨论指出,弦长与频率成反比.两者结合起来就知道,乐器的弦长要遵从指数曲线.这是因为指数函数的倒数仍是指数函数.

3.2　黄金分割与作曲

黄金分割用于绘画和建筑开始得很早,音乐作品上冠以黄金分割,乃是近代之事.到了 20 世纪,某些音乐流派开始打破以往的规范形式,而采用新的自由形式.匈牙利的贝拉·巴托克(1881—1945)曾探索将黄金分割法用于作曲中. 下面举些例子说明黄金分割与音乐的联系.

据此,在一些乐曲的创作技法上,将高潮,或者是音程、节奏的转折点安排在全曲的黄金分割点 0.618 处. 例如要创作 89 节的乐曲,其高潮便在 55 节处;如果是 55 节的乐曲,高潮便在 34 节处. 如李涣之的"春天序曲"

$$\dot{1}\cdot6 \quad 5 \quad \underline{6\,5\,6} \quad \dot{1}\,|\,\underline{6\,5} \quad \underline{6\,\dot{1}} \quad 5 \quad -\,|\,\underline{5\cdot6} \quad \dot{1} \quad \underline{6\,5} \quad \underline{3\,|\,5\,2} \quad \underline{3\,5} \quad 1\,-\,|$$

$$\underline{5\cdot6} \quad \underline{5\,3} \quad \underline{2\,1} \quad 2\,|\,\underline{5\cdot6} \quad \underline{5\,3} \quad \underline{2\,1} \quad 2\,|\,\underline{5\cdot6} \quad \dot{1} \quad \underline{6\,5} \quad \underline{3\,|\,5\,2} \quad \underline{3\,5} \quad 1\,-\,|$$

全曲 8 小节,第 5 小节正是黄金分割点. 再如德国民歌"在最美丽的绿草地"

$$\underline{1\,3}\,|\,5\cdot6 \quad \underline{5\,4}\,|\,\underline{3\,2\,1} \quad 5\,|\,\underline{6\,5\,4} \quad 3\,|\,2 \quad - \quad - \quad \underline{1\,3}\,|\,5 \quad 5 \quad 5 \quad \dot{1}\,|\,\dot{1} \quad - \quad 6 \quad 2\,|\,\dot{1} \quad - \quad 7 \quad -\,|$$

$$|\,\dot{1} \quad - \quad 0 \quad \underline{5\,3}\,|\,\underline{3\cdot2\,2} \quad - \quad \underline{6\,4}\,|\,\underline{4\cdot3} \quad 3 \quad - \quad \underline{1\,3}\,|\,5 \quad 3 \quad 5 \quad \dot{1}\,|\,\dot{1} \quad - \quad 6 \quad \dot{2}\,|\,\dot{1} \quad - \quad 7 \quad -\,|\,\dot{1} \quad - \quad - \quad -\,|$$

全曲 15 小节,从第 9 小节开始,在节奏上、音的进行方向上都出现新的方式,给人以新鲜的形象,这个新的转折点正好是在黄金分割点上出现的.

巴托克在使用和弦技法的安排上创作了"快板·巴巴罗"(1911);在形式变化技法的安排上创作了"为两架钢琴与打击乐器所属的奏鸣曲"第一乐章(1937);在为乐曲注入新鲜技法的间隔安排上创作了"弦乐器、击乐器、钢片琴音乐"第一乐章(1936),等等,都是基于黄金分割原理. 在音乐形式上采用黄金分割的作曲家还有:阿诺德·勋伯格(奥地利,1874—1951),他创作了"升华之夜";卡尔海茵兹·施托克豪森(德国,1928—2007),他创作了"钢琴曲 XI"(1961)等.

3.3 伟大的傅里叶

从毕达哥拉斯时代到 19 世纪,数学家和音乐家们都试图弄清音乐乐声的本质,加深数学和音乐两者之间的联系. 音阶体系、和声学理论及旋律配合法得到了广泛细致地研究,并且建立了完备的体系. 从数学的观点看,这一系列研究的最高成就与数学家傅里叶(B. J. B. Joseph Fourier)的工作分不开. 他证明了,无论是噪声还是乐音,复杂的还是简单的,都可以用数学的语言给以完全的描述.

傅里叶是如何建立声音的数学分析呢?

1807 年,傅里叶在向法国科学院呈送的一篇论文中给出了一个对物理学的进步至关重要的定理. 这个定理从数学上给出了处理空气波动的方法,其重要性可与牛顿提出的用数学方法研究天体运动的重要性相比.

傅里叶处理空气波动的方法是如何与音乐相联系的呢? 这是 §4 将要讲述的内容.

§4 简谐振动与傅里叶分析

4.1 简谐振动

1. 音叉的振动

傅里叶如何使音乐乐声的数学分析成为可能呢？我们先来看看最简单的乐器——音叉是如何发声，如何传播，又如何用数学公式描述它的.

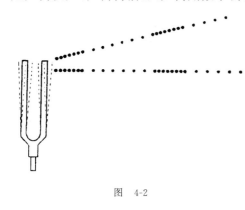

图 4-2

用小锤击音叉的一边，音叉就振动起来，并发出声音. 当音叉第一次运动到右边时，它就撞击阻碍它向右运动的空气分子，使那些分子间的密度加大. 这种现象称为**压缩**. 压缩的空气继续向右移动，直到不拥挤的地方. 这一过程将反复重复，于是，向右的压缩将会一直继续下去(图 4-2).

接着音叉又向左运动. 这样，就在音叉原来的位置留下一个比较大的地方，右边的空气分子就向这里涌过来. 于是在这些空气分子先前的位置上造成了一个稀薄的空间. 这种现象称为**舒张**.

事实上，音叉的每一次振动在所有的方向上都产生压缩和舒张，这就是声波. 声波把空气进行局部的压缩和舒张，使空气周期性的变疏和变密. 这种声波传到人的耳朵里，对耳膜产生作用，我们就听到了声音.

现在的问题是，这种声音能不能用一个数学公式表示出来？如果能，那是什么样的公式呢？为了回答这一问题，我们先研究简谐振动.

2. 简谐振动

音叉的振动是最简单的周期振动. 与它同样简单的周期振动还有单摆的振动，弹簧的振动. 它们的共同特点是，在相等的时间间隔里重复自己的运动. 这类振动称之为简谐振动. 描述这类周期振动的公式具有同一个形式. 为直观计，我们取弹簧的周期振动作模型.

顺便指出，对简谐振动的研究不仅为乐声的描述提供了工具，它首先导致了精确记时钟的发明. 通过实验，R. 胡克掌握了弹簧振动的基本规律，发现了弹性力学定律. 16 世纪 50 年代，他试着用金属弹簧来调整钟的频率. 但是，第一个用弹簧控制的时钟却是丹麦物理学家 C. 惠更斯建造的. 惠更斯的办法是使用盘旋的弹簧；这种办法至今仍在机械手表里使用.

4.2 弹簧的振动

考虑一个被压缩和拉长的弹簧，并取平衡位置为坐标原点(图 4-3). 根据胡克定律，作用力 F 与弹簧的压缩或伸长量 x 成正比：

$$F = -kx,\tag{4-1}$$

x 的值对伸长为正,对压缩为负.常数 $k > 0$ 叫劲度系数,是弹簧劲度的度量;弹簧越硬,k 的值就越大.再设连在弹簧上的物体 M 的质量为 m.这个系统的特点是,当物体 M 受扰动离开平衡位置后,在弹力的作用下,系统趋于回到平衡位置.但由于惯性的作用,M 会超越平衡点继续运动.M 超越平衡点后,弹力再次作用使之回到平衡点.结果,系统就来回振动起来,与音叉的振动一样.物体 M 的水平位置 x 是时间 t 的函数:$x = x(t)$.$x(t)$ 的变化规律是什么呢? 图 4-4 是一种记录 $x(t)$ 变化规律的实验,它描绘出一条曲线,这条曲线很像正弦曲线.是正弦曲线吗? 我们来做一些数学分析.

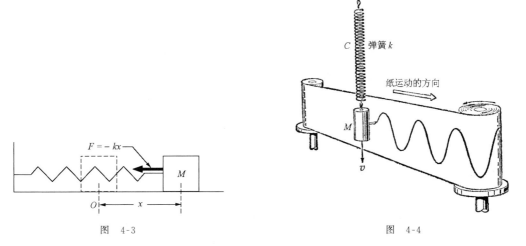

图 4-3   图 4-4

要从数学上确定这条曲线,需要牛顿第二定律 $F = ma$.记着,加速度 a 是位移函数的二阶导数:$a = \mathrm{d}^2 x / \mathrm{d}t^2$,考虑弹力公式(4-1),我们有

$$m\frac{\mathrm{d}^2 x}{\mathrm{d}t^2} = -kx,$$

或

$$\frac{\mathrm{d}^2}{\mathrm{d}t^2} x(t) = -\frac{k}{m} x(t).\tag{4-2}$$

这是一个含有未知函数导数的方程,称之为**微分方程**.这个方程的解 $x(t)$ 的一个重要特点是,二阶导数与函数本身的负值成正比.这个函数是什么函数? 猜一猜!

从初等微积分,我们已经知道,正弦函数和余弦函数具有这一特点:

$$\frac{\mathrm{d}^2}{\mathrm{d}\theta^2}\sin\theta = -\sin\theta,\qquad \frac{\mathrm{d}^2}{\mathrm{d}\theta^2}\cos\theta = -\cos\theta.$$

以此作出发点,我们猜测方程(4-2)的解是正弦函数或余弦函数是合乎情理的.事实上,它的解取下述形式:

$$x(t) = C\sin\omega t = C\sin 2\pi f t \quad (C, f \text{ 为常数}),\tag{4-3}$$

其中 $\omega = \sqrt{k/m}$.

直接把 $x(t)$ 代入 (4-2) 中验算, 就知道结果是正确的.

下面给出几个名词的解释.

公式 (4-3) 中的 C 叫**振幅**. 它表示弹簧振动的**幅度**.

完成一次振动的时间叫**周期**, 记为 T. 例如, 若振动一次需 0.5 秒, 则 $T=0.5$ 秒. 若振动一次需 4 秒, 则 $T=4$ 秒.

f 叫**频率**, 它是做简谐振动的物体每秒钟振动的次数. 前面已经指出, 频率的单位是赫兹; 每秒振动 1 次叫 1 赫兹. 频率和周期互为倒数:

$$T = \frac{1}{f}.$$

例如, 若振动一次需 0.5 秒, 即 $T=0.5$ 秒, 则频率 $f=2$ 赫兹, 即每秒振动 2 次.

ω 叫**圆频率**, 它是做圆周运动的物体在单位时间内通过的角度 (以弧度为单位). 而角频率则与做简谐运动的物体每秒振动的次数 f 密切相关. 关系是这样的: 做圆周运动的物体在回到出发点时通过了 2π 弧度, 由于 2π 弧度对应于一个周期, 所以

$$f = \frac{\omega}{2\pi}.$$

例 1 如果受音叉的作用, 理想空气分子运动的振幅是 0.001, 频率 f 是 200 赫兹, 那么圆频率 ω 是 400π, 从而音叉声音的公式是

$$y = 0.001\sin 400\pi t.$$

$x(t) = C\sin\omega t$ 是不是方程 (4-2) 的唯一解呢? 不是. 容易证明, 另外一个函数

$$x(t) = B\cos\omega t$$

也满足方程 (4-2), 其中 B 是任意常数. 还可以取这两个解之和组成另一解:

$$x(t) = C\sin\omega t + B\cos\omega t,$$

通过三角公式, 它可以化为

$$x(t) = A\sin(\omega t + \varphi), \tag{4-4}$$

其中 φ 叫振动的相位, $A = \sqrt{B^2 + C^2}$. 事实上,

$$x(t) = C\sin\omega t + B\cos\omega t = \sqrt{C^2 + B^2}\left(\frac{C}{\sqrt{C^2 + B^2}}\sin\omega t + \frac{B}{\sqrt{C^2 + B^2}}\cos\omega t\right),$$

取 $\varphi = \arcsin\dfrac{B}{\sqrt{C^2 + B^2}}$, 则

$$\sin\varphi = \frac{B}{\sqrt{C^2 + B^2}}, \quad \cos\varphi = \frac{C}{\sqrt{C^2 + B^2}}.$$

从而

$$
\begin{aligned}
x(t) &= \sqrt{C^2 + B^2}\,(\cos\varphi\,\sin\omega t + \sin\varphi\,\cos\omega t) \\
&= \sqrt{C^2 + B^2}\,\sin(\omega t + \varphi) = A\sin(\omega t + \varphi),
\end{aligned}
$$

这就是公式(4-4).

现在通过例子对(4-4)公式中各个参数的几何意义给出说明.

例2　通过 $y=\sin x$ 和 $y=\sin\left(x+\dfrac{\pi}{4}\right)$ 的图形(图 4-5(a))的比较,我们可以观察到 φ 的作用.事实上,函数 $y=\sin\left(x+\dfrac{\pi}{4}\right)$ 在 $x=x_0$ 的值 y_0,恰是函数 $y=\sin x$ 在 $x=x_0+\dfrac{\pi}{4}$ 处的值.也就是,把曲线 $y=\sin x$ 向左移 $\dfrac{\pi}{4}$ 就得到曲线 $y=\sin\left(x+\dfrac{\pi}{4}\right)$ 的图形.

例3　通过 $y=\sin x$ 和 $y=2\sin x$ 的图形(图 4-5(b))的比较,我们可以观察到 A 的作用.事实上,对同一个值 x,函数 $y=2\sin x$ 的值总是函数 $y=\sin x$ 的 2 倍,从而,通过把曲线 $y=\sin x$ 上的每一点到 x 轴的距离放大到 2 倍,就得到 $y=2\sin x$ 的图形.

例4　通过 $y=\sin x$ 和 $y=\sin 2x$ 的图形(图 4-5(c))的比较,我们可以观察到 ω 的作用.事实上,如果 (x_0,y_0) 在曲线 $y=\sin x$ 上,那么,$\left(\dfrac{1}{2}x_0,y_0\right)$ 就在曲线 $y=\sin 2x$ 上.这说明,将曲线 $y=\sin x$ 上的每一点到轴的距离缩小一半就得到曲线 $y=\sin 2x$.由此可以看出,ω 是曲线沿 x 轴伸长或压缩的系数.

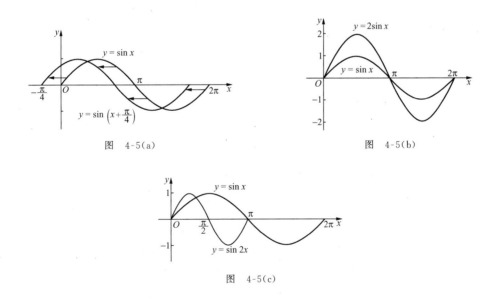

图　4-5(a)

图　4-5(b)

图　4-5(c)

4.3 傅里叶的定理

长笛、单簧管、小提琴、钢琴发出的声音各不相同,怎样从数学上给以说明呢?观察各种声音的图形,可以得到问题的部分答案.所有声音的图形,人的声音也包括在内,都表现出某种规律性.这种规律性是,每一种声音的图形在 1 秒钟内都准确地重复若干次.图 4-6 是小提琴的声音的图形,它表现出重复现象.这种声音听来是悦耳的.相反地,噪声具有高度的不规则性.所有具有图形上的规则性或具有周期性的声音称为乐音,不管这些声音是如何产生的.这样,通过图形我们把乐音和噪声区分开了.

傅里叶的定理说,任何一个周期函数 $f(t)$ 都可以表示为形如(4-4)的正弦函数之和,而且正弦函数的各项的圆频率是其中圆频率最低一项的圆频率的倍数.如果最低一项的圆频率是 ω,那么其他项的圆频率是 $2\omega, 3\omega, \cdots$.写成数学公式是

$$f(t) = \frac{a}{2} + \sum_{n=1}^{\infty} A_n \sin(n\omega t + \varphi_n), \qquad (4\text{-}5)$$

其中 a 是常数.这个级数叫傅里叶级数.

一个周期函数可以表示成正弦函数的和这是令人惊讶的.作者在大学学习数学分析时深感这一结果出乎意料.下面的简单例子会给出某些直观说明.

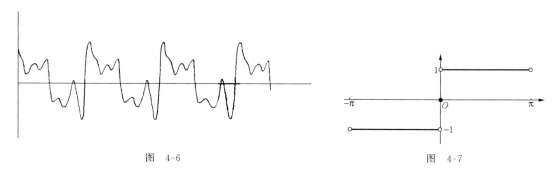

图 4-6　　　　　　　　　　　　　　　　　图 4-7

例 5　函数

$$f(t) = \begin{cases} -1, & -\pi < t < 0, \\ 0, & 0, \pm\pi, \\ 1, & 0 < t < \pi \end{cases}$$

(图 4-7)的傅里叶展式是

$$f(t) = \frac{4}{\pi}\left(\sin t + \frac{1}{3}\sin 3t + \frac{1}{5}\sin 5t + \cdots\right).$$

图 4-8 显示了从傅里叶级数中取 1 项、2 项、3 项、4 项等逐步逼近 $f(t)$ 的结果.

我们知道,任何乐音都是周期函数,因此,任何乐音都可以表示为简单的正弦函数之和.

例 6　小提琴奏出的乐声如图 4-6 所示.它的公式基本上是

$$f(t) \approx 0.06\sin 1000\pi t + 0.02\sin 2000\pi t + 0.01\sin 3000\pi t.$$

傅氏定理的意义是什么呢? 它指出,任何乐声都是形如 $A\sin(\omega t + \varphi)$ 之各项之和,其中每一项都代表一种有适当频率和振幅的简单声音,例如由音叉发出的声音.因此,这个定理表明,每一种声音,不管它多么复杂,都是一些简单声音的组合.乐音的复合特征可以通过试验得到证实.例 6 的小提琴的声音可以由三个具有适当音量,频率分别是 500 赫兹、1000 赫兹和 1500 赫兹的音叉同时发声而产生.因此,从理论上讲,完全可以由音叉来演奏贝多芬的

第九交响曲.

　　这是傅氏定理的一个令人惊奇的应用!

　　这样,任何复杂的乐音都能由简单声音经适当组合而成.单音称为声音中的泛音.在这些泛音中,频率最低的一个称为基音.频率次高的一个称为第二泛音,它的频率是基频的二倍,接着是第三泛音,它的频率是基频的三倍,等等.

　　乐音与噪声的主要区别是,乐音的声波随时间呈周期变化,噪声则不是.乐音有固定的频率,听起来使人产生有固定音高的感觉,和谐的感觉.噪声听起来不和谐、不悦耳,缺乏固定音高的感觉.将复合音分解为泛音可以帮助我们用数学方法描述乐音的主要特征.

　　乐音有四个要素:音调或音高、音色或音质、音响或音量、时值.

　　当我们说一个声音是高还是低时指的是它的音调.钢琴的声音按照键盘从左到右的顺序从低音上升到高音.音调主要是由振动频率决定的,也就是由 ω 或 T 决定的,但它不

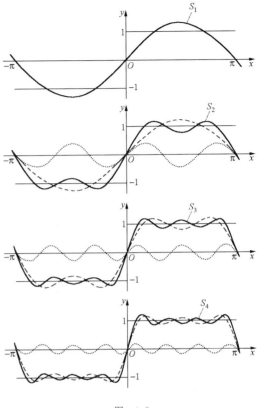

图　4-8

是严格按比例对应的.一般认为,频率增高到 2 倍,音调听起来高一个八度.这仅仅在中频段里是这样.在高音部分,听感偏低.所以要把频率调高,以适应人的耳朵.低音段则听感偏高,所以需要把频率调低一些.对一个复合音而言,它的音高是由基频的频率决定的.在前面的小提琴的例子中,这些泛音对应的频率分别是 500 赫兹,1000 赫兹,1500 赫兹.这意味着,当基音的图形完成一个周期时,第二个泛音的图形将完成两个周期,第三个泛音将完成三个周期.因此,当且仅当基音经过了 1/500 秒后,复合图形重复一次,空气分子又将循环运动.所以,复合音的音高由基音决定.

　　音的响度或音量与声波振幅的平方成正比,振幅越大,听起来响度就越大.但这两者也不是按比例对应的.

　　公式中的初相位 φ,人的耳朵一般觉察不出来.

　　一个声音的音色是使它与另外具有相同的音高和音量的声音区别开来的性质.一名小提琴师和一名笛手演奏出相同音调和音量的歌曲时,我们很容易将它们区分开来.乐音的音色影响图形的形状.不同的乐器所发出的声音的图形具有相同的周期和振幅,但形状不同.

　　乐音图形的形状,部分地依赖于泛音,部分地依赖于泛音的相对强度.有些乐器第二泛

音的振幅可能很小,它对整个图形影响不大.例如,在长笛的高音中,除了基音外,所有的泛音都很弱.

时值指振动的延续时间.

现在我们已经知道了,不仅一般乐音的本质,而且它们的结构和主要性质都具有数学上的特征.

欧几里得以五条公理总结了整个欧氏几何,不管多么复杂的几何定理都可以从这五条公理中推导出来.牛顿给出了三大定律,对整个力学作了本质上的概括.这些功绩都是开天辟地之功.傅里叶的定理具有同样的地位.自从有了傅里叶定理,世界上的声音一下子变得简单了.不管是雷鸣、鸟啼、人语或是钢琴的鸣奏,都可以归结为简单声音的组合,这些简单声音用数学表示就是正弦函数.人们终于认识到,世界上的声音是如此丰富,却又如此简单!

4.4　调幅与调频

令人惊奇的是,不仅声音可以用正弦函数来描述,电流也可以用正弦函数来描述.大自然充满了统一性.这统一性就可以使得音乐能通过无线电波传送出去.我们每天听到的音乐大部分来自无线电广播或电视台,而很少当面听歌手演唱或演奏家演奏.音乐的数学分析与电流的数学分析使得人们能将声音变成电流,进而由无线电波传送出去.

那么传送声音的电流能直接变成电磁波发送出去吗?从理论上讲是可能的,但实现时有困难.发送低频电流比发送高频电流要困难得多.电视台或电台发射的无线电波的频率是很高的,达到几百千赫(赫,赫兹的简写)到几十兆赫,甚至更高.而声音的频率只有几百赫到几千赫,即使包括谐波,频率也是比较低的.这就需要找出办法,使低频电流转化为高频电流或附载在高频电流上.

一种系统叫调幅系统.其办法是,改变高频正弦电流的振幅,使它依照要发射的声波的振幅作或高或低的相应变化,如图 4-9 所示.然后将调幅后的高频电流发射到空中,穿过广阔的空间到达接收台.每个接收台的任务是"除去"载波,也就是将载波中变化的振幅变为接收电线中的低频电流,这低频电流使扬声器振动而产生声波.当然其中还要采取许多措施以防失真.

另一种系统是调频系统.在这个系统中,随着被传送的声音一起变化的不是高频电流的振幅而是高频电流的频率.假定在空中传播的无线电波的频率是 90000 千赫,需要传播的声音的频率是 100 赫,振幅为 1.如果载波不调整,那么,它当然继续以 90000 千赫的频率传送.但是现在假定这个频率从 90000 千赫变到 90002 千赫,又回到 90000 千赫,然后到 89998 千赫,再回到 90000 千赫.这一系列的频率变化,即频率的振荡,每秒钟出现 100 次,正好是声音的频率.在传送频率的过程中,频率变化的范围是 2000 赫,是由乐音的振幅决定的.如果振幅是 2,不是 1,那么传送频率将增大两倍,即到达 4000 赫之多,传送频率将在 90000 千赫附近以每秒 100 次的速度在 4000 赫内变化(图 4-10).

调频广播与调幅广播相比有许多优点:(1)失真小,即保真度高;(2)抗干扰能力强;

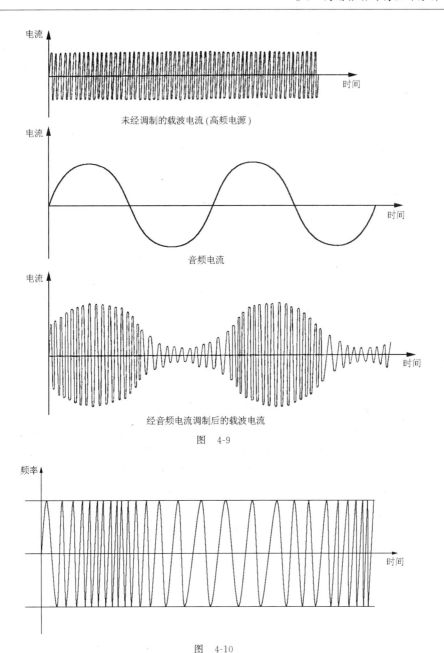

未经调制的载波电流(高频电源)

音频电流

经音频电流调制后的载波电流

图 4-9

图 4-10

（3）频率响应宽,从很低的音频到很高的音频都有效；（4）动态范围广,即强弱变化的幅度大. 现在的收音机一般都有接收调频波的部分. 音乐节目常常是调频广播节目的主要部分.

调频广播还有一个优点是便于利用立体声. 立体声广播节目只在调频广播中出现,而没有"调幅立体声"广播. 北京人民广播电台从 1993 年 3 月 1 日起 24 小时播送调频立体声音乐. 现代音乐需要录音、发送、接收等许多设备. 所有这些设备都需要现代科学的介入. 艺术本身也在受到科学的深刻影响.

4.5 声学特性与艺术情趣

音乐从创作到欣赏都离不开人的情趣. 音乐的创作过程包括演唱和演奏的过程, 甚至也包括欣赏者的联想过程. 因此, 音乐就成了作曲、表演、欣赏三方面的感情纽带.

从另一方面看, 音乐从创作到欣赏都离不开物质运动的客观规律. 创作是声音的设计, 离不开声波的物理特性; 表演者离不开发声器官(人嗓或乐器)的声学特性; 欣赏者也离不开人对声波的生理反应. 这就是音乐的物理性质.

正如人的思想感情离不开肉体而存在一样, 音乐所包含的艺术情趣也离不开声波的物理特性. 所以, 除了要研究音乐美学外, 还必须深入研究音乐科学. 而音乐科学的基础表面上是物理, 实质上是数学.

4.6 科学与艺术

英国著名博物学家赫胥黎说: "科学和艺术就是自然这块奖章的正面和反面. 它的一面以感情来表达事物的永恒秩序; 另一面以思想的形式来表达事物的永恒的秩序." 科学家研究的是纯粹客观的东西, 对同一个事物, 不同的科学家得到相同的结论; 艺术家表达的是纯粹主观的东西, 对同一个事物, 呈现不同的感受.

从古希腊起, 科学与艺术一直是相通的. 文艺复兴后, 科学和艺术都得到了空前的发展, 分支越来越多, 学科越分越细. 结果使得搞科学的人和搞艺术的人常常是"鸡犬之声相闻, 而民老死不相往来", 似乎在科学与艺术之间形成了一道鸿沟. 但这只是一部分科学家与一部分艺术家的状况, 而不是科学与艺术本身. 前面的论述指出, 科学与艺术始终是相互促进、相互交融的.

科学和艺术都是通过感官提供的信息去追求一个共同的目标: 揭示自然界的奥秘. 他们追求的共性是真善美. 科学家研究纯粹客观的东西, 采用的手段是观察、实验和推理; 科学家在异中求同. 艺术家追求的是纯粹主观的东西, 采用的手段是观察、想象和情感; 艺术家在同中求异. 科学越是发展共性, 社会就越需要艺术去发展个性. 科学需要艺术的滋补, 艺术需要科学的帮助.

科学不仅需要严谨和求实, 也需要大胆幻想. 列宁说过: "在最严密的科学中也不能否认幻想的作用." 并且说: "如果说幻想只有诗人才需要, 这是毫无根据的. 甚至在数学中也需要有幻想. 如果没有幻想, 甚至微积分的发明也是不可能的." 由绘画引出的射影几何就包含了最大胆的幻想. 无穷远点、无穷远直线就是数学家想象的产物, 它们并不存在于现实空间. 科学需要艺术的滋养和启发. 只懂科学不懂艺术不会成为一位完备的科学家.

只懂艺术不懂科学也不会是一位好的艺术家. 尤其在信息时代, 不懂科学的艺术家必然是一个落伍者. 艺术本身也在受到科学的深刻影响. 在音乐中, 数学的作用还扩展到了作曲本身.一些大师如巴赫、勋伯格为音乐作曲发展了大量的数学理论.

特别应当记住的是,计算机的介入改变着一切科学,也改变着一切艺术.

当然,科学与艺术各有它自身的规律,只能互相促进、互相影响,而不能互相替代.

最后,让我们以福楼拜的话作为第三章和第四章的结尾:

"越往前走艺术越是科学化,同时科学越是艺术化.两者在山麓分手,有朝一日终将在山顶重逢."

当前,科学与文化的发展有四个特点:一是各门学科的相互交叉与渗透;二是人与自然的融合;三是数学向所有领域的渗透,其中包括社会科学与艺术;四是计算机的渗入.音乐就处在这四个特点的交汇处.

论文题目

计算机与音乐.

此时无声胜有声——傅里叶

傅里叶(Fourier, Jean Baptiste Joseph, Baron, 1768—1830)是法国数学家,也是知名的埃及学学者和政府官员.他 1768 年 3 月 21 日生于奥塞尔,1830 年 5 月 16 日卒于巴黎.1794 年高等师范学校建立时他是第一批的学生,次年成为该校教员.1798 年随拿破仑远征埃及,并任埃及学院的秘书.回国后负责"埃及情况"的出版工作.1802～1814 年任国民政府行政长官,1809 年傅里叶被封为男爵.1815 年拿破仑下台后,他任塞纳的统计局局长.1817 年被选入科学院,1822 年成为科学院终身秘书.1826 年被选入法兰西学院和医学科学院.

傅里叶很早就开始从事热学的研究,1807 年他向法国科学院呈交一篇关于热传导的论文,文中宣布任一函数都能展开为三角函数的无穷级数,这就是著名的傅里叶分析.1811 年他又呈交修改过的论文,获得 1812 年科学院颁发的奖金.他在 1822 年发表的著作《热的解析理论》已成为数学史上的经典文献之一,他的这项开创性的工作对数学物理的研究和实变函数的理论发展都产生了重大影响.在音乐上的应用也是傅里叶分析的一个重要成果.

数 学 史

　　数学史为我们提供了广阔而真实的背景，为数学整体提供了一个概貌，使不同的数学课程的内容互相联系起来，并且与数学思想的主干联系了起来. 这是理解数学的内容、方法和意义，培养学生鉴赏力和创造力的最好方法，它能使学生摸到数学发展的脉搏，而从历史分离出来的教学法严重地影响着对数学的理解和数学的发展. 这就是数学素养. 对中国的数学教育尤为重要. 民族的整体数学素养不提高，出现不了大数学家.

　　庞加莱说："若想预见数学的将来，正确的方法是研究他的历史和现状." 法国人类学家斯特劳斯说："如果他不知道来自何处，那就没有人知道他去向何方."数学史对专业数学家和未来的数学家都有帮助. 历史背景很重要. 现代数学已经出现了成百上千个分支，全能数学家已很难出现. 为了能够了解数学的重大问题和目标，从而能对数学的主流作出贡献，最稳妥的办法也许就是要对数学的过去成就、传统和目标有一定的了解，以使自己的工作能进入有成果的渠道，并建立长期的发展路线.

　　通常数学教科书所介绍的是数学的片段. 它们给出一个系统的逻辑叙述，使人们产生了这样的错觉，似乎数学家们理所当然地从定理到定理，他们能克服任何困难. 这对于培养真正的富有创造力的数学家是不利的. 讲点数学史，使学生们看到，在科学发展中出现的缺陷，让他们看到真相，这样才能学到真知.

第五章　漫步数学史

课本中字斟句酌的叙述,未能表现出创造过程中的斗争、挫折,以及在建立一个可观的结构之前,数学家所经历的艰苦漫长的道路.学生一旦认识到这一点,他将不仅获得真知灼见,还将获得顽强地追究他所攻问题的勇气,并且不会因为自己的工作并非完美无缺而感到颓丧.实在说,叙述数学家如何跌跤,如何在迷雾中摸索前进,并且如何零零碎碎地得到他们的成果,应使搞研究工作的任一新手鼓起勇气.

M.克莱因

一门科学的历史是那门科学中最宝贵的一部分,因为科学只能给我们知识,而历史却能给我们智慧.

傅鹰

经过多少个世纪,他们的智慧仍然有助于我们思维之路的形成.

瑞珀尔,史密斯

从本章开始,我们介绍一些数学史的知识,其中包括中国、印度、巴比伦、埃及、古希腊和阿拉伯的数学史.但不是系统地讲,而是介绍一些涉及重大进展和具有深远影响的问题.

§1　学点数学发展史

1.1　为什么要学点数学史?

为什么要学点历史? 首先,历史有以古知今的作用.庞加莱说:"若想预见数学的将来,正确的方法是研究它的历史和现状."法国人类学家斯特劳斯说:"如果他不知道来自何处,那就没有人知道他去向何方."事实上,对任何事情都一样,如果你不了解它何时产生,在什么背景下产生的,以及如何发展到今天,那么,你就无法理解它.讲数学史就是讲:

数学科学产生与逐渐繁荣的历史;

数学思想逐渐演变的历史;

数学家逐渐纠正他们的错误的历史;

数学应用逐渐扩展的历史——从力学、物理学扩展到化学与生物学,从自然科学扩展到社会科学.

古希腊的哲学家认为,自然界的根本规律在数学.数学史是这一看法逐渐为人们接受的历史.

数学精神是反宗教的.数学史也是人们与宗教思想斗争的历史.它逐渐改变着人们的世界观,改变着各种哲学思潮的走向.

具体而言,研究数学史我们能得到哪些收获呢?

(1) 看古人研究了哪些基本问题.遗留到现在的问题都是基本的、重要的问题,都是宝贝,都是大浪淘沙的结果.它们会告诉我们,什么问题重要,什么问题不重要,为日后我们选择研究问题提供了借鉴.

(2) 看古人是如何一步一步解决这些问题的,观察和领悟那些大师们在创造这些知识时的心智过程,看方法是如何进步的.我们要超越古人应当从何处入手?

(3) 研究数学概念的发展史和接受史可以增长我们的智慧,提高我们的辨别力、理解力和洞察力.

我们还注意到,研究历史具有美学价值,一些历史故事寓意深刻,可以给我们以启发.我们将用大写意的手法勾画数学文明史的发展.较多地涉及划时代概念的发展,而较少地涉及技术细节.我们将看到,概念的发展远比技术的进展要困难.

1.2 四个质不同的时期

数学史大致可以分为四个质不同的时期.自不待言,精确地区分这些阶段是不可能的,因为每一个阶段的本质特征都是在前一阶段中酝酿形成的.

第一个时期——数学形成时期.这是人类建立最基本的数学概念的时期.人类从数数开始逐渐建立了自然数的概念、简单的计算法,并认识了最简单的几何形式,逐步地形成了理论与证明之间的逻辑关系的"纯粹"数学.算术与几何还没有分开,彼此紧密地交错着.

第二个时期称为初等数学,即常量数学的时期.这个时期的最基本的、最简单的成果构成现在中学数学的主要内容.这个时期从公元前 5 世纪开始,也许更早一些,直到 17 世纪,大约持续了两千年.这个时期逐渐形成了初等数学的主要分支:算术、几何、代数、三角.

这个时期的几何学以研究现实世界中的形的关系为主要对象.它的主要成果就是欧几里得几何及其延续.代数学则研究数的运算.这里的数指自然数、有理数、无理数,并开始包含虚数.解方程的学问在这个时期的代数学中居中心地位.

第三个时期是变量数学的时期.到 16 世纪,封建制度开始消亡,资本主义开始发展并兴盛起来.在这一时期中,家庭手工业、手工业作坊逐渐地改革为工场手工业生产,并进而转化为以使用机器为主的大工业.因此,对数学提出了新的要求.这时,对运动的研究变成了自然科学的中心问题.实践的需要和各门科学本身的发展使自然科学转向对运动的研究,对各种变化过程和各种变化着的量之间的依赖关系的研究.作为变化着的量的一般性质和它们之间依赖关系的反映,在数学中产生了变量和函数的概念.数学对象的这种根本扩展决定了数学向新的阶段,即向变量数学时期的过渡.数学中专门研究函数的领域叫做**数学分析**,或者叫**无穷小分析**,简称**分析**.这后一名词的来源是,因为无穷小量概念是研究函数的重要工具.

所以,从 17 世纪开始的数学的新时期——变量数学时期,可以定义为数学分析出现与发展的时期.变量数学建立的第一个决定性步骤出现在 1637 年笛卡儿的著作《几何学》.这本书奠定了解析几何的基础,它一出现,变量就进入了数学,从而运动进入了数学.恩格斯指出:

"数学中的转折点是笛卡儿的变数.有了变数,运动进入了数学,有了变数,辩证法进入了数学,有了变数,微分和积分也就立刻成为必要的了……"

(恩格斯《自然辩证法》,人民出版社 1971 年版,第 236 页).

在这个转折以前,数学中占统治地位的是常量,而在这之后,数学转向研究变量了.在《几何学》里,笛卡儿给出了字母符号的代数和解析几何原理,这就是引进坐标系和利用坐标方法把具有两个未知数的任意代数方程看成平面上的一条曲线.

在笛卡儿之前,从古代起在数学中起优势作用的是几何学.笛卡儿把数学引向另一途径,这就是使代数获得了更重大的意义.

变量数学发展的第二个决定性步骤是牛顿和莱布尼茨在 17 世纪后半叶建立了微积分.事实上牛顿和莱布尼兹只是把许多数学家都参加过的巨大准备工作完成了,它的原理却要溯源于古代希腊人所创造的求面积和体积的方法.

微积分的创立首先是为了处理下列四类问题:

(1) 已知物体运动的路程与时间的关系,求物体在任意时刻的速度和加速度.反过来,已知物体运动的加速度与速度,求物体在任意时刻的速度与路程.

困难在于 17 世纪所涉及的速度和加速度每时每刻都在变化.计算平均速度可用运动的时间去除运动的距离.但对瞬时速度,运动的距离和时间都是 0,这就碰到了 $\frac{0}{0}$ 的问题.这是人类第一次碰到这样的问题.

(2) 求曲线的切线.这是一个纯几何的问题,但对于科学应用具有重大意义.例如在光学中,透镜的设计就用到曲线的切线和法线的知识.在运动中也遇到曲线的切线问题.运动物体在它的轨迹上任一点处的运动方向,是轨迹的切线方向.

实际上,"切线"本身的意义也是没有解决的问题.对于圆锥曲线,把切线定义为和曲线只接触一点而且位于曲线一边的直线就足够了;这个定义古希腊人已经知道.但是对于 17 世纪所用的比较复杂的曲线,它就不适用了.

(3) 求函数的最大值和最小值问题.在弹道学中这涉及炮弹的射程问题.在天文学中涉及行星和太阳的最近和最远距离问题.

(4) 求积问题.求曲线的弧长,曲线所围区域的面积,曲面所围的体积,物体的质心等.这些问题在古希腊已开始研究,但他们的方法缺乏一般性.

除了变量与函数概念以外,以后形成的极限概念也是微积分以及进一步发展的整个分析的基础.

同微积分一道,还产生了数学分析的另外一些部分:级数理论、微分方程论、微分几何.

所有这些理论都是因为力学、物理学和技术问题的需要而产生并向前发展的.

微分方程论是研究这样一种方程,方程中的未知项不是数,而是函数.微分几何是关于曲线和曲面的一般理论.在 19 世纪还产生了另一个重要分支,即复变函数论,它使分析的内容更加充实.复变函数是将实分析的方法推广到复数域中去了.

数学分析蓬勃地发展着,它不仅成为数学的中心和主要部分,而且还渗入到数学较古老的分支,如代数、几何与数论.

通过数学分析及其变量、函数和极限等概念,运动、变化等思想,使辩证法渗入了全部数学.同样地,基本上通过数学分析,数学才在自然科学和技术的发展中成为精确地表述它们的规律和解决它们问题的得力工具.

在希腊人那里,数学基本上就是几何;在牛顿以后,数学基本上就是分析了.

当然,数学分析不能包括数学全部;在几何、代数和数论中都保留着它们特有的问题和方法.比如,在 17 世纪,与解析几何同时还产生了射影几何,而纯粹几何方法在射影几何中占统治地位.

这时还产生了另一个重要的数学部门——概率论.它研究大量"随机"现象的规律问题,给出了研究出现于偶然性中的必然性的数学方法.

数学发展的第一时期与第二时期所获得的主要成果,即初等数学中的主要成果已经成为中小学教育的内容.第三个时期的基本结果,如解析几何(已部分地放入中学)、微积分、微分方程、高等代数、概率论等已成为高等学校理科教育的主要内容.这个时期的数学的基本思想和结论已广泛地为大众所知道,几乎所有的工程师和自然科学工作者都或多或少地运用着这些结果.近几十年来,数学应用的状况发生着深刻的变化.这些成果逐渐渗透到社会科学研究的各个领域.因而这些内容的一部分已进入文科各系的教学内容.

与此相反,数学发展的最近阶段,即现代阶段的思想和结果基本上还只是为在数学、力学、物理学及一些新技术领域中工作的科学工作者所使用.

第四个时期为现代数学时期.在转向叙述数学发展最新阶段的一般特征时,我们只试图简略地给出数学的这些新分支的最一般的特征.这个时期大致从 19 世纪上半叶开始.

数学发展的现代阶段的开端,以其所有基础部门——代数、几何、分析——中的深刻变化为特征.

还在 19 世纪上半叶,罗巴切夫斯基(Lobachevsky)和波尔约(János Bolyai,1802—1860)就已经建立了新的非欧几何学,它的思想是别开生面的和出乎意外的.正是从这个时候起,开始了几何学的原则上的新发展,改变了几何学是什么的本来理解.它的研究对象与使用范围迅速扩大.1854 年著名的德国的数学家黎曼继罗巴切夫斯基之后在这个方向上完成了最重要的步骤.他提出了几何学家能够研究的"空间"的种类有无限多的一般思想,并指出这种空间的可能的现实意义.如果说,以前几何学只研究物质世界的空间形式,那么现在,现实世界的某些其他形式,由于它们与空间形式类似,也成了几何学的研究对象,可采用几何学的各种方法对它们进行研究.因此,"空间"这一术语在数学中获得了新的、更广泛的,也是更专门的意义,同时几何学方法本身也大大地丰富和多样化了.欧几里得几何本身也发生了很大的变化.现在可研究复杂得多的图形,乃至任意点集的性质.同样地,出现了研究图形本身的崭新的方法,在这些研究的基础上,产生了各种新而又新的"空间"和它们的"几何":罗巴切夫斯基空间,射影空间,各种不同维数的欧氏空间、黎曼空间、拓扑空间等,所有这些概念都找到了自己的应用.

在 19 世纪,代数也出现了质的变化.以往的代数是关于数字的算术运算的学说.现在这种算术运算是脱离了给定的具体数字在一般形态上形式地加以考察的.也就是说,在代数中,凡量都以字母来表示,按照一定的法则对这些字母进行运算.

现代代数在保持这种基础的同时,又把它大大地推广了.现代代数中还考察比数具有更普遍得多的性质的"量",并且研究对这些量进行运算,这些运算在某种程度上按其形式的性质来说与加、减、乘、除等普通算术运算是类似的.向量是最简单的例子,我们知道,向量按照平行四边形法则相加.在现代代数中进行的推广达到这样的程度,以致"量"这个术语本身也常常失去意义,而一般地是讨论"对象"了,对这种"对象"可以进行像普通代数运算相似的运算.例如,两个相继进行的运动相当于某一个总的运动,一个公式的两种代数变换相当于一个总的变换,等等.与此相应就可讨论运动与变换所特有的"加法".现代代数在一般抽象形式上研究所有这种类似的运算.

现代代数理论是 19 世纪前半叶从许多数学家的研究中形成的,其中尤以法国数学家伽罗瓦著称.现代代数的概念、方法和结果在分析、几何、物理以及结晶学中都有重大的应用.群论与线性代数是现代代数中内容丰富的两个分支,并在自己的发展中得到很广的应用.

分析也发生了深刻的变化.首先,它的基础得到了精确化,特别是得到了它的基本概念:函数、极限、积分,最后是变量概念本身的精确和普遍定义,实数的严格定义也给出了.这些工作是由一批杰出的数学家完成的,其中有捷克数学家波尔查诺,法国数学家柯西,德国数学家外尔斯特拉斯、戴德金等.

在分析中发展出一系列新的分支,如实变函数论、复变函数论、函数逼近论、微分方程定性理论、积分方程论、泛函分析等.在分析和数学物理发展的基础上同几何与代数新思想相结合产生的泛函分析在现代数学中起着特殊重要的作用.

我们还必须提到德国数学家康托尔的集合论.它为数学提供了新的基础,促进了数学的其他许多新分支的发展,对数学发展的一般进程产生了深刻的影响.集合论还导致了数学领域的另一分支——数理逻辑的发展.一方面,数理逻辑溯源于数学的起源和基础,另一方面它又和计算技术的最新课题紧密相连.数理逻辑得到了许多深刻的结果.这些结果从一般认识论的观点看来也是十分重要的.

1.3　20 世纪以来数学科学发展的主要趋势

(1) 数学科学自身.首先是数学研究对象的大大扩展,众多新而又新的数学分支的诞生.其次是新的概括性的概念的建立和新的更高的抽象程度,保证了数学的统一性.再次,新的理论和强有力的方法出现了,使得以前不可能解决的问题变为可能.

（2）数学基础. 对数学基础的更为深刻的分析,对数学概念的相互关系,单个理论的结构的分析,对数学证明和结论的方法本身的分析,也是现代数学的特点之一. 数学的基础在哪里? 在数学自身,还是在别的什么地方? 这些问题的进一步讨论放在第十八章.

（3）数学应用. 数学的应用范围大大扩展,从自然科学一直深入到社会科学. 从 20 世纪开始,几乎社会科学的所有领域都不同程度地表现出一种重要特征,即这些学科的理论与方法正在朝着日益数学化和形式化的方向演变,并实现从定性描述到定量描述的转化.

（4）计算机的介入. 计算机对数学家的作用就像望远镜对天文学家. 计算机的强大计算能力大大地改善了数学应用的状况. 天文学、气象预报、地震预测、宇宙飞船和人造卫星的设计等没有计算机的帮助是不可能获得这样高速发展的.

著名的四色定理是靠计算机证明的. 这一下子改变了数学证明的本来含义,为数学证明开辟了新的途径. 现在,机器证明构成数学中一个新的具有吸引力的分支.

20 世纪诞生了分形几何与混沌学,其中许多深刻结果正是借助计算机得到的. 没有计算机的帮助,无法观察某些问题中的一层深于一层的微观结构.

计算机激励了数理逻辑的大发展,同时也促进了数理语言学的大发展.

在计算机诞生以前,科学实验主要指的是物理实验、化学实验和生物实验等. 现在诞生了数学实验这门新科学.

计算机的诞生使信息处理的速度大大加快. 信息传输与交流正在全球化,学术界对新事物、新学科的反映更加敏感.

§2　数学文明的发祥

数学文明的发祥可以追溯到 4 千年前,甚至更久. 世界公认的四大文明古国：中国、埃及、巴比伦、印度,其文明程度的主要标志之一就是数学的萌芽.

在古希腊人登场之前,数学,作为一门有组织的、独立的和理性的学科而言,是不存在的. 但是,巴比伦人、埃及人已经为数学的诞生积累了丰富的知识. 希腊人相信,数学起源于埃及.

2.1　埃及——几何的故乡

对埃及古代数学的了解主要根据 19 世纪中期和末期发现的两卷纸草书. 一卷是苏格兰人兰德（Henry Rhind）于 1858 年获得的,现存英国博物馆,称《兰德草卷》.《兰德草卷》大约于公元前 1650 年前后写出,其中包含 85 个数学问题. 另一卷是俄国人格列尼切夫于 1893 年获得的. 并于 1912 年存入莫斯科博物馆,故称《莫斯科草卷》. 据考证,它比《德兰草卷》早 2 个世纪. 其中包括 25 个数学问题. 从这两份文献中可看出,古埃及的数学至少有下面几项内容：

（1）创造了一套从 1 到 10000000 的象形数字记号.

（2）已掌握了加、减、乘、除四种算术运算.

（3）有了分数概念,但计算较繁.

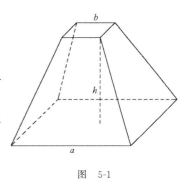

（4）有了等差级数、等比级数、一元一次方程和一元二次方程的概念.

（5）在几何学方面,会算一些平面图形的面积和一些立体的体积.

（6）求出了 π 的近似值：$\pi = \dfrac{256}{81} = 3.1605$.

图 5-1

（7）他们熟悉比例的基本原理,已有三角函数的萌芽.

埃及数学最光辉的成就之一是,他们给出了以两个正方形为底的棱台的体积公式（图 5-1）：

$$V = \frac{1}{3}h(a^2 + ab + b^2),$$

其中 a, b 分别是两个正方形的边长,h 是棱台的高. 这个解法出现在《莫斯科草卷》中. 原文是这样的：“如果告诉你,一个截顶金字塔垂直高度为 6 腕尺（古埃及的长度单位,由肘至中指尖的长度,约 18～22 英寸）,底面每边长 4 腕尺,顶面每边长 2 腕尺. 4 的平方得 16,4 的二倍为 8,2 的平方是 4. 把 16,8,4 加起来得 28,取 6 的三分之一得 2,取 28 的二倍为 56. 看这个 56 正好是你要求的体积.”

只从两卷纸草书来判断古埃及的数学显然是不够的,正像用两本偶然得到的中学教科书来判断当今数学的状况是不够的一样. 埃及的金字塔就是一个明证. 建于公元前三千年至公元前一千多年的这些古建筑留下了许多数学之谜：

（1）塔底每边长 230 m,误差小于 20 cm. 塔高 146.5 m. 东南与西北角误差仅 1.27 cm,直角误差仅有 12″,方位角误差在 2′到 5′之间. 这样的精确度,现代的建筑也望尘莫及.

（2）用石达 230 万块之多,重量从 2.5 吨到 50 吨不等,石块间接缝处密得连铅笔刀也难插入.

（3）塔高的 10 亿倍恰好等于地球到太阳的距离;底边与高度之比的 2 倍近似等于 3.14159,这是公元 3 世纪时的人才得到的 π 的近似值.

（4）穿过塔的子午线恰好把地球上的陆地和海洋分为均匀的两半. 塔的质心正好位于各大陆的引力中心线上.

古埃及人靠什么计算方法和计算工具达到如此的精确度呢？我们不知道,但科学研究表明,他们已具有丰富的天文学和数学知识.

2.2 巴比伦——代数的源头

巴比伦人是首先对数学主流作出贡献的古人. 我们对巴比伦文明和数学的知识,无论是古代的或较近期的都来自泥版的文书.这些泥版的制作大抵在两段时期,有些是公元前两千年左右的,而大部分是公元前 600 年到公元前 300 年间的.他们的主要成就有:

(1) 采用 60 位进位制记数法.

(2) 他们会开平方、开立方,并有平方、平方根、立方和立方根的数表.他们算出 $\sqrt{2}=1.414213\cdots$,具有相当高的精确度.事实上,用掌上计数器得到的值是 $\sqrt{2}=1.4142136\cdots$.

有一个问题是,求给定高 h 和宽 w 的一扇门的对角线 d.他们给出了求 d 的近似公式:

$$d \approx h + \frac{w^2}{2h}.$$

在 $h>w$ 的情况下,这是一个很好的近似公式.但没有说明结论是如何得到的.利用二项式定理,我们给出一个现代证明:

$$d = \sqrt{h^2 + w^2} = h\left(1 + \frac{w^2}{h^2}\right)^{\frac{1}{2}} \approx h\left(1 + \frac{1}{2}\frac{w^2}{h^2}\right) = h + \frac{w^2}{2h}.$$

(3) 他们已经有了代数的概念,尽管没有符号.他们知道二次方程的求根公式,能解某些特殊的含五个未知量的五个方程的线性方程组问题.

(4) 求出了算术级数与几何级数的和.他们给出了从 1 到 10 的自然数的平方和,像是使用了公式:

$$1^2 + 2^2 + \cdots + n^2 = \left(1 \times \frac{1}{3} + n \times \frac{2}{3}\right)(1 + 2 + 3 + \cdots + n).$$

(5) 他们知道勾股定理,有相似形的概念,会计算简单平面图形的面积和简单的立体图形的体积.

(6) 圆周分为 360 等份归功于巴比伦.

20 世纪的考古工作者发现,早在公元前 1700 年,居住在美索不达米亚的人们已经有了高度发展的数学文化.他们知道勾股定理是在毕达哥拉斯一千年以前.他们已经有了解二次方程的成法.巴比伦人将二次方程的解法化为一种正规形式,其正规形式是,"已知两数的和与积求此两数".用现代的代数语言叙述就是,给定两个数 p 和 q,并已知 $xy=p, x+y=q$,求 x,y.巴比伦人用下述五个步骤求这两个数:

(i) 取 q 的一半;　　(ii) 将此数平方;　　(iii) 从中再减去 p;

(iv) 对所得的结果开平方;

(v) 再加 q 的一半得出所求两数中的一数;从 q 中减去这个数得出另一数.

例　设 $xy=p=21, x+y=q=10$,求 x,y.

解　按上面的步骤有:

(i) $\dfrac{q}{2} = \dfrac{10}{2} = 5$;　(ii) $5^2 = 25$;　(iii) $25 - p = 25 - 21 = 4$;　(iv) $\sqrt{4} = 2$;

(v) $x = 2 + \dfrac{q}{2} = 2 + 5 = 7, y = q - 7 = 10 - 7 = 3$(或 $x=3, y=7$).

巴比伦人的正规形式,用现代语言来说就是一元二次方程.事实上,

$$qx = (x+y)x = x^2 + xy = x^2 + p \Longleftrightarrow x^2 - qx + p = 0,$$

x 是二次方程的解. 根据对称性, y 也是二次方程的解.

但是巴比伦人还不能把所有的二次方程都化为正规形式, 因为在那个时代还没有负数的概念. 负数的概念只是在几个世纪以前才诞生.

巴比伦人的正规形式的五个步骤用近代的代数语言来写, 就是

$$x = \sqrt{\left(\frac{q}{2}\right)^2 - p} + \frac{q}{2}, \quad y = q - x.$$

这可以化为我们更熟悉的形式

$$x, y = \frac{q \pm \sqrt{q^2 - 4p}}{2}.$$

他们是如何推出这一公式的呢? 我们现在无从知道, 因为那样遥远的年代的遗存物是太少了.

小结 说埃及与巴比伦的数学基本上是经验的, 此话不错. 但是数学已经逐渐形成为一个独立的学科, 开始了向抽象学科前进的历程. 埃及的棱台公式、巴比伦的二次方程求根公式都不是经验的结果, 是一种理性产物, 是抽象思维的结果. 他们有没有数学证明的思想, 我们是不清楚的. 希腊人从他们那里吸取了丰富的营养, 学到了数学知识、数学技能和数学思想, 这是肯定无疑的.

2.3 印度——阿拉伯数字的诞生地

印度的数学发展似晚于埃及、巴比伦、希腊和中国. 印度的特殊贡献有:

(1) 阿拉伯数码是印度人的发现, 他们大约在公元前 4 世纪就开始使用这种数码. 这种数码在公元 8 世纪传入阿拉伯国家, 后经阿拉伯人传入欧洲.

(2) 用符号"0"表示零是印度人的一大发明. 在数学中, "0"的意义的多方面的, 它既表示"无"的概念, 又表示位置记数法中的空位, 而且是数域中的一个基本元素, 可以与其他数一起运算. 印度著名数学家婆罗摩笈多(Brahmagupta, 598—655)在他的天文学著作《婆罗摩修正体系》一书中较完整地叙述了零的运算法则: "负数减去零是负数; 正数减去零是正数; 零减去零什么也没有; 零乘负数、正数或零都是零. ……零除以零是空无一物, 正数或负数除以零是一个以零为分母的分数."

零的传播要稍晚一些, 至迟在 13 世纪初, 斐波那契的《算经》中已包括零号在内的完整印度数码的介绍. 印度数码和十进制记数法对欧洲的科学进步起了重大的促进作用.

(3) 印度人用负数表示欠债, 用正数表示财产. 628 年左右, 婆罗摩笈多提出了负数的四种运算. 他承认方程的负根, 提出平方根的双值性, 但说负数没有平方根, 因为负数不是平方数. 印度人解出了特殊的高次方程.

(4) 印度人在算术上采取的另一个重大步骤是, 正视无理数, 并按照正确的手续对这些数进行运算. 对无理数的和与差, 他们是像整数那样进行演算的. 例如, 设有无理数 $\sqrt{3}$ 和

$\sqrt{12}$,那么,

$$\sqrt{3} + \sqrt{12} = \sqrt{(3+12) + 2\sqrt{3 \cdot 12}} = \sqrt{27} = 3\sqrt{3}.$$

计算的根据是什么?用现代的记号,其原理是

$$\sqrt{a} + \sqrt{b} = \sqrt{(a+b) + 2\sqrt{ab}}. \tag{5-1}$$

上面说的"像整数那样进行演算"就是把无理数当做具有整数那种性质的数来对待. 例如,对整数 c 和 d,下式肯定成立:

$$(c+d) = \sqrt{(c+d)^2} = \sqrt{c^2 + d^2 + 2cd}. \tag{5-2}$$

在(5-2)式中令 $c = \sqrt{a}$,$d = \sqrt{b}$,则(5-2)式就是(5-1)式.

印度人不像希腊人那样细致,他们看不出无理数所涉及的逻辑难点. 他们对计算的兴趣使他们忽略了哲学上的区别. 但这样做却帮助数学取得了进展.

(5) 他们研究了不定方程. 在不定方程方面印度人超过了丢番图. 这种方程出现在天文问题里,其解就是某些星座出现在天空的时间. 丢番图只得出一个有理的解,印度人要求所有的整数解. 求

$$ax \pm by = c \quad (a, b, c \text{ 是正整数})$$

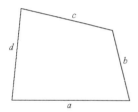

图 5-2

的整数解的方法是印度数学家阿利耶波多(Aryabhata,476—约550)最先提出,并由他的后继者改进.

婆罗摩笈多一个突出的贡献是给出佩尔(Pell)方程

$$ax^2 + 1 = y^2 \quad (a \text{ 是非平方数})$$

的一种特殊解法.

(6) 在几何学方面他们求出了边长为 a, b, c, d 的四边形(图 5-2)的面积公式:

$$S = \sqrt{(p-a)(p-b)(p-c)(p-d)}, \quad p = (a+b+c+d)/2.$$

但实际上这个公式只适合于圆的内接四边形.

(7) 在三角学上,他们利用二次插值法,造出了间隔为 $15°$ 的正弦表.

(8) 求出了 $\pi = 3.1416$.

印度数学多是半经验的,很少给出证明和推导,而希腊数学的突出特征是坚持严格的证明. 印度的数学也缺乏选择性,高质量的数学和低质量的数学往往同时出现. 正如穆斯林著作家阿尔·比鲁尼在其名著《印度》中所说的,印度数学是"珍珠与酸枣的混合".

第六章　现代文明的发源地——希腊

世界上曾经存在 21 种文明,但只有希腊文化转变成了今天的工业文明,究其原因,乃是数学在希腊文明中提供了工业文明的要素.

Arnold J. Toynbee

古希腊人屹立于我们大部分学术的最前端,他们的思想至今影响着我们,他们的问题经过延展仍然是我们需要解决的问题.

罗素

古希腊的世界并不限于今天称作"希腊"的那部分,而是东部扩展到爱奥尼亚(土耳其的西部),西部扩展到意大利南部和西西里,南部扩展到亚历山大(埃及)(插图 6-1).爱奥尼亚

古典时代的东地中海

1. 罗马	8. 雅典	15. 米利都
2. 叙拉古	9. 斯塔盖拉	16. 拜占庭
3. 埃利亚	10. 阿布德拉	17. 罗得岛
4. 克罗托内	11. 狄罗斯	18. 尼多斯
5. 塔兰图姆	12. 希俄斯	19. 珀加
6. 伊利斯	13. 萨摩斯	20. 亚历山大
7. 昔兰尼	14. 别加摩	21. 西耶纳

插图　6-1

地区的一个城市米利都是希腊哲学、数学和科学的诞生地. 他们受到了巴比伦和埃及文明的巨大影响. 米利都是濒临地中海的一个富庶的商业大城, 商业与文化交流极其方便. 公元前 540 年左右, 爱奥尼亚地区落入波斯人之手, 但仍允许米利都保持一些独立性. 在公元前 494 年爱奥尼亚人反抗波斯人的起义被镇压后, 爱奥尼亚的地位就衰落了. 当希腊人在公元前 479 年打败波斯后, 爱奥尼亚又成为希腊的领土, 但文化活动区便移到了希腊本土, 雅典则成为其活动中心. 在亚历山大称大帝之后(公元前 331 年), 科学中心转到了亚历山大, 一直到公元 500 年.

数学的进程在很大程度上取决于历史的进程. 希腊的历史进程把希腊的数学史分成了两段时期: 一段是从公元前 600 年到公元前 300 年的古典时期, 一段是从公元前 300 年到公元 500 年的亚历山大时期, 或称希腊化时期.

§1 演绎数学的发祥

1.1 数学精神的诞生

在全部历史里, 最使人感到惊异的莫过于希腊文明的突然兴起了. 构成文明的大部分东西已经在埃及和巴比伦存在了好几千年, 又从那里传播到了四邻的国家. 但其中始终缺少某些因素, 直到希腊人才把它提供出来. 希腊人在文学艺术的成就是大家所熟知的, 但是他们在纯粹知识的领域内所作出的贡献更加非凡. 他们首创了数学、科学和哲学. 他们自由地思考着世界的性质和生活的目的, 而不为任何因袭的传统观念所束缚. 所发生的一切都是如此的令人惊奇, 一直到现在, 人们还谈论着希腊的天才.

我们的目的在于数学. 希腊人是如何看待埃及和巴比伦的数学呢?

柏拉图说: "无论我们希腊人接受什么东西, 我们都要将其改善, 并使之完美无缺." 他

柏拉图

们是这么说的, 也是这么做的. 希腊人从埃及和巴比伦人那里学习了代数和几何的原理. 但是, 埃及和巴比伦人的数学基本上是经验的总结, 是零散的和乏序的. 希腊人将这些零散的知识组成一个有序的、系统的整体. 他们努力使数学更加深刻、更加抽象、更加理性化. 埃及和巴比伦的数学家研究数学的目的主要是为了应用, 希腊数学家却与他们不同. 希腊人抽象思维的习惯使他们明显地区别于其他思想家. 例如, 当他们看到一片长满谷物的三角地时, 他们想到的不是收成, 而是那个三角形的"三角性". 偏爱抽象概念是他们区别于其他文化的显著特点. $\sqrt{2}$ 这个数就像一面镜子一样反映了不同文化的差别. 巴比伦人以很高的精确度计算了 $\sqrt{2}$ 的近似值, 希腊人却证明它是一个无理数. 数学的性质在希腊人手里发生了根本的变化. 柏拉图在他的学院的大门上写着:

不懂几何者请勿入内

这不是一个怪人的训诫,而是反映了希腊人的一种信念:一个人只有通过理性的探求和严密的逻辑才能了解他所处的尘世.

关于数学基础,希腊人寻求的是用大理石建造的牢不可破的宫殿.他们如何建造这种宫殿呢?只能由演绎法来建造.演绎法就是这样一种方法,从已认可的事实出发,导出新命题,承认这些事实就必须接收导出的命题.希腊人坚持演绎推理是数学证明的唯一方法,这是对数学的最重要的贡献.他们坚持,所有的数学结论只能通过演绎推理才能确定.它使得数学从木匠的工具盒、农民的茅屋中解放了出来,使数学成了人们头脑中的一个思想体系.从此以后,人们开始靠理性,而不是凭感官去判断什么是正确的.正是依靠这种判断,理性才为人类文明开辟了一条康庄大道.

演绎证明出现在何时?

1.2　泰勒斯的贡献

古希腊第一个哲学家和数学家是米利都的泰勒斯(公元前 640—前 546 年).他曾到埃及旅游,并把埃及的数学知识传到希腊.通过波斯的数学,他也受到印度数学思想的影响.泰勒斯是第一个在"知其然"的同时提出"知其所以然"的学者,而被公认为论证数学之父.他极力主张,对几何学的陈述不能凭直觉上的貌似合理就予以接受,相反,必需要经过严密的逻辑证明.他对几何学做出了巨大贡献.他的主要贡献是,第一个证明了下列的几何性质:

(1) 一个圆被它的一个直径所平分.

(2) 三角形内角和等于两直角之和.

(3) 等腰三角形的两个底角相等.

(4) 半圆上的圆周角是直角.

(5) 对顶角相等.

(6) 全等三角形的角-边-角定理.

这些定理埃及人和巴比伦人都已经知道.泰勒斯不是第一个发现这些定理的人,而是第一个证明这些定理的人.这就是前希腊数学与希腊数学的本质区别.这样,演绎数学就在希腊诞生了.

当有人提出一个普遍性的问题时,哲学就诞生了,科学也是一样.作为哲学家,泰勒斯认为,水是万物之母.这就开始了希腊人对世界本源的探索.

§2　毕达哥拉斯学派

2.1　自然数是万物之母

当泰勒斯声称,水是万物之母的时候,毕达哥拉斯说,自然数是万物之母.这是古希腊人对人类文明做出的最了不起的贡献. 他们已经直觉地认识到, 数学在人类文明中的基础作用.

古希腊的第一个学派是泰勒斯创造的. 据信, 毕达哥拉斯曾就学于泰勒斯. 毕达哥拉斯生于靠近小亚细亚海岸的萨摩斯岛. 他在米利都跟泰勒斯学了一段之后就到处游历, 其中有埃及和巴比伦. 我们知道, 巴比伦人已经知道了勾股定理. 毕达哥拉斯可能是第一个证明这个定理的人. 他从巴比伦那里还了解到所谓"毕达哥拉斯数", 就是满足勾股定理的正整数, 如(3, 4, 5)是一组勾股数. 在旅游中他还学到一些神秘主义教条. 大约在公元前 525 年, 他移民到意大利的南部希腊居留地克洛吞. 在那里他建立了一个宗教、科学和哲学性质的帮会, 叫"毕达哥拉斯兄弟会". 毕达哥拉斯学派对周围的世界作了周密的观察. 他们发现许多现象都依赖于数, 如天体运动、几何形体、音乐中音阶的确定等. 由此, 他得到万物皆数的思想.

古希腊人既探索宇宙的奥秘, 也研究人生的奥秘. 当他们把万物皆数的观点用到人生时, 就不免含有迷信成分, 而有消极作用了. 举个例子. 毕达哥拉斯学派发现了亲和数. 什么叫亲和数呢? 称两个自然数 A, B 为亲和数, 若 A 的真因子之和等于 B, 而 B 的真因子之和等于 A. 如 220 与 284 是一对亲和数:

220 的真因子: 1, 2, 4, 5, 10, 11, 20, 22, 44, 55, 110. 其和为 284.

284 的真因子: 1, 2, 4, 71, 142. 其和为 220.

古希腊人对此赋予了神秘色彩: 分别佩带具有这两个数的人可确保他们的亲密关系. 类似的思想在后来的占命术中得到发展, 并一直延续至今.

消极因素中也包含有积极因素, 亲和数后来成了数论的一个有趣问题. 在发现最初一对亲和数之后很长一段时期没有发现新的亲和数, 直到 1636 年, 费马才发现另一对: 17296 和 18416. 两年以后, 笛卡儿(René Descartes)发现了第三对. 欧拉(Leonhard Euler)开始系统地寻找亲和数, 并于 1747 年列出了 30 对, 后来又扩充到 60 对. 在寻找亲和数的过程中有一个趣闻: 长期被忽略的、相当小的一对亲和数 1184 和 1210, 直到 1866 年才由年仅 16 的意大利少年帕加尼尼(N. Paganini)发现. 现在已经知道一千多对亲和数.

亲和数的概念在现代又有了新的推广. 例如, 由三个或三个以上的数组成的循环序列, 如果其中一个数的真因子之和等于下一个数, 则称这组数为亲和数链. 目前已发现了几个, 但不多.

2.2 毕达哥拉斯学派对数学的主要贡献

毕达哥拉斯学派对数学的主要贡献是什么呢?

(1) 证明了勾股定理及其逆定理.

(2) 给出了平均数的概念. 设 a, b 是任意两个有理数, 那么这两个数的算术平均数、几何平均数和调和平均数分别是

$$\frac{a+b}{2}, \quad \sqrt{ab}, \quad \frac{2ab}{a+b}.$$

（3）完全数的概念. 一个数称为完全数, 如果这个数等于它的真因子的和. 例如, 6 和 28 都是完全数: $6=1+2+3$; $28=1+2+4+7+14$. 如果我们用 $\sigma(n)$ 表示 n 的全部真因数之和, 那么我们有

$$\sigma(6)=1+2+3=6, \quad \sigma(28)=1+2+4+8+14=28.$$

毕达哥拉斯可能发现了给出完全数的公式: 形如

$$n=2^{m-1}(2^m-1) \tag{6-1}$$

的整数是完全数, 其中 (2^m-1) 是素数, $m>1$ 是自然数. 欧几里得在他的《几何原本》中给出了公式(6-1)的证明.

公式(6-1)的证明　如果 $p=(2^m-1)$ 是素数, 则 $n=2^{m-1}p$ 的真因数是

$$1,2,2^2,\cdots,2^{m-1},p,2p,2^2p,\cdots,2^{m-2}p,$$

这些因数的和是

$$\begin{aligned}
\sigma(n) &= (1+2+2^2+\cdots+2^{m-2})(1+p)+2^{m-1} \\
&= (2^{m-1}-1)(1+p)+2^{m-1}=(2^{m-1}-1)2^m+2^{m-1} \\
&= 2^{m-1}\cdot2^m-2^m+2^{m-1}=2^{m-1}\cdot2^m-2\cdot2^{m-1}+2^{m-1} \\
&= 2^{m-1}(2^m-1)=n.
\end{aligned}$$

（4）形数. 在毕达哥拉斯时代还没有记数的符号, 他们就更多地依赖于几何直观. 毕氏学派常把数描绘成沙滩上的点子或石子, 并根据石子排列的形状对数进行分类. 由此引出了一些代数关系式. 例如, 1, 3, 6, 10 这些数叫做三角形数, 因为石子能排成正三角形(图 6-1). 他们注意到, 1, $1+2$, $1+2+3$ 的和都是三角数. 用 t_n 表示第 n 个三角形数, 把两个 n 阶三角形数并在一起, 就得到一个边长为 n 和 $n+1$ 的矩形点阵(图 6-2). 很明显, 这个点阵中包含 $n(n+1)$ 个石子. 所以 $2t_n=n(n+1)$. 由此, 他们得到了求和公式:

$$1+2+3+\cdots+n=\frac{1}{2}n(n+1). \tag{6-2}$$

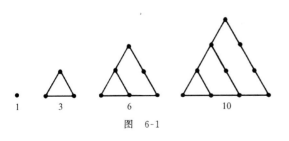

图　6-1

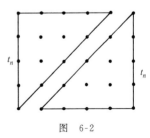

图　6-2

现在考虑正方形数(图 6-3), 我们用 s_n 表示它们. 他们注意到, $(n+1)^2-n^2=2n+1$, 即两个相邻正方形数的差是一个奇数(图 6-4). 由此得到

$$1+3+5+\cdots+(2n-1)=n^2. \tag{6-3}$$

毕达哥拉斯没有想到,他的形数引起了后世许多大数学家的兴趣.1665 年数学家兼哲学家帕斯卡写了一篇论文《论形数》.在这篇论文中,他断言,每一个正整数是三个或更少的三角形数之和.例如,

$$16 = 6 + 10, \quad 25 = 1 + 3 + 21, \quad 39 = 3 + 15 + 21, \quad 150 = 6 + 66 + 78.$$

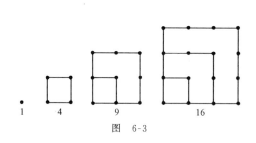

图 6-3

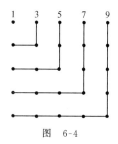

图 6-4

其实,在更早的时间费马也注意到了,1636 年,费马把这一结果作为一个猜想写信告诉了另一位数学家梅尔塞尼.这个猜想在 1801 年首先为高斯所证明.

观察下面的等式,我们可以得到一个新的有趣结果.

$$1^3 = 1 = t_1^2,$$
$$1^3 + 2^3 = 9 = t_2^2,$$
$$1^3 + 2^3 + 3^3 = 36 = t_3^2,$$
$$1^3 + 2^3 + 3^3 + 4^3 = 100 = t_4^2.$$

从这些等式我们立刻会猜出公式

$$1^3 + 2^3 + 3^3 + \cdots + n^3 = \left(\frac{n(n+1)}{2} \right)^2 = t_n^2. \tag{6-4}$$

它不但给出了自然数的立方和的公式,而且揭示了自然数的立方和与三角形数的关系,这是出乎意料的.如何证明它?

我们从下面的恒等式开始

$$[k(k-1)+1] + [k(k-1)+3] + [k(k-1)+5] + \cdots$$
$$+ [k(k-1)+(2k-1)] = k^3.$$

借助(6-3),容易验证这个公式的正确性.在这个公式中,相继取 $k = 1, 2, 3, \cdots, n$,我们得到下面一组等式:

$$1 = 1^3,$$
$$3 + 5 = 2^3,$$
$$7 + 9 + 11 = 3^3, \tag{6-5}$$
$$13 + 15 + 17 + 19 = 4^3,$$
$$\vdots$$
$$[n(n-1)+1][n(n-1)+3] + \cdots + [n(n-1)+(2n-1)] = n^3.$$

把这 n 个等式加在一起,我们得到

$$1+3+5+\cdots+[n(n-1)+(2n-1)]=1^3+2^3+3^3+\cdots+n^3.$$

这个等式的左边共有多少项? 看(6-5)的左边就知道,共有 $n(n+1)/2$ 项.根据(6-3),

$$1^3+2^3+3^3+\cdots+n^3=\left(\frac{n(n+1)}{2}\right)^2=t_n^2.$$

这个公式归功于公元 100 年左右的在希腊工作的数学家尼可马修斯(Nichomachus),他可能是阿拉伯人.

这里自然出现一个问题:前 n 个自然数的平方和如何求? 和前面的求和公式相比,稍微难一些.我们先考虑 $n=4$ 的情况,然后再推广到一般情况.由图 6-5,数底边的点子数和垂直边的点子数,我们得到

$$(1^2+2^2+3^2+4^2)+(1+3+6+10)=(1+2+3+4)(4+1). \tag{6-6}$$

由此可以算出

$$(1^2+2^2+3^2+4^2)=30.$$

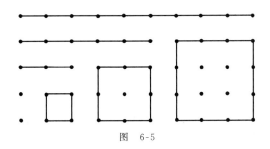
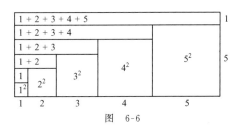

图 6-5　　　　　　　　　　　　　图 6-6

把这个方法推广到 n 是任意的情况,如图 6-6 所示.点阵中的全部点子数是

$$(1+2+3+\cdots+n)(n+1)=\frac{n(n+1)^2}{2}, \tag{6-7}$$

与(6-6)式左边相应的公式是

$$(1^2+2^2+3^2+\cdots+n^2)+[1+(1+2)+(1+2+3)+\cdots+(1+2+\cdots+n)]. \tag{6-8}$$

令

$$S=1^2+2^2+3^2+\cdots+n^2,$$

利用公式(6-2),(6-8)式可以改写为

$$S+\left(\frac{1\cdot2}{2}+\frac{2\cdot3}{2}+\frac{3\cdot4}{2}+\cdots+\frac{n(n+1)}{2}\right)$$

$$=S+\frac{1}{2}[1(1+1)+2(2+1)+3(3+1)+\cdots+n(n+1)]$$

$$=S+\frac{1}{2}[(1^2+2^2+3^2+\cdots+n^2)+(1+2+3+\cdots+n)]$$

$$= \frac{3}{2}S + \frac{n(n+1)}{4}.$$

与(6-7)式比较,我们得到

$$\frac{3}{2}S + \frac{n(n+1)}{4} = \frac{n(n+1)^2}{2},$$

从而

$$\frac{3S}{2} = \frac{n(n+1)^2}{2} - \frac{n(n+1)}{4} = \frac{n(n+1)(2n+1)}{4}.$$

最后得到

$$S = \frac{n(n+1)(2n+1)}{6}. \tag{6-9}$$

公式(6-9)的另一个巧妙的证明是 13 世纪的数学家斐波那契给出的.他利用了下面的恒等式:

$$k(k+1)(2k+1) = (k-1)k(2k-1) + 6k^2.$$

令 $k=1,2,3,\cdots,n$,就得到下面一组等式:

$$1 \cdot 2 \cdot 3 = 6 \cdot 1^2,$$
$$2 \cdot 3 \cdot 5 = 1 \cdot 2 \cdot 3 + 6 \cdot 2^2,$$
$$3 \cdot 4 \cdot 7 = 2 \cdot 3 \cdot 5 + 6 \cdot 3^2,$$
$$\cdots\cdots\cdots\cdots$$
$$(n-1)n(2n-1) = (n-2)(n-1)(2n-3) + 6 \cdot (n-1)^2,$$
$$n(n+1)(2n+1) = (n-1)n(2n-1) + 6 \cdot n^2.$$

一个重要的事实是,上面的等式组中,左边和右边出现了共同项.把这 n 个等式边边相加,消去共同项,我们得到

$$n(n+1)(2n+1) = 6 \cdot (1^2 + 2^2 + 3^2 + \cdots + n^2).$$

由此,将 6 除过去,立刻可以得到公式(6-9).

得到上面这些求和公式实际上使用了两种方法,一种是几何方法,一种是代数方法.几何方法很直观,容易掌握,代数方法显得很巧妙,不易想到.科学发展的目的是,使上一代天才才能做的事,下一代的常人就能做.后面我们还将提供求和的代数方法,使之变得平易近人,容易把握.

形数的研究直到今天还是一个活跃的课题.例如,近代有人使用某些很先进的数学第一次证明了,恰有 6 个三角形数是 3 个相继整数的乘积.

2.3 第一次数学危机

在数的概念的发展史上,毕达哥拉斯学派的最大成就是发现了"无理数".毕达哥拉斯学派的学者们直觉地认为,任何两个线段一定有一个公共度量;也就是说,给定任何两个线段,一定能找到第三个线段,也许很短,使得给定的线段都是这个线段的整数倍.事实上,即使现

代人也会这样认为. 由此可以得到结论,任何两个线段的比都是整数的比,或者说,两个线段的比都是有理数. 我们可以想象,当毕达哥拉斯学派发现存在某些线段的比不是有理数时,他们的心理会引起多么大的震动. 这就爆发了第一次数学危机. 数学基础的第一次危机是数学史上的一个里程碑. 它的产生和克服都有重要的意义.

事实上,正方形的对角线与它的一边的比就不是有理数(图 6-7). 由勾股定理,这个比是 $\sqrt{2}$. 我们来证明 $\sqrt{2}$ 是无理数.

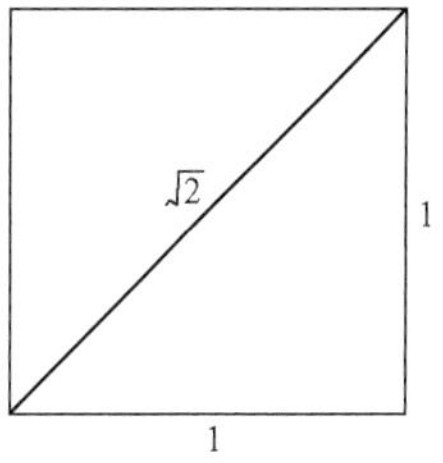

图 6-7

定理 1 $\sqrt{2}$ 是无理数.

在证明定理之前,我们首先指出这样一个简单事实:偶数的平方是偶数,奇数的平方是奇数. 事实上,设 p 是一个偶数,即

$$p = 2m \quad (m \text{ 是整数}),$$

从而

$$p^2 = 4m^2$$

仍是偶数,即能被 2 整除. 设 q 是一个奇数,即

$$q = 2m + 1 \quad (m \text{ 是一整数}),$$

从而

$$q^2 = (2m+1)^2 = 4m^2 + 4m + 1$$

仍是奇数,即不能被 2 整除. 这样一来,我们可以断言,若 p^2 是偶数,则 p 一定是偶数.

定理 1 的证明 今用反证法证明,即假定定理的结论不成立,从而引出一个矛盾.

假设 $\sqrt{2}$ 不是无理数,而是有理数,即 $\sqrt{2} = p/q$,其中 p 和 q 是正整数,且没有公因数. 这样一来,p,q 不会同时是偶数,不妨设 q 是奇数,于是

$$p = \sqrt{2}q,$$

平方得

$$p^2 = 2q^2.$$

因为 p^2 是一个整数的两倍,所以 p^2 必是偶数,从而 p 也是偶数. 设 $p = 2r$,这时上式变为

$$4r^2 = 2q^2 \quad 即 \quad q^2 = 2r^2.$$

这样一来,q^2 是偶数,从而 q 也是偶数,这与 q 是奇数的假定相矛盾. 假设 $\sqrt{2}$ 是有理数导致了矛盾. 因此必须放弃这个假设. 定理证毕.

这个证明可以在欧几里得的《几何原本》中找到,实际上远在欧几里得之前已经有了这个定理的证明. 这是间接证明的一个最经典的例子. 反证法也称为归谬法. 著名的英国数学家 G. H. 哈代对于这种证明方法作过一个很有意思的评论. 在棋类比赛中,经常采用一种策略是"弃子取势"——牺牲一些棋子以换取优势. 哈代指出,归谬法是远比任何棋术更为高超的一种策略;棋手可以牺牲的是几个棋子,而数学家可以牺牲的却是整个一盘棋. 归谬法就是作为一种可以想象的最了不起的策略而产生的. 但是,现代直觉主义者却反对间接证明. 他们认为,从间接证明中只能得到矛盾,别的什么也得不到.

下面我们给出正方形的对角线与边不可公度的几何证明. 这个证明比前面的证明更古

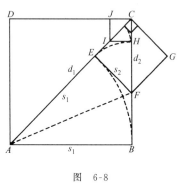

图 6-8

老.其基本思想是,从任一个正方形开始,我们可以构造一系列正方形,其中一个比一个小.

定理 1 的几何证明 如图 6-8 所示,在正方形 $ABCD$ 中,令 $AB=s_1$,$AC=d_1$.在对角线 AC 上,截取 $AE=s_1$.再作线段 EF 垂直于 AC,并交 BC 于 F.容易证明

$$\triangle BAF \cong \triangle FAE.$$

因此,根据全等三角形对应边相等,我们有 $EF=FB$.在直角三角形 FEC 中,$\angle ECF=45°$,从而三角形 FEC 是等腰三角形,自然有 $CE=FE$.

接着,我们构造第二个正方形 $CEFG$,它以 $s_2=CE=d_1-s_1$ 为边,以 $d_2=CB-FB=s_1-s_2$ 为对角线.

这个过程可以永远重复下去,得到一系列越来越小的正方形,它们的边和对角线满足关系式:

$$s_n=d_{n-1}-s_{n-1}, \quad d_n=s_{n-1}-s_n.$$

几何构造过程已经结束,现在证明正方形的边和对角线是不可公度的.仍用反证法.如果它们是可公度的,则一定存在一个更小的线段 δ,使得

$$s_1=m_1\delta, \quad d_1=n_1\delta,$$

于是

$$
\begin{aligned}
s_2 &= d_1-s_1 \\
&= (n_1-m_1)\delta=m_2\delta, \\
d_2 &= s_1-s_2 \\
&= (m_1-m_2)\delta=n_2\delta.
\end{aligned}
$$

这里 $m_2<m_1$,$n_2<n_1$.重复这个过程,就得到

$$1 \leqslant \cdots < m_3 < m_2 < m_1,$$
$$1 \leqslant \cdots < n_3 < n_2 < n_1.$$

现在我们得到了矛盾.因为比 m_1 和 n_1 小的正整数只有有限个,这与几何构造过程的无限性相矛盾.

第一次数学危机表明,希腊的数学已经发展到这样的阶段,数学已由经验科学变为演绎科学.其他文明也发现了 $\sqrt{2}$ 这一类的无理数,但他们没有深究.因为他们没有把数作为人类文明的基础,他们的目的仅在于应用.中国、埃及、巴比伦和印度的数学没有经历这样的危机,因而一直停留在实验科学,即算术的阶段.希腊则走上了完全不同的道路,形成了欧几里得的《几何原本》与亚里士多德的逻辑体系,而成为现代科学的始祖.

2.4 第一次数学危机的消除

无理数与不可公度量的发现在毕达哥拉斯学派内部引起了极大的震动.首先,这是对毕

达哥拉斯哲学思想的核心,即"万物皆依赖于整数"的致命一击;既然像$\sqrt{2}$这样的无理数不能写成两个整数之比,那么它究竟怎样依赖于整数呢? 而毕达哥拉斯学派的比例和相似形的全部理论都是建立在这一假设之上的,突然之间基础坍塌了,已经确立的几何学的大部分内容必须抛弃,因为它们的证明失效了. 数学基础的严重危机爆发了. 这个"逻辑上的丑闻"是如此可怕,以致毕达哥拉斯学派对此严守秘密. 据说米太旁登的希帕苏斯把这个秘密泄露了出去,结果被抛进大海. 还有一种说法是,将他逐出学派,并为他立了一个墓碑,说他已经死了.

这个"逻辑上的丑闻"是数学基础的第一次危机,既不容易,也不能很快地被消除. 大约在公元前 370 年,才华横溢的希腊数学家欧多克索斯以及毕达哥拉斯的学生阿尔希塔斯(Archytas,约公元前 400—前 350)给出两个比相等的定义,从而巧妙地消除了这一"丑闻". 他们给出的定义与所涉及的量是否可公度无关. 当然从理论上彻底克服这一危机还有待于现代实数理论的建立. 在实数理论中,无理数可以定义为有理数的极限,这样又恢复了毕达哥拉斯的"万物皆依赖于整数"的思想.

2.5 几何作主导

在古希腊几何学一直是数学的主导方面. 究其原因,第一次数学危机产生重要的影响. 古希腊时代没有无限小数,他们不知道在算术中如何去处理像$\sqrt{2}$这样的无理数. 但是,他们知道$\sqrt{2}$是一个长度,于是他们通过几何去理解它. 这使得他们的代数常常以几何形式出现,即以几何术语表达代数恒等式.

例如,代数中的加乘分配律

$$a(b+c) = ab + ac.$$

他们就想象为矩形面积的加法律,如图 6-9 所示. 这是《几何原本》中第二卷的命题 1,欧几里得是这样说的: 如果有两条线段,其中一条被任意分成若干份,则由两条线段所围成的矩形等于由未被分的线段与每一个小线段所围成的矩形之和.

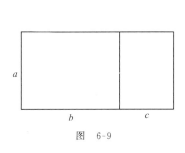

图 6-9

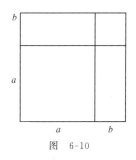

图 6-10

等式

$$(a+b)^2 = a^2 + 2ab + b^2$$

由图 6-10 解释. 这是《几何原本》中第二卷的命题 4,欧几里得是这样说的:

如果一条线段被分成两部分,则以整个线段为边的正方形等于分别以这两部分为边的正方形以及这两部分为边的矩形的两倍之和.

<h1 style="text-align:center">§3　希腊的几何学</h1>

3.1　亚历山大时期

希腊诸国政治上的分裂,为北方强大的马其顿的入侵提供了方便.马其顿的菲利普王逐步向南扩张,公元前338年他打败了雅典人,使希腊沦为马其顿帝国的一部分.两年以后,野心勃勃的亚历山大大帝继承他父亲菲利普的未竟之业,发动了空前的侵略战争,大大地扩大了马其顿帝国的版图.在他取胜的地方,选择良好的位置,建造了一系列城市.进入埃及之后,在公元前332年他建筑了亚历山大城.在极短的时间内,这座城就成为富有而壮丽的世界性城市.公元前323年亚历山大大帝死后,他的帝国被军事领袖所瓜分,最终形成三个帝国,但仍然在希腊文化的约束之下.大约公元前306年,托勒玫开始统治埃及.他把亚历山大定为首都.为了吸引有学问的人到这里来,便建立了著名的亚历山大大学.就其规模和建制来说,可同现代大学媲美.大学的中心是图书馆.这座图书馆在很长时间内被称为是收集世界各地学术著作最多的宝库,藏书超过60万卷纸草书.大学建成于公元前300年,它使亚历山大成为希腊民族精神的首府,并持续了近一千年.欧几里得(Euclid,约公元前330—前275)就在这个时候来到亚历山大大学的,他可能来自雅典,在这里他主持数学系.

3.2　欧几里得的《几何原本》

关于欧几里得的生平,人们知之甚少,甚至连他的出生年月和出生地点都不知道.但却留下了两个有启发意义的故事.一个故事说,当国王托勒玫向欧几里得询问学习几何学的捷径时,他答道:"在几何学中没有王者之路."另一个故事是,当一个学生问他,学了这门课会得到什么好处时,他便命令一个奴隶给这个学生一个便士,并说:"因为他总要从他学习的东西中得到好处."

欧几里得虽然是一个至少有10部著作的数学家,而且其中5部被相当完整地保存了下来,但使他名垂不朽的是《几何原本》.欧几里得的《几何原本》的出现是数学史上的一个伟大的里程碑.从它刚问世起就受到人们的高度重视.在西方世界除了《圣经》以外没有其他著作的作用、研究、印行之广泛能与《几何原本》相比.自1482年第一个印刷本出版以后,至今已有一千多种版本.在我国,明朝时期意大利传教士利玛窦与我国的徐光启合译前6卷,于1607年出版.中译本书名为《几何原本》.徐光启曾对这部著作给以高度评价.他说:

"此书有四不必:不必疑,不必揣,不必试,不必改.有四不可得:欲脱之不可得,欲驳之不可得,欲减之不可得,欲前后更置之不可得.有三至三能:似至晦,实至明,故能以其明明他物之至晦;似至繁,实至简,故能以其简简他物之至繁;似至难,实至易,故能以其易易他物之至难. 易生于简,简生于明,综其妙在明而已."

《几何原本》的传入对我国数学界影响颇大.

欧几里得几何学的影响远远地超出了数学以外,而对整个人类文明都带来了巨大影响. 它对人类的贡献不仅仅在于产生了一些有用的、美妙的定理,更重要的是它孕育了一种理性精神. 人类的任何其他创造都不可能像欧几里得的几百条证明那样,显示出这么多的知识都仅仅是靠几条公理推导出来的. 这些大量深奥的演绎结果使得希腊人和以后的文明了解到理性的力量,从而增强了他们利用这种才能获得成功的信心. 受到这一成就的鼓舞,人们把理性运用于其他领域. 神学家、逻辑学家、哲学家、政治家和所有真理的追求者都纷纷仿效欧几里得的模式,来建立他们自己的理论.

3.3 正多边形作图

用直尺与圆规可以作哪些正多边形,这是欧氏几何的一个重要问题. 正多边形是这样一种多边形,它的顶点等距离地位于一个圆周上. 如果它有 n 个顶点,就称它是正 n 边形. 从顶点到圆心 n 条连线构成 n 个中心角,每个角为 $360°/n$. 如果能作出这样大小的一个角,就能作出这个正 n 边形. 古希腊会做哪些正多边形呢?

(1) 用直尺和圆规可等分一个任意角. 通过平分 $180°$ 角,可作出正四边形. 进而作出正 2^n 边形,$n=2,3,\cdots$.

(2) 会作正三角形,从而会作正 $3 \cdot 2^n$ 边形,$n=1,2,3,\cdots$.

(3) 会作正五边形,从而会作正 $5 \cdot 2^n$ 边形,$n=1,2,3,\cdots$.

希腊人还会作正十五边形. 因为,会作正三角形就会作 $60°$ 角,会作正五边形就会作 $72°$ 角,它的一半是 $36°$ 角,而

$$60° \times 2 - 36° \times 3 = 12° = \frac{360°}{30},$$

这是正 30 边形的中心角. 因而正 30 边形可作,从而正 15 边形就作出了.

因为二等分一个角是容易的,所以在考察正多边形作图时,只需研究 n 是奇数就行了. 希腊人可以做的奇数边正多边形只有正 3 边形、正 5 边形、正 15 边形三种. 这个记录保持了约两千年,直到高斯的出现.

3.4 五种正多面体

我们先讨论用正多边形填满平面的问题,这将为研究正多面体打下基础. 毕达哥拉斯学派已经知道,用正多边形填满平面只有三种方式:正三角形、正方形和正六边形(图 6-11). 能不能给出一个证明?

事实上,一个 p 边形可以分成 $p-2$ 个三角形(图 6-12),所以一个正 p 边形的内角和是 $(p-2)\pi$. 从而正 p 边形的每一个角是 $(p-2)\pi/p$. 如果 q 个正 p 边形能够填满平面,那么

$$\frac{q(p-2)\pi}{p}=2\pi.$$

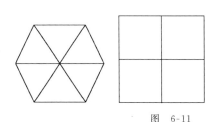
图 6-11

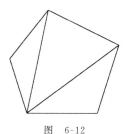
图 6-12

这个式子可以化为

$$\frac{1}{p}+\frac{1}{q}=\frac{1}{2}. \tag{6-10}$$

由于 p,q 是大于 2 的自然数,所以要使(6-10)成立,只可能有下表中所列结果.即下面三种结果:第 2 列表示用 6 个正三角形可以填满平面.第 3 列表示用 4 个正方形可以填满平面.第 4 列表示用 3 个正六边形可以填满平面.

p	3	4	6
q	6	4	3

现在回过头来,讨论正多面体.

如果多面体的各面都是全等的正多边形,那么这个多面体就叫做**正多面体**.虽然在平面上有许多正多边形存在,但在空间只能构成五种不同的正多面体:正四面体,正六面体,正八面体,正十二面体,正二十面体(图 6-13).即按其面数的多少命名.五种不同的正多面体通常称为柏拉图体.但这并不正确,正四面体,正六面体,正八面体应该归功于毕氏学派,而正十二面体,正二十面体应该归功于狄埃太图斯(Theaetetus). 20 世纪的著名数学家外尔(Weyl. H.)在《对称》一书中讲到正多面体的发现时评论说:"人们可能会说前三个多面体的存在只是一个十分平凡的事实.不过,发现后两个正多面体确实是整个数学史上最优美、最奇妙的发现之一."

四面体、六面体和八面体自然界就有,许多晶体就是这样.例如,硫代锑酸盐(M_3SbS_4)、普通的盐结晶和铬矾结晶分别是这三种多面体.插图 6-2 取自海克尔的《挑战者号专题论集》.它显示了几种硅藻的残骸.图中的 2,3,5 分别为八面体、二十面体和十二面体.其规则性令人惊讶.

无论如何,对于所有五种正多面体的描述是柏拉图给出的.在《蒂迈欧》中,他讲了如何用正三角形、正方形和正五边形构造出这些正多面体.

为什么只有五种正多面体? 欧几里得在《几何原本》中给出了一个证明.他基本思想是:如果 q 个正 p 边形在一个顶点相会,那么 q 个顶角的和小于 2π.例如,在正方体的顶点处,三个角的和是 $3\pi/2$.在一般情况下,设一个正多面体,在每一个顶点处有 q 面,每一个面是正 p 边形.类似于公式(6-10),我们有不等式

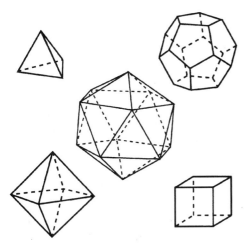

图 6-13

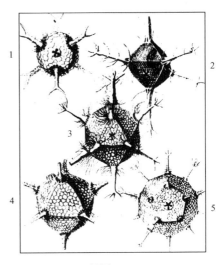

插图 6-2

$$\frac{q(p-2)\pi}{p}<2\pi.$$

由此得到不等式

$$\frac{1}{p}+\frac{1}{q}>\frac{1}{2}.$$

由于 p,q 是大于 2 的自然数,所以 p,q 的值取下表所示的值:

p	q	$1/p+1/q$	E	F	V	多面体
3	3	2/3	6	4	4	正四面体
3	4	7/12	12	8	6	正八面体
4	3	7/12	12	6	8	正立方体
3	5	8/15	30	20	12	正二十面体
5	3	8/15	30	12	20	正十二面体

表中 E 代表多面体的棱数,F 代表多面体的面数,V 代表多面体的顶点数. 考察正多面体中 E,F,V 的关系,我们会发现,它们满足下面的等式

$$F+V-E=2.$$

这是一个一般公式,对任何凸多面体都成立. 阿基米德可能公元前 225 年已经知道这一公式,笛卡儿在 1635 年第一次对它作了明确陈述. 欧拉在 1752 年独立宣布此结果并证明了它. 这个公式现在叫欧拉公式.

3.5   多面体与宇宙观

正多面体的发现对西方的早期文明产生过很深的影响. 希腊的哲学家恩培多克勒认为基本元素只有四种：水、气、火、土. 这个理论主宰化学科学近两千年之久. 到了柏拉图手里,它又得到了新的发展,成为"几何或数学原子论". 柏拉图为我们提供了用四种元素解释物理世界的方法. 这些元素是由两种基本三角形组成的几何体,其中包括半个等边三角形和一个

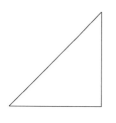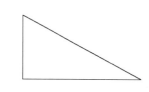

图 6-14

等腰直角三角形(图 6-14),即半个正方形. 我们可以用这些三角形造出五种正多面体的四种. 正四面体、正立方体、正八面体与正二十面体分别代表火、土、气和水的基本粒子. 把这些立体分解为构成它们的三角形再对其重新编排,就能实现元素之间的变换.

柏拉图在这方面正是近代科学主要传统的先驱. 一切事物都可以化为几何,这是笛卡儿明确坚持的观点,爱因斯坦也以一种不同的观点说明了这一点. 当然,柏拉图囿于四种元素,不能不说是一种局限性. 但运用的假说是数学式的. 从数的观点看,世界最终是可理喻的,这正是柏拉图所接受的毕达哥拉斯学说的一部分. 因此,我们就有了一个进行物理解释的数学模式. 就方法而言,这正是当今理论物理学的目标.

在这一方案中,我们找不到正十二面体. 在五种正多面体中,只有这一种的各个面不是由两种基本三角形,而是由正五边形组成的. 正五边形是毕达哥拉斯学派的神秘符号之一. 它的构造涉及无理数. 而且正十二面体看起来比其他四个立体都要圆一些,因此柏拉图用它来代表世界.

开普勒在他的《宇宙之谜》(出版于 1595 年,远在他发现天体运动三定律之前)一书中把行星系中的距离归结为交替与球面内接或外切的一组正多面体,如插图 6-3 所示. 他相信他已深深地洞察了造物主的奥秘. 其中,六个球面对应于六大行星：土星、木星、火星、地球、金星和水星,它们依次由立方体、正四面体、正十二面体、正八面体与正二十面体隔开. (当时,开普勒还不知道天王星、海王星和冥王星这三颗外行星,它们分别发现于 1781 年、1846 年和 1930 年.)他还试图找出这一次序的理由. 他以一首气势磅礴的诗作为全书的结束. 他宣称："我极

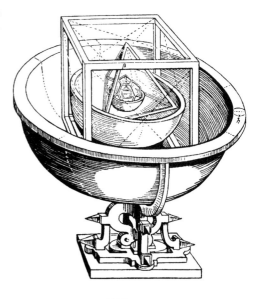

插图 6-3

为相信神在世上的意志."我们现在仍然共享着他的关于宇宙在数学上是和谐的这一信念.这种信念经受住了实践经验的检验.不过,我们不再在静态形式中,而是在动态定律中去寻找这种和谐.

3.6 圆锥曲线

欧几里得、阿基米德和阿波罗尼奥斯(公元前 262—公元前 190)是公元前三世纪的三个数学巨人.阿波罗尼奥斯比阿基米德约小 25 岁,大约于公元前 262 年生于小亚细亚的城市珀加.年轻时到亚历山大城,从师于欧几里得.嗣后,他卜居于亚历山大城,并与当地的数学家们合作研究.在解决三大难题的过程中希腊人发现了圆锥曲线.阿波罗尼奥斯总其大成,写了《圆锥曲线论》.这是古希腊演绎几何的最高成就.他除了综合前人的成就之外,还含有非常独特的创见材料,而且写得巧妙、灵活,组织得很出色.按成就来说,它是一个如此巍然屹立的丰碑,以致后代学者几乎不能再对这个问题有新的发言权.这确实是古典希腊几何的登峰造极之作.

阿波罗尼奥斯以前的数学家曾把圆锥曲线看成是从三种正圆锥割出的曲线.或许他们另有追求.但阿波罗尼奥斯是第一个依据同一个圆锥(正的或斜的)的截面来研究圆锥曲线理论的人(图 6-15).他也是发现双曲线有两个分支的人.椭圆(ellipse)、抛物线(parabola)和双曲线(hyperbola)这些名词也是阿波罗尼奥斯提出来的.

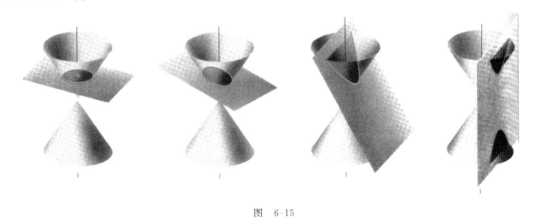

图 6-15

§4 亚历山大时期的数学

4.1 数学在新时期的特点——同哲学断了交,同工程结了盟

欧几里得和阿波罗尼奥斯当然是亚历山大人,但由于他们整理了古典时期的工作,我们仍把他们归入古典时期.新时期的数学呈现出新的特点,涌现出一批新的数学家,完成了一批新的成果.

首先,亚历山大时期的新数学虽然在理论上和抽象性上仍然显示出希腊人的天才,但却产生了与古典时期性质完全不同的数学.亚历山大的几何学主要专攻那些计算长度、面积和体积的有用数学.

其次,由于古典希腊数学家不愿意把无理数当数来接待,所以他们搞出了纯粹定性的几何学.亚历山大的数学则沿袭巴比伦人的做法,毫不犹豫地使用无理数,并将它们自由地应用于计算长度、面积和体积.这项工作的高峰是三角术的发展.

更重要的是,亚历山大的数学家们唤起了算术和代数的新生,使之发扬光大而成为独立的学科.在寻求代数与几何的直接应用时,发展数的科学自然是必不可少的.

在新时期应用数学获得重大发展.亚历山大的数学家们积极参与力学方面的工作.他们算出了各种形体的质心.他们研究力、斜面、滑车和齿轮.他们既是数学家,也是发明家,还是光学家、地理学家和天文学家.古典时期的数学包括算术、几何、音乐和天文.亚历山大时期的数学范围极其广泛,包括算术(今日的数论)、几何、力学、天文学、光学、测地学和声学.

我们大致可以这样说,亚历山大的数学家们同哲学断了交,同工程结了盟.

4.2　主要数学成果概述

1. 阿基米德的数学成就

阿基米德大约于公元前 287 年出生的西西里岛的叙拉古.叙拉古是当时希腊的一个殖民城市.公元前 212 年罗马人攻陷叙拉古时阿基米德被害.城被攻破时,他正在潜心研究画在沙盘上的一个图形.一个刚攻进城的罗马士兵向他跑来,身影落在沙盘里的图形上,他挥手让士兵离开,以免弄乱了他的图形,结果那士兵就用长矛把他刺死了.阿基米德的死象征一个时代的结束,代之而起的是罗马文明.

阿基米德

阿基米德的著作极为丰富,但大多类似于当今杂志上的论文,写得完整、简练.有十部著作流传至今,有迹象表明他的另一些著作失传了.现存的这些著作都是杰作,计算技巧高超,证明严格,并表现了高度的创造性.在这些著作中,他对数学做出的最引人注目的贡献是,积分方法的早期发展.阿基米德的著作涉及数学、力学和天文学等,其中流传于世的有:《圆的度量》、《论球和圆柱》、《论板的平衡》、《论劈锥曲面体和球体》、《论浮体》、《数砂数》、《牛群问题》、《抛物线的求积》、《螺线》、《方法》等.

阿基米德的著作是希腊数学的顶峰.我们选几个有代表性的问题,以展示阿基米德的卓越成就.

在《论球和圆柱》一书中,第一次出现了球和球冠的表面积,球和球缺的体积的正确公式.他证明了下面的命题(下面命题的序号是原书的序号):

命题 13　任一正圆柱(不计其上下底)的表面积等于一圆的面积,该圆的半径是圆柱高和底面直径的比例中项.

命题 33　任一球的表面积等于其大圆面积的 4 倍.

命题 34 的系　以球的大圆为底、以球的直径为高的圆柱,其体积是球体积的 3/2,其包括上下底在内的表面积是球面积的 3/2.

由此不难得出我们熟知的公式:

$$S = 4\pi r^2, \quad V = \frac{4}{3}\pi r^3,$$

其中 S 和 V 分别表示半径为 r 的球的表面积和体积. 这些结果是通过一系列命题一步一步推导出来的,这个过程蕴含着积分思想.

在这个命题里,他把球的表面积和体积同外切于球的圆柱的表面积和体积作了比较. 这就是那个根据他的遗愿刻在他的墓碑上的著名定理.

《论球和圆柱》的第二篇的内容是关于球缺的,其中有些定理值得指出,因为它们含有新的几何代数的内容. 例如:

命题 4　用平面将球截为两块,使其体积之比等于所给之比.

这个问题从代数上讲相当于解三次方程. 阿基米德通过求抛物线与等轴双曲线的交点,用几何方法解出了这一方程.

《论劈锥曲面体和球体》一书论述圆锥曲线旋转形体的性质. 它讨论了由抛物线、双曲线、椭圆旋转而成的形体. 其主要目的是,求用平面去割这三种曲面所得的体积. 这部书的主要结果有(下面命题中的序号是原书的序号):

命题 21　旋转抛物体任一截段的体积是同底同轴圆锥或锥台体积的两倍.

命题 24　若以任意平面从旋转抛物体截出两段,这两截段的体积之比等于其轴的平方之比.

阿基米德在《抛物线的求积》一书中,给出了求抛物线弓形面积的两种方法:力学方法和数学方法. 从文中可看出,他对物理论证和数学论证分得非常清楚. 他的严格性比牛顿和莱布尼茨要高明得多.

在他的著作《螺线》中,他给出了螺线的定义:设有一直线保持在一平面内,绕其一端匀速转动,而同时从固定点起有一点沿直线匀速移动,这时动点就描绘出一条螺线. 用我们的极坐标表示,螺线的方程是 $\rho=a\theta$. 著作中最深刻的结果是(下面命题中的序号是原书的序号):

命题 24　螺线第一圈与初始线所围的面积(图 6-16 中的阴影部分)等于第一个圆的三分之一.

第一个圆是半径为 OA 的圆,其半径等于 $2\pi a$,因此阴影部分的面积是 $\pi(2\pi a)^2/3$.

2. 三角术的创立

亚历山大时期在希腊的定量几何学中产生了一门全新的学科,就是三角术. 这是由于人

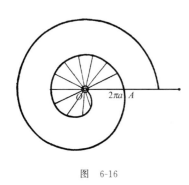

图 6-16

们想建立定量的天文学的需要而产生的. 其主要奠基人是希帕恰斯（Hipparchus）、梅内劳斯（Menelaus）和托勒密（Ptolemy）. 他们的三角术是球面三角,但也包含了平面三角的基本内容. 希帕恰斯生于小亚细亚. 活跃于公元前 140年前后. 他的许多重要著作已经失传,他编制的第一个"正弦表",被托勒密记录了下来. 约公元 100 年,住在亚历山大的梅内劳斯写过一部三卷的重要著作《球面学》,这部著作在三角学的发展上起了重要的作用. 在大约公元 150 年前后,托勒密继承和发展了希帕恰斯和梅内劳斯在三角学和天文学方面的工作,写出了具有深远影响的著作《数学汇编》. 他完成了系统的三角学,第一次系统地编制了可用的三角函数表. 三角函数表的编制是数学史上的一大里程碑,因为没有三角函数表,实用三角学是不会取得重大进展的.

3. 算术与代数的新发展

亚历山大时期的算术和代数与古典时期有了质的区别,它们已脱离几何而成为独立的学科. 亚历山大人已把分数当做数来看待,而古典时期的数学家只提到整数比,不提整数的部分. 他们开始研究开方运算,并使用无理数的近似值.

尼可马修斯（Nichomachus,约公元 100 年）的《算术入门》是希腊第一本完全脱离了几何轨道的算术书. 希腊人的算术指的是今天的数论. 数学史家克莱因对此书的历史价值评价甚高. 他说:"从历史意义上讲,它对于算术的重要性可以和欧几里得的《几何原本》对几何的重要性相比". 尼可马修斯是毕达哥拉斯派的人,他使毕达哥拉斯的传统重新活跃起来. 在古希腊的四门学科——算术、几何、音乐和天文——中,他认为,算术是其他各科之母:这

不仅是因为我们说它在造物主的心中先于其他一切而存在,被创世主作为一种普天下适用的至高方案来使用,以使他所创造的物质世界秩序井然,并使之达到应有的目标;而且也因为它本来就是出生较早的……

亚历山大时期的希腊代数到丢番图（Diophantus,约公元 250 年）达到顶峰. 关于丢番图本人,除了知道他活了 84 岁之外,其他一无所知. 他的巨著《算术》是一本问题集,全书 13卷,目前尚有 6 卷. 丢番图作出的一步重大进展是,在代数中采用了一套符号,或者称为简写更恰当. 这是一件了不起的事情,是符号代数出现前的重要阶段. 1842 年,内塞尔曼（G. H. F. Nesselmann）把代数学符号化的历史进程分为三个阶段. 第一个阶段是文字表示的代数学,其中的问题及其解完全用文字叙述,没有任何简写和符号. 第二个阶段是简写的代数学,其中用一些速记式的简写来表示经常出现的量、关系和运算. 最后一个阶段是符号代数学. 符号代数学的出现只有四五百年的历史. 我们现在使用的加号"＋"和减号"－"是 1489 年才由德国人维德曼（Widman,1462—1498）引入的.

另一件了不起的事情是丢番图使用三次以上的乘幂. 古希腊数学家不愿意考虑含三个

以上因子的乘积,因为这种乘积没有几何意义.

　　丢番图的《算术》特别以不定方程的求解而著称."不定方程"指,未知数个数多于方程个数的代数方程或代数方程组,并且其解受到某种限制,例如解是整数或有理数.这类方程在丢番图前已有人研究过,例如,毕达哥拉斯数组,阿基米德的牛群问题等.但丢番图是第一个对不定方程问题作广泛、深入研究的数学家.今天我们把解不定方程的问题叫做"丢番图分析"或"丢番图问题".

　　《算术》中最有名的一个不定方程是第一卷问题 8：把一给定平方数分成两个平方数.用现代符号表示,就是给定 z^2,求 x, y 使得

$$z^2 = x^2 + y^2.$$

丢番图取 $z^2 = 16$ 作为给定的平方数,得到的答案是 $x^2 = 256/25, y^2 = 144/25$.

　　这个问题之所以有名主要是因为费马在读《算术》时,在有不定方程 $x^2 + y^2 = z^2$ 那页的边上,写出了具有历史意义的一段文字：

　　"但一个立方数不能分拆为两个立方数,一个四次方数不能分拆为两个四次方数.一般说来,除平方之外,任何次幂都不能分拆为两个同次幂.我发现了一个真正奇妙的证明,但书上的空白太小,写不下."

　　这就是说,费马已声称他证明了这一事实：不存在正整数 x, y, z 使

$$x^n + y^n = z^n, \quad n > 2.$$

这个命题称为费马大定理,或费马最后定理.费马是否证明了这一定理呢？看来他像成千上万的后人一样,自以为证出来了,而实际上证错了.费马大定理最后由英国数学家维尔斯(Andrew Wiles, 1953—　　)证明,这是 1995 年的事.

　　这说明了丢番图的著作对后世有巨大影响.

§5　阿基米德的平衡法

5.1　穷竭法

　　苏格拉底的同时代人,巧辩家安提丰(约公元前 500 年)是古希腊对圆的求积问题做出贡献的第一人.安提丰提出,随着一个圆的内接正多边形的边数逐次成倍增加,圆与多边形面积的差将被穷竭.安提丰的论断包含了希腊穷竭法的萌芽.但穷竭法通常以欧多克索斯命名.欧多克索斯(Eudoxus,公元前 400—公元前 347)是古希腊柏拉图时代最伟大的数学家和天文学家.生于小亚细亚西南的克尼图斯.欧多克索斯还证明了棱锥体积是同底同高的棱柱体积的三分之一,以及圆锥体积是同底同高的圆柱体积的三分之一.但他没有明确的极限思想.

5.2　阿基米德的平衡法

　　在古人中,阿基米德对穷竭法作出了最巧妙的应用.阿基米德的短论《方法》是 1906 年

才发现的. 这个短论在形式上是致亚历山大大学依拉托斯芬的一封信. 在这个短论中,阿基米德说,他以特殊的方法得出了他的结果,其中形式上利用了杠杆平衡理论,但本质上是含有**由线组成平面图形,由平面组成立体**的思想. 这种借助"原子论"方法找到的真理,阿基米德用反证法给出了严格的证明.

为了具体说明这种方法,我们来应用这种方法求球的体积. 圆柱的体积和圆锥的体积比较好求,这在阿基米德时代早已知道. 求球的体积要困难得多. 阿基米德借助圆柱和圆锥的体积求出了球的体积.

定理 2 半径为 r 的球的体积 $V = 4\pi r^3/3$.

证 把球的直径放在 x 轴上. 设 N 是它的北极,S 是它的南极,且原点与北极重合(图 6-17). 画出 $2r \times r$ 的矩形 $NSBA$ 和 $\triangle NSC$. 绕 x 轴旋转矩形 $NSBA$ 和 $\triangle NSC$,得到一个圆柱体和一个圆锥体. 圆的旋转得到球体. 然后从这三个立体上切下与 N 的距离为 x,厚为 Δx 的竖立的薄片. 这些薄片的体积近似为

球片的体积:$\pi(2xr - x^2)\Delta x$;

柱片的体积:$\pi r^2 \Delta x$;

锥片的体积:$\pi x^2 \Delta x$.

假定,柱体、球体和锥体的密度是 1. 取出球体和锥体的薄片,把它们的质心吊在点 T,T 在 x 轴上,且使 $TN = 2r$. 这两个薄片绕 N 的合成力矩为

$$[\pi(2xr - x^2)\Delta x + \pi x^2 \Delta x]2r = 4\pi r^2 x \Delta x.$$

圆柱割出的薄片处于原来位置时绕 N 的力矩为

$$\pi r^2 \Delta x \cdot x = \pi r^2 x \Delta x.$$

从而 (球片＋锥片)绕 N 的力矩＝4 柱片绕 N 的力矩.

注意到柱体的质心和 N 距离是 r,把所有这样割出的薄片绕 N 的力矩加在一起,我们便得到

$$2r[球的体积 ＋ 圆锥的体积] = 4r[圆柱的体积],$$

即

$$2r[球的体积 ＋ 8\pi r^3/3] = 8\pi r^4,$$

由此我们就求出了球的体积为 $4\pi r^3/3$. 这就是阿基米德求球的体积的方法.

阿基米德的数学素养极高,他决不把这种方法当做证明,而是随后利用穷竭法给出了一个严格的证明.

在平衡法中,阿基米德把一个量看成由大量的微元所组成,这与现代的积分法实质上是相同的. 他清楚地预见到了他的历史功绩,并意味深长地说:"我深信这种方法对于数学是有很大用途的."为此,阿基米德预言,"这种方法一旦被理解,将会被现在或未来的数学家用以发现我还未曾想到过的其他一些定理."

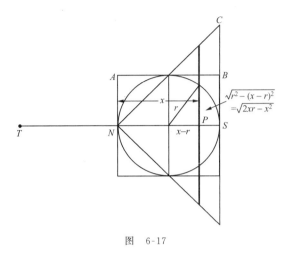

图 6-17

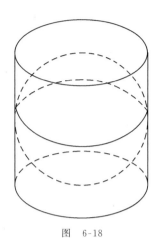

图 6-18

阿基米德对他在《论球和圆柱》一书中做出的贡献十分满意,以至于他希望在他死后把一个内切于圆柱的球的图形(图 6-18)刻在他的墓碑上.后来当罗马将军马塞拉斯得知阿基米德在叙拉古陷落期间被杀的消息时,他为阿基米德举行了隆重的葬礼,并为阿基米德立了一块墓碑,上面刻着阿基米德生前要求的那个图形,以此来表示他对阿基米德的尊敬.这块墓地后来湮没了.令人惊奇的是,在 1965 年,当为一家新建的饭店挖地基时,铲土机碰到一块墓碑,上面刻着一个内切于圆柱的球的图形.叙拉古人又为他们的这位伟人重建了茔墓.

古希腊文化给人类文明留下了什么样的珍贵遗产呢?它留给后人四件宝:

第一,它孕育了一种理性精神,这种精神现在已经渗透到人类知识的一切领域.

第二,它留给我们一个坚强的信念:自然数是万物之母,即宇宙规律的核心是数学.这个信念鼓舞人们将宇宙间一切现象的终极原因找出来,并将它数量化.

第三,它给出一个样板——欧几里得几何.这个样板的光辉照亮了人类文化的每个角落.

第四,圆锥曲线的发现为两千年后开普勒的天体研究和伽利略的抛物体研究奠定了基础.

罗马帝国的入侵结束了人类历史上的这一光辉时代.

§6 柏拉图与亚里士多德论数学

著名数学家兼哲学家罗素说:"无论就他的聪明而论或是就他的不聪明而论,毕达哥拉斯都是自有生民以来在思想方面最重要的人物之一".毕达哥拉斯认为,数学是宇宙的钥匙,数学规律是宇宙布局的精髓.柏拉图继承和发展了这种思想,但柏拉图的学生亚里士多德却站在他们的对立面.他们的争论一直持续到今天.

6.1   赏心而不悦目

柏拉图相信有两个世界:

一个看得见的世界——一个感觉的世界,一个"见解"的世界.

一个智慧的世界——一个感觉之外的世界,一个"真知"的世界.

他认为,"真知"的世界高于"见解"的世界.数学概念是他的"真知"世界的真实存在.柏拉图比毕达哥拉斯走得更远,他不仅想通过数学来理解自然,而且还要用数学来代替自然.他认为,只要对物理世界作明察秋毫的观察,从中抽出基本真理,然后就可以凭理性进行研究了,此后自然界就不复存在,而只有数学了.他对天文学的态度最明显地表现了这种思想:日月星辰的运行诚然美妙无比,但仅仅对这些运动作些观察和解释远不是真正的天文学.要知道真正的天文学,必须先"把天放在一边",因为真正的天文学是研究数学天空里的真星运动.这种理论天文学只能为心智所领悟,而不能为肉眼所观察,——只能赏心,而不能悦目!

柏拉图认为,数学世界处于感觉的世界和真知的世界之间.它有双重作用.数学世界不仅是真实世界的一部分,而且能帮助心灵去认识永恒.柏拉图在《共和国》第七篇中说:"几何会把灵魂引向真理,产生哲学精神……".

6.2   自然界是一个真实的世界

亚里士多德是柏拉图的学生,他批判了柏拉图.他相信物质的东西是实在的主体和源泉.他是物理学家,主张科学只有研究具体的世界才能获得真理.他用"常识"的观点代替"理想"的观点.亚里士多德这样表述:

知识是感觉的结果:"如果我们不能感觉任何事情,我们将不能学会或弄懂任何事情;无论我们何时何地思考什么事情,我们的头脑必然是在同一时间使用着那件事情的概念."

自然的世界是一个真实的世界.

感觉和感官经验是科学知识的基础.

科学必须考察变化的原因.亚里士多德认为原因有四.第一类是物质的或内在的原因;就维纳斯的雕像来说,石头是内在原因.第二类是形式原因;对雕像来说,就是它的设计和形状.第三类是作用原因,是起作用的东西和人;艺术家和他的凿子是雕像的作用原因.第四类是终因,或现象所服务的目的;雕像是用来提供欣赏的.终因是最重要的,它给出事件和现象的终极理由.每一件东西都有一个终因.

那么,数学摆在什么地位呢?物理科学是研究自然的基本科学,数学是它的工具,帮助物理描述形状和数量方面的性质.亚里士多德把物理和数学严格地区分开来,给数学以较低的地位.

总之,柏拉图以智慧开路,亚里士多德以对自然的观察开路.柏拉图的领悟是数学式的,摆脱与自然事物的关系,用概念处理问题.亚里士多德的领悟是科学的,建立在知觉、观察和调查的基础上.这两类重要的思想家发展了对世界求知的途径,直到今天同样重要.

练　习　题

1. 用几何方法证明 $(a+b)(a-b)=a^2-b^2$,其中 $a>b>0$.

2. 下面的三角形数和的公式是印度数学家阿利耶波多(约公元 500 年)给出的:

$$t_1+t_2+t_3+\cdots+t_n = \frac{n(n+1)(n+2)}{6}.$$

试证明之(提示:将左边的三角形数两两结合,用 k^2 代替 $t_{k-1}+t_k$).

3. 由三角形数构成四面体数:底是边为 n 个点子的三角形,其上是边为 $n-1$ 个点子的三角形,直到顶为 1 个点子,如图所示.用 T_n 表示第 n 阶的四面体数,试证明

$$T_n = t_1+t_2+t_3+\cdots+t_n = \frac{n(n+1)(n+2)}{6}.$$

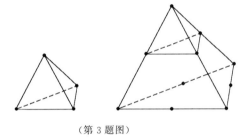

(第 3 题图)

4. 阿基米德也推导了一个自然数平方和的公式:

$$1^2+2^2+3^2+\cdots+n^2 = \frac{n(n+1)(2n+1)}{6}.$$

他的证明轮廓如下,你能补上细节吗?

首先,在公式

$$n^2 = [k+(n-k)]^2 = k^2+2k(n-k)+(n-k)^2$$

中,令 $k=1,2,\cdots,n-1$,得到 $n-1$ 个等式.把这 $n-1$ 个等式加起来,再加上等式 $2n^2=2n^2$,就得到

$$(n+1)n^2 = 2(1^2+2^2+\cdots+n^2)+2[1(n-1)+2(n-2)+\cdots+(n-1)1]. \tag{1}$$

其次,在公式 $k^2=k+2[1+2+3+\cdots+(k-1)]$ 中令 $k=1,2,3,\cdots,n$,并把 n 个等式加起来,得到

$$1^2+2^2+3^2+\cdots+n^2 = (1+2+3+\cdots+n)$$
$$+2[1(n-1)+2(n-2)+\cdots+(n-1)1]. \tag{2}$$

比较(1),(2)式就可以得到所求.

5. 用欧拉公式证明只有五种正多面体.

论文题目

1. 希腊数学与人类文明.

2. 论阿基米德.

3. 论欧氏几何的地位.

4. 论形数.

独占鳌头两千年——欧几里得

欧几里得(Euclid,约公元前 300 年)是古代最杰出的数学家之一,以《几何原本》而名世.这部著作从他写作的时代一直流传到今天,对人类活动起着持续的重大影响,它一直是几何的推理、定理和方法的主要源泉.欧几里得的生平不详,出生地也无从考查.除了《几何原本》之外,欧几里得还有其他著作,其中有《数据》(可能是《几何原本》的习题)、《论图形的剖分》、《光学》、《镜面反射》、《现象》、《天文学与球面几何》等.他还有一些著作失传了.欧几里得可能不是第一流的数学家,但是第一流的教师,他写的教科书持续使用了两千多年.当今每一个有文化的人无不受到他的深刻影响.直到 19 世纪中叶,非欧几何出现之后,才有大量的其他几何教科书出现.

第七章　大哉,中华——中国数学史

人之所游,观其所见.我之所游,观之所变.

列子

光明来自东方! 毫无疑问,我们最早的科学是起源于东方.

乔治·萨顿

独立于西方世界,中国是世界上数学萌芽最早的国家.第三章提到的 2000 年 4 月 28 日《光明日报》的重要报道"河南舞阳贾湖遗址的发掘与研究"中还有这样几句话:

"……贾湖人已有百以上的整数概念,并认识了正整数的奇偶规律、运算法则.这为研究我国的度量衡的起源与音乐的关系……提供了重要线索."

从数学家的眼光来看,八千年前,中国已经有了相当发展的数学.因为确定音律需要数学,而且不是简单的数学.所以中国数学的发祥期至少也要提前四千年.秦始皇焚书坑儒是历史上的一大悲剧,许多重要的著作被焚毁了,使得我们无法了解中国古代数学究竟还有哪些成果.

从发掘出来的材料来看,在五六千年以前新石器晚期的出土陶器上就有了表示数字的各种符号,其中已含有十进位的雏形了.相当完善的十进位制出现在距今三四千年的殷商甲骨文和稍后的钟鼎文中.而且有了"十"、"百"、"千"、"万"等表示位置的特殊文字.这些事实说明,中国是使用十进位最早的国家.这是一件了不起的伟大事件.在谈到十进制的伟大意义时,拉普拉斯说:

"用十个记号来表示一切数,每个记号不但有绝对值,而且有位置的值这种巧妙的方法出自印度(这一点他错了!).这是一个深远而又重要的思想,它今天看来如此简单,以致我们忽视了它的真正伟绩.但恰恰是它的简单性以及对一切计算都提供了极大的方便,才使我们的算术在一切有用的文明中列在首位;而当我们想到它竟逃过了古代最伟大的两个人物阿基米德和阿波罗尼奥斯的天才思想的关注时,我们更感到这成就的伟大了."

到周代已经有了四则运算的记载.战国李悝(音 kuī)在《法经》中记录了一户农民的收支情况:"今一夫挟五口,治田百亩,岁收亩一石半,为粟百五十石(用现代符号写:1.5×100=150),除十一之税十五石(150×1/10=15),余百三十五石(150−15=135).食:人月一石半,五人终岁九十石(1.5×12×5=90),余有四十五石(135−90=45).石三十[钱],为钱千三百五十（30×45＝1350），除社间尝新春秋之祠用钱三百，余千五十（1350－300＝1050）.
衣：五人终岁用千五百，不足四百五十（1050－1500＝－450）.”这笔账用到了减法、乘法和
除法.特别值得注意的是，计算中出现了"不足"的数."不足的数"就是负数.当然，李悝未必
有了负数的明确概念，但为负数概念的形成提供了实例.

出土文物还告诉我们，春秋战国时期已有乘法口诀，次序与现在正好相反.由"九九八十
一"开始.

我国使用分数的时间也很早，至迟在春秋战国时期的著作中已有记载.

从目前保留下来的数学著作看，**中国数学从公元前开始到公元 14 世纪，先后经历了三
个高潮时期：两汉时期、魏晋南北朝时期和宋元时期.**

我们不拟系统地讨论中国的数学发展史，而只讲一些对世界数学史产生重大影响的著
名问题.这些问题已融入世界文化之中.

§1　两汉时期的数学

1.1　《周髀算经》与勾股定理

在我国现存的古代数学著作中，最早的著作是《周髀算经》.成书年代不晚于公元前两世
纪的西汉时期.书中涉及的数学与天文知识可以追溯到西周（公元前 1027 年—前 771 年）.

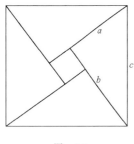

图　7-1

《周髀算经》的主要成就是**分数运算、勾股定理及其在天文学中的
应用**.其中最突出的是勾股定理.《周髀算经》卷上记载了西周开国
时期周公与大夫商高讨论勾股测量的对话.商高答周公提问时提
到"勾广三，股修四，径隅五"，这是勾股定理的特例.**中国数学史上
最先给出勾股定理证明的是公元三世纪三国时期的赵爽.**他在《周
髀算经》注的附录中撰写了《勾股圆方图》说一段文字，简明、严格
地证明了勾股定理.这个图就是 2002 年的世界数学家大会的会标
（彩图 16）.我们借助图 7-1 来叙述他的证明.

勾股定理的证明：如图 7-1 所示，

$$4 \text{ 个直角三角形的面积} = 2ab,$$
$$\text{中间正方形的面积} = (b-a)^2,$$
$$\text{整个大正方形的面积} = c^2,$$

从而

$$c^2 = 2ab + (b-a)^2 = a^2 + b^2.$$

1.2　《九章算术》

经过长期积累，到西汉时期，我国的数学已经有了丰富的内容.《九章算术》的出现标志

着我国的初等数学已形成了体系,这是我国古典数学中最重要的著作.**成书年代至迟在公元前 1 世纪.全书共九章,含 246 个问题.**各章名称及基本内容如下表所列:

章名	题数	主要内容
1. 方田	38	平面图形的面积计算与分数算法
2. 粟米	46	各种比例问题
3. 衰分	20	比例分配问题
4. 少广	24	开平方、开立方等计算问题
5. 商功	28	体积的计算问题
6. 均输	28	与运输、纳税有关的加权比例问题
7. 盈不足	20	算术中盈亏问题的解法与比例问题
8. 方程	18	多元一次方程组应用问题的解法
9. 勾股	24	勾股定理的应用
共计	246	

关于《九章算术》的内容,我们按算术、代数、几何三个方面作约略介绍.

1. 算术方面

《九章算术》中有了比较完整的计算分数的方法,其中包括四则运算、通分、约分、化带分数为假分数等.方法大致与现代一致.

有了求最大公约数和约分的方法,并知道用最小公倍数作公分母.

《九章算术》中包含相当复杂的比例问题.含现代算术中的全部比例内容,形成了一个完整的系统.早于印度与欧洲.

《九章算术》第七章的"盈不足"讲盈亏问题及其解法.其中,第一题是这样的:

"今有共买物,人出八盈三;人出七不足四.求人数、物价各几何?""答曰:七人,物价五十三."

《九章算术》给出了求解公式.用现代语言叙述,这个问题可以化成一个二元一次联立方程组.设人数为 x,物价为 y.每人出钱为 a_1,盈 b_1;每人出钱为 a_2,亏 b_2.依题意,我们有方程

$$y = a_1 x - b_1, \quad y = a_2 x + b_2,$$

由此,可解出

$$x = \frac{b_1 + b_2}{a_1 - a_2}, \quad y = \frac{a_1 b_2 + a_2 b_1}{a_1 - a_2}, \quad \frac{y}{x} = \frac{a_1 b_2 + a_2 b_1}{b_1 + b_2}.$$

把问题中的具体数字代入公式,就得到上面的答案.第三个公式表示每一个人应该分摊的钱数.

一些其他的算术问题也可以通过两次假设未知量的值转换为盈不足问题.《九章算术》就用这种方法解决了许多不属于盈不足的问题.因此,盈不足术是一种创造,在中国古代算法中占有重要的地位.盈不足问题后来传到阿拉伯国家,称为"契丹算法",受到特别的重视,中世纪传到欧洲,称为"双设法".

2. 代数方面

《九章算术》在代数方面的成就具有世界先进水平.主要包括以下三个方面.

首先是正负术.《九章算术》在代数上的第一个贡献是引进负数,这是数系扩充的一个重大进展,并给出了对正、负数进行加、减运算的正确法则.但乘除法则在《九章算术》中还没有提到,到 13 世纪以后才出现.印度到 7 世纪才使用负数.欧洲对负数的认识来得很晚,到 16 世纪才开始承认负数.

其次是开方术.《周髀算经》中已经用到了开平方,但未讲如何开法.《九章算术》中讲了开平方、开立方的方法,计算步骤和现在的基本一样.令人惊异之处在于,《九章算术》指出了存在开不尽的情况.开方术中实际上包含了二次方程

$$x^2 + bx = c$$

的数值求解程序.

第三是方程术.《九章算术》"方程"一章主要讲多元一次联立方程组及其解法.其解法实质上就是"高斯消元法",欧洲到 17 世纪才出现.在《九章算术》中有一题是"五家共井"问题.把它化为联立方程问题,则得到一个含五个方程,六个未知数的方程组.这是世界上最早的不定方程组.

3. 几何方面

《九章算术》中包含大量的几何知识,分布在"方田"、"商功"和"勾股"各章."方田"章讲面积计算,"商功"章讲体积计算,"勾股"章讲勾股定理的应用.

面积计算中主要含正方形、矩形、三角形、梯形、圆和弓形等.圆和弓形的计算是近似公式,圆周率用"3"来代替.

立体的形状多,且复杂.所以在《九章算术》中体积计算的问题比面积计算的问题多.如正方体、长方体、正方台、四角锥、楔形体、圆台等,内容相当丰富,而且计算准确.但涉及圆和球时,由于取圆周率为 3,而失之准确.

4. 球体积的计算

《九章算术》没有直接给出球体积的计算公式,但在"少广"一章里有"开立圆"的问题.即已知球的体积 V,求它的直径 d.这相当于下面的公式:

$$d = \sqrt[3]{\frac{16}{9}V}.$$

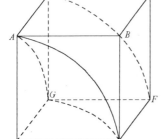

图　7-2

由此可求出

$$V = \frac{9}{16}d^3 \quad \left(= \frac{9}{2}r^3\right). \tag{7-1}$$

求球的体积,这是化"球"为"立体"的问题,与化圆为方的问题是相似的,但更为困难.我们古人是如何解决这一问题的呢?首先,他们会求立方体的体积,也会求圆柱的体积.他们的方法是,在立方体内嵌入一圆柱,在圆柱内嵌一球.图 7-2 是八分之一的示意图.设球的体积为 V,圆柱的体积为 V_1,立方体的体积为 V_0.古人大胆地认为下式成立(粗糙成立):

$$\frac{V_0}{V_1} = \frac{V_1}{V}.$$

若立方体的边长为 d，则圆柱的底面直径、高和球的直径都是 d（图 7-3(a),(b),(c)），从而

$$V_0 = d^3, \quad V_1 = \frac{\pi}{4}d^3,$$

于是

$$\frac{V_0}{V_1} = \frac{4}{\pi},$$

所以

$$\frac{V_1}{V} = \frac{V_0}{V_1} = \frac{4}{\pi} \Longrightarrow V = \frac{\pi}{4}V_1 = \frac{\pi^2}{16}d^3.$$

取 $\pi = 3$，就得到

$$V = \frac{9}{16}d^3.$$

这个方法很机智，具有创造性. 它以圆柱为桥，实现了从方到圆的过渡：

立方体—圆柱体—球体.

这提示给后人，化圆为方的关键是找到适当的桥. 刘徽指出，(7-1)式不精确，并给出了求精确值的方法.

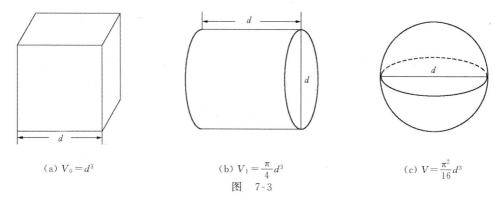

(a) $V_0 = d^3$ (b) $V_1 = \frac{\pi}{4}d^3$ (c) $V = \frac{\pi^2}{16}d^3$

图 7-3

5. 几何代数化

古希腊人常将代数问题几何化. 与之相反，《九章算术》常将几何问题代数化.

6. 《九章算术》的历史地位

在中国数学史上《九章算术》被奉为算经之首，与儒家之六经，医家之《难》、《素》，兵家之《孙子》相提并论. 对中国数学的发展带来深刻的影响.

数学的基本方法有二：计算与论证. 中国数学的传统是以算为主. 希腊的数学以论证为主. 在世界数学史上形成了两种不同体系，两种不同风格. 以《九章算术》为代表的是机械化算法体系. 以《几何原本》为代表的是公理化逻辑演绎体系. 可谓双峰并峙，二水交流. 随着计算机的广泛应用，算法体系将起到越来越重要的作用.

§2 魏晋、南北朝时期的数学

从公元 220 年曹丕称帝起,到 581 年隋朝的建立,称为魏晋、南北朝时期.在中国历史上,这是一个动荡的时期,政治上最混乱,社会上最痛苦的时代.但却是精神史上极自由、极解放,最富于智慧,思想极活跃的时期,在科学和艺术上最有创造性的时期.王羲之父子的字,顾恺之的画,戴逵的雕塑,嵇康的广陵散(琴曲),曹植、阮籍、陶渊明的诗,云岗、龙门的雄伟造像,钟嵘的《诗品》,刘勰的《文心雕龙》等都产生在这个时期.当时,思辨之风盛行.文化人中盛行谈玄析理."析理"者,必须有逻辑头脑.在这种文化背景下,数学上也出现了论证的趋势.许多研究者以注释《周髀算经》、《九章算术》的形式出现,实质上是寻求两部著作中数学命题的证明.其杰出代表是刘徽和祖冲之父子.

2.1 刘徽的数学成就

刘徽是魏晋年间人,籍贯与生卒年不详.据《隋书·律历志》记载,他于公元 263 年撰《九章算术注》.他既重视逻辑推理,也重视几何直观,采取"析理以词,解体用图"的注释方法.《九章算术注》中包含了刘徽的许多创造.这使他成为中国乃至世界上的伟大数学家之一.刘徽最突出的成就是割圆术和体积理论.

1. 割圆术

刘徽在《九章算术》方田章的注中提出用割圆术作为基础去计算圆的周长、圆的面积和圆周率.割圆术就是用圆的内接多边形去逼近圆.他指出,"割之弥细,所失弥少,割之又割,以至于不可割,则与圆合体而无所失矣."他从正 6 边形开始,然后将边数逐次加倍,计算出正 12 边形,正 24 边形,…,正 196 边形的面积.由此算出 $\pi \approx 3.14$.

2. 积分学的萌芽

积分学的基本思想是逼近,具体操作过程是分割、求和、取极限.以此作标准,可以断言,我国古代著名数学家刘徽已经掌握了积分学的基本思想.面积、体积的计算在我国起源甚古,但积分学的萌芽起源于刘徽.他的割圆术是极限思想的开始,他计算体积的思想是积分学的萌芽.在证明方锥,圆柱,圆锥,圆台等的体积公式时,他已经使用了下面的原理.

刘徽原理 如果两个高相等的立体,在任意等高处的截面面积的比等于常数 k,则它们的体积之比也等于常数 k(图 7-4).

正是利用这个原理,刘徽找出了计算球的体积的方法.

3. 刘徽求球体积的方法

刘徽求球体积的方法是在立方体内做两个互相垂直的圆柱,它们的交叫做牟合方盖,如图 7-5 所示.牟是同的意思,盖是伞的意思,牟合方盖就是两个上下对称的方伞.刘徽用牟合方盖去包球,就是使球内切于牟合方盖.设球的体积是 V_q,牟合方盖的体积是 V,刘徽证明了

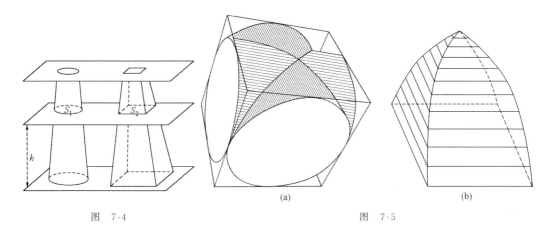

图 7-4   图 7-5

$$V_q : V = \pi : 4. \tag{7-2}$$

(7-2)式是这样证明的：用水平截面去截牟合方盖与它的内切球,所得截面如图 7-6 所示.
设球的截面面积是 S_q,牟合方盖的截面面积是 S.易知,

$$S_q : S = \pi r^2 : 4r^2 = \pi : 4.$$

这样问题就转化为计算牟合方盖的体积.刘徽在这里遇到了困难.他写了如下一段文字描述
他曾做的努力：

> 观立方之内,合盖之外,虽衰杀有渐,而多少不掩.
>
> 判合总结,方圆相缠,浓纤诡互,不可等正.
>
> 欲陋形措意,惧失正理.敢不阙疑,以俟能言者.

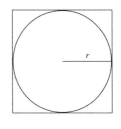

图 7-6

(参考译文：考查在立方体之内,牟合方盖之外,方与圆相纠缠,
多与少相混杂,不能得到一个规范的形状. 想要凭借我的浅薄学
识给出一个解答,又怕背离了正确的原理. 敢不存疑,以待能者,
作出正确的解答.)

2.2 百鸡问题

《张丘建算经》为张丘建撰写,他是南北朝人(公元 5 世纪),成书约
在 466 年到 484 年之间. 现传本有 92 个问题,大部分是社会上的实际问题.内容包括等差级
数、二次方程、不定方程等问题的解法.世界著名的百鸡问题就在其中：

鸡翁一,值钱五,鸡母一,值钱三,鸡雏三,值钱一.百钱买百鸡,问鸡翁母雏各几何?

张丘建给出了三组答案. 至于解法,书上只说："鸡翁每增四,鸡母每减七,鸡雏每益三,即
得".寥寥十五字,道出解法奥秘.现在用现代代数语言对张丘建的答案给以说明.设 x, y, z
分别为鸡翁、鸡母和鸡雏的数目,则其解为

$$x = 4t, \quad y = 25 - 7t, \quad z = 75 + 3t,$$

其中 t 参变数，取整数值．令 $t=1,2,3$ 就得到张丘建给出的三组解答：

$$x = 4, y = 18, z = 78; \quad x = 8, y = 11, z = 81; \quad x = 12, y = 4, z = 84.$$

因此，张丘建是数学史上给出一题多解的第一人．

2.3　祖冲之父子的贡献

祖冲之(429—500)，中国南北朝时期杰出的数学家、天文学家，字文远，生于宋文帝元嘉六年，卒于齐东昏侯永元二年．祖籍在范阳郡遒县，今河北省涞源县．他先后在刘宋朝和南齐朝做过地位较低的官．在公事之余，他从事数学、天文和历法的研究．他说他"搜练古今，博采沈奥，唐篇夏典，莫不揆量，周正汉朔，咸加该验，馨策筹之思，穷疏密之辩"．对前代历法进行认真分析，还做了实际观测，他于公元 462 年完成了《大明历》．为了实行新历法，他曾与当时的权臣进行过针锋相对的斗争．

祖暅是祖冲之的儿子，字景烁，是南朝著名的数学家和天文学家．他从小受到良好的家庭教育，是祖冲之科学事业的继承人．《缀术》就是他们父子完成的数学杰作．

1. 圆周率的计算

祖冲之在数学上的主要贡献是圆周率的计算．下表列出了中国对圆周率的计算的历史进展．

3	径一周三	《九章算术》
3.1547		刘歆（西汉末）
$\frac{22}{7}$（约率）		何承天（370—447）
$3.141024 < \pi < 3.142704$		刘徽（3～4 世纪）
$\frac{157}{50} = 3.14$		
$3.1415926 < \pi < 3.1415927$		祖冲之
$\frac{355}{113}$（密率）		祖冲之

祖冲之不但给出密率，而且给出了 π 的上下界，他的这个记录在世界上保持了一千年的领先地位，直到 15 世纪才为阿拉伯数学家卡西所超过．卡西在 1429 年对 π 的值算到了小数点后 16 位．16 世纪荷兰的奥托重新发现密率．

人类对 π 的认识过程反映了数学理论和计算技术发展的一个侧面．π 的研究在一定程度上反映了某个地区或时代的数学水平．德国数学史家康托尔(M. B. Cantor, 1829—1920)这样评价道："历史上一个国家所算得的圆周率的准确程度可以作为衡量这个国家当时数学发展水平的指标."

注　1999 年 π 的近似值已算到小数点后 2061 亿位．π 的研究仍然是当今的一个重要问题．目前还在找 π 的近似值．为什么？其理由有三：

（1）研究 π 的数字是否服从某种统计规律. 有趣的是, π 的最初 6 位数字 314159 在前一千万个数字中出现 6 次, 而 0123456789 一次也没有出现.

（2）计算 π 的近似值是对程序设计的一种挑战.

（3）通过计算 π 的值判断一台新计算机是否能正常运转.

可见, 计算 π 的近似值既有理论价值也有实用价值.

2. 牟合方盖体积的计算

牟合方盖的体积计算问题是祖暅解决的. 在刘徽的基础上, 他提出了祖暅原理: 幂势既同, 则积不容异. "幂"是面积, "势"是高. 用现代语言说:

祖暅原理　若两等高的立体, 在其任意等高处的水平截面的面积相等, 则这两立体的体积必相等.

在欧洲, 这个原理叫卡瓦列里原理, 但比祖暅原理晚了一千多年.

祖暅方法的妙处在于将问题简化并转化为求立方体体积与四棱锥的体积之差, 进而转化为求八分之一的立方体与它所含的八分之一的四棱锥的体积之差.

为此, 先建立坐标系. 如图 7-7(a)所示, 将 O 取为坐标原点. 将 OC 取为数轴的正方向. 今假定, 立方体的边长为 r, 从而内切圆柱的半径也是 r. 在高度为 h 处取水平截面. 令 S 表示牟合方盖的截面面积(图 7-7(a)). 截面的形状是正方形, 边长是 $BC = \sqrt{r^2 - h^2}$, 所以面积

$$S = r^2 - h^2. \tag{7-3}$$

用 S_1 表示立方体的截面面积, S_2 表示四棱锥的截面面积(图 7-7(c)). 在高为 h 处, 我们有

$$S_1 = r^2, \quad S_2 = h^2,$$

从而

$$S = S_1 - S_2.$$

根据祖暅原理, 立方体与棱锥之差的体积等于牟合方盖的体积（比较图 7-7(b)与图 7-7(c)). 棱锥的体积为 $\dfrac{1}{3}r^3$, 这是祖暅已知的. 从而牟合方盖的体积 V 是

$$V = 8\left(r^3 - \frac{1}{3}r^3\right) = \frac{16}{3}r^3.$$

再由(7-2)式, 得出球的体积 V_q:

$$V_q = \frac{\pi}{4}V = \frac{4}{3}\pi r^3.$$

注　从积分观点看, 对(7-3)式积分就可求出牟合方盖的体积:

$$V = 8\int_0^r (r^2 - h^2)\,\mathrm{d}h = \frac{16}{3}r^3.$$

刘徽和祖暅计算球体积的方法精美而巧妙. 1994 年由美国哈佛大学主编的《微积分》中收录了这一方法.

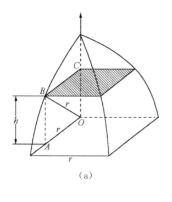 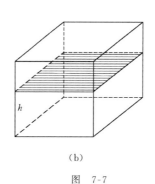 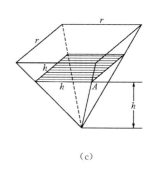

（a）　　　　　　　　　　（b）　　　　　　　　　　（c）

图　7-7

2.4　中国古代的代数

中国古代的代数一直领先于世界.十进小数出现在刘徽的著作中.这是世界数学史上的一项伟大成就.国外的同样思想到 14 世纪才出现,较我国晚了一千多年.在《九章算术》中已明确提出了正负数的概念.刘徽在该书的注里,给出了正负数的定义:"两算得失相反,要令'正''负'以名之."但是正负数的运算法则书中未提.明确提出运算法则的是元朝的朱世杰.在《算学启蒙》(1299)中,他指出,"同名相乘为正,异名相乘为负","同名相除所得为正,异名相除所得为负".所以至迟到 13 世纪末,我国已对四则运算法则作了全面总结.

§3　宋元时期的数学

从南北朝末期到北宋初期,约 500 年,在数学上又积累了丰富的知识,到宋元时期达到了新的高潮,特别是在代数方面取得了一系列世界一流的成果.究其原因,乃是国内经济发展,海外贸易大发展的结果.当时全国十万户以上的大城市有四十多座,几乎是唐代的两倍.宋代的各门科学也得到普遍发展.四大发明的三项——指南针、火药和活字印刷在宋代完成并获得广泛应用.沈括写出在科学史上具有重要意义的《梦溪笔谈》,制成闻名于世的机械计时器和天文仪器.宋代在学术上也较为自由.数学就在这种环境下,取得了长足进步.隋唐时代数学著作不过几种,而宋代却出了五十多种.

这一时期涌现了一批数学家,其中最卓越的代表有贾宪、杨辉、秦九韶、李冶、朱世杰等,他们在世界数学史上占有光辉的地位.

3.1　贾宪三角和增乘开方法

贾宪是北宋著名数学家、天文学家楚衍的学生,做过位置不高的官.他活动于 11 世纪上半叶,写过一些数学著作,可惜已失传.所幸杨辉的著作中保存了他的两项重要成就:贾宪三角和增乘开方法.

杨辉的著作《详解九章算法》中有一张珍贵的图——"开方作法本源图"(图 7-8),并指出,此图"出《释锁算书》(已失传),贾宪用此术". 就是说,这张图是贾宪创造的,现在叫"贾宪三角". 这张图给出了指数为正整数的二项式展开的系数表:

$$(a+b)^0 = 1,$$
$$(a+b)^1 = a+b,$$
$$(a+b)^2 = a^2 + 2ab + b^2,$$
$$(a+b)^3 = a^3 + 3a^2b + 3ab^2 + b^3,$$
$$(a+b)^4 = a^4 + 4a^3b + 6a^2b^2 + 4ab^3 + b^4,$$
$$(a+b)^5 = a^5 + 5a^4b + 10a^3b^2 + 10a^2b^3 + 5ab^4 + b^5,$$
$$(a+b)^6 = a^6 + 6a^5b + 15a^4b^2 + 20a^3b^3 + 15a^2b^4 + 6ab^5 + b^6.$$

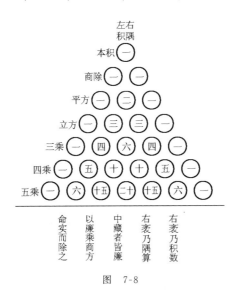

图　7-8

西方人把贾宪三角叫做"帕斯卡三角形". 现在国外也逐渐承认这项成果属于中国,并称它为"中国三角形".

贾宪的"增乘开方法"是高次方程求近似解的方法,可用于三次或三次以上的方程. 但限于方程系数为正,且首项系数为 1. 12 世纪北宋数学家刘益突破了系数为正和首项系数为 1 的限制. 可惜他的著作《议古根源》已失传,可幸的是这个解法又为杨辉保留了下来. 欧洲相应的工作要晚得多. 意大利数学家鲁菲尼(P. Ruffini,1765—1822)于 1804 年,英国数学家霍纳(G. Horner,1786—1837)于 1819 年各自独立地建立了求解数字高次方程的近似解法,比中国数学家的工作晚了 700 多年.

3.2 秦九韶与大衍求一术

秦九韶(约 1202—约 1261)是中国南宋时期的数学家,字道古,普州安岳(今四川安岳县)人. 他的名著《数书九章》成书于 1247 年. 全书共 18 卷约 20 万字. 收集了与生活密切相关的 81 个数学问题, 其复杂程度和解题水平均高于此前的任何著作. 它代表了当时世界上最高的数学水平. 美国哈佛大学科学史家萨顿对秦九韶的评价是："秦九韶是他那个民族、他那个时代、并且也是所有时代最伟大的数学家之一".

秦九韶的主要工作有三项：大衍求一术；数字高次方程的近似解法；线性方程组的解法.

大衍求一术是秦九韶在《数书九章》中提出的解一次同余方程组的方法, 也称为孙子剩余定理(简称孙子定理), 中国剩余定理等. 这是初等数论中最重要的基本定理之一. 我国南北朝的《孙子算经》(约 5 世纪前后)中有"物不知其数"问题：

今有物不知其数, 三三数之剩二, 五五数之剩三, 七七数之剩二, 问物几何？

用现代数学语言, 这类问题可表示为：

设 $a_i(i=1,2,\cdots,n)$ 为给定的正整数, $r_i(i=1,2,\cdots,n)$ 为给定的整数, 求整数 x, 使得 $(x-r_i)$ 被 a_i 整除, $i=1,2,\cdots,n$.

这个问题相当于求解一次同余方程组：

$$\begin{cases} x \equiv r_1 \pmod{a_1}, \\ x \equiv r_2 \pmod{a_2}, \\ \cdots\cdots\cdots\cdots \\ x \equiv r_n \pmod{a_n}. \end{cases}$$

在西方, 直到 18 世纪瑞士的欧拉和法国的拉格朗日才对同余式进行了系统的研究. 较之秦九韶晚了 5 个世纪.

秦九韶在数学方面的第二项重大成就是数字高次方程的近似解法. 唐朝的王孝通(公元 7 世纪)著《辑古算经》, 成功地解决了大规模土方工程中提出的三次数字方程的计算问题. 书中给出了 28 个形如

$$x^3 + px^2 + qx + c = 0$$

的正系数方程及正有理根, 但没有解法. 贾宪创造了增乘开方法, 刘益解除了对方程系数的限制, 秦九韶把它推广到任意高次方程, 并规定"实常为负", 即限制常数项为负. 这就使得整个运算统一为加法, 彻底实现了运算的机械化. 与现代通用的算法基本一致.

秦九韶在数学方面的第三项重大成就是线性方程组的解法. 在解题的过程中, 他用到了增广矩阵的初等变换, 这是一项了不起的成就. 当然, 他没有现代的符号系统.

3.3　天元术与四元术

宋元数学发展的一个最深刻的动向是向代数符号化的进展. 这就是天元术与四元术的出现. 元朝, 李冶所著《测圆海镜》(1248)和《益古算段》(1259)是最先阐述天元术的著作. 天元术就是设未知数布列方程的一般方法. 用天元术列方程的方法与现代数学中列方程的方法类似. 首先"立天元一为某某", "天元一"就表示未知数, 相当于现在的 x, 然后列出方程.

李冶(1192—1279)是中国金、元时期的数学家.字仁卿,号敬斋,真定栾城(今河北栾城县)人.清代学者阮元认为,《测圆海镜》是"中土数学之宝书".李善兰称赞它是"中华算书实无有胜于此者".

李冶之后,朱世杰(1300前后)把天元术从一个未知数的情况推广到两个、三个及四个的情况,而考虑四元高次联立方程组,这就是四元术.

朱世杰是元朝数学家,字汉卿,号松庭,北京附近人.他的代表作有《算学启蒙》(1299)、《四元玉鉴》(1303).《算学启蒙》是一部通俗数学名著,曾流传海外,影响了日本和朝鲜数学的发展.《四元玉鉴》是宋元数学高峰的又一标志,其中最突出的数学创造有"四元术",即多元联立高次方程组与消元法等、还有"招差术"和"隙积术".用消元法解高次方程组在西方直到1779年才在培祖(Bzout,1730—1783)的著作中首次出现.

清代《畴人传·续编》评论他时说:"汉卿在宋元间,与秦道古(九韶)、李仁卿(李冶)可称鼎足而三.道古正负开方、仁卿天元如积,皆足上下千古,汉卿又兼包众有,充类尽量,神而明之,尤超乎秦李两家之上." 科学史家萨顿评论说:朱世杰"是他所生存时代的,同时也是贯穿古今的一位最杰出的数学家".而他所著的《四元玉鉴》则是"中国数学著作中最重要的一部,同时也是整个中世纪最杰出的数学著作之一."

3.4　高阶等差级数与内插法

在我国的古算书中,如《周髀算经》、《九章算术》、《孙子算经》等都有计算等差级数和等比级数的实例.到了宋朝以后,更出现了关于高阶等差级数的专门论述.北宋沈括在《梦溪笔谈》中创造了"隙积术".隙积术就是关于长方台形垛积(图7-9)的求和公式.南宋的杨辉在《详解九章算法》中得到了一些

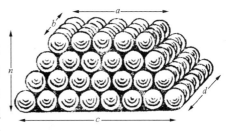

图　7-9

高阶等差级数的求和公式.在此基础上朱世杰得到了系统的、一般的结果.在《四元玉鉴》中他给出了下面的一组求和公式,称为"三角垛公式":

$$1+2+3+\cdots+n=\frac{1}{2!}n(n+1),$$

$$1+3+6+\cdots+\frac{1}{2!}n(n+1)=\frac{1}{3!}n(n+1)(n+2),$$

$$1+4+10+\cdots+\frac{1}{3!}n(n+1)(n+2)=\frac{1}{4!}n(n+1)(n+2)(n+3),$$

$$1+5+15+\cdots+\frac{1}{4!}n(n+1)(n+2)(n+3)$$

$$=\frac{1}{5!}n(n+1)(n+2)(n+3)(n+4),$$

$$1 + 6 + 21 + \cdots + \frac{1}{5!} n(n+1)(n+2)(n+3)(n+4)$$

$$= \frac{1}{6!} n(n+1)(n+2)(n+3)(n+4)(n+5). \tag{7-4}$$

这些公式都出现在《四元玉鉴》中. 重要的是, 这些公式之间存在着密切的联系. 前一公式的和是后一公式的通项. 正是注意到这一点, 朱世杰得到了 p 阶等差级数求和的一般公式:

$$\sum_{r=1}^{n} \frac{1}{p!} r(r+1)(r+2)\cdots(r+p-1) = \frac{1}{(p+1)!} n(n+1)(n+2)\cdots(n+p). \tag{7-5}$$

这些公式与贾宪三角有深刻的联系, 朱世杰指出, 这些公式左侧的求和各依次是贾宪三角中第 p 条斜线上的前 n 项数字, 而右侧的和是第 $p+1$ 条斜线上的第 n 项数字.

此外, 还要注意到, 第一个级数的相邻两项的差是 1, 第二个级数的相邻两项的差分别是 $1, 2, 3, \cdots$, 就是第一个级数, 对它再求差, 就得到 1. 第三个级数的相邻两项的差就是第二个级数, $\cdots$. 所以我们分别把它们叫做一阶等差级数、二阶等差级数、三阶等差级数等.

下面谈谈内插法. 内插法的研究始于天文学. 中国古代天文学家注意到了天体运动的不规则性. 最早是东汉的刘洪在他的著作《乾象历》中使用了一次插值公式计算月行度数. 隋朝的刘焯 (6 世纪) 在《皇极历》中使用了二次插值. 后来和尚一行 (8 世纪) 在《大衍历》中把刘焯的公式推广到自变量不等距的情形. 到宋元时期, 郭守敬、朱世杰进一步发展了高次内插法, 并处于世界领先地位.《四元玉鉴》中的"招差术", 就是高次内插法.

《四元玉鉴》中卷"如像招数门"主要讲招差术. 其中最后一题是典型的:

"今有官司依立方招兵, 初招方面三尺, 次招方面转多一尺, 得数为兵, 今招一十五方, 每人支钱二百五十文, 问兵及支钱各几何. 答曰: 兵二万三千四百人, 钱二万三千四百六十二贯."

"依立方招兵"指招兵人数以立方计算, 即第一次招兵数是 $3^3 = 27$, 第二次招兵数是 $(3+1)^3 = 4^3 = 64, \cdots$. 共招 15 次, 其总数为

$$S = 3^3 + 4^3 + \cdots + 17^3.$$

如果直接求和, 计算量相当大, 朱世杰没有采用这种方法, 而是用招差公式求出招兵总数.

如果用 $f(n)$ 表示至第 n 日时的招兵总人数, 朱世杰得到了下面的公式:

$$f(n) = n\Delta + \frac{n(n-1)}{2!}\Delta^2 + \frac{n(n-1)(n-2)}{3!}\Delta^3 + \frac{n(n-1)(n-2)(n-3)}{4!}\Delta^4. \tag{7-6}$$

式中的 $\Delta, \Delta^2, \Delta^3, \Delta^4$ 分别表示 1 阶差、2 阶差、3 阶差和 4 阶差, 朱世杰称为上差、二差、三差和四差 (注意, Δ^2 不是 Δ 的平方). 如何计算这些差?

$$\Delta = 3^3 = 27,$$

$$\Delta^2 = 4^3 - 3^3 = 64 - 27 = 37,$$

要算 Δ^3, 先需算出 $5^3 - 4^3 = 125 - 64 = 61$, 而 $\Delta^3 = 61 - 37 = 24$. 请读者自己算一算 Δ^4.

这就是四次等间距插值公式, 与牛顿的插值公式基本一致.

　　朱世杰又指出,三角垛公式与招差术的联系:招差公式中各项差分的系数恰是各三角垛公式的右端项.

3.5　古代数学发展的停滞

　　宋元时期是中国数学发展的黄金时代,此后走向衰落.原因是多方面的:

　　(1)皇朝统治在晚期表现出严重的腐朽性.元朝以后,科举考试制度中的《明算科》完全废除,唯以八股取士.数学的发展受到社会的阻碍.

　　(2)闭关自守.

　　(3)知识分子地位低下.

　　(4)没有科学团体.数学家都是单干户.

　　(5)忽视论证推理.在科学研究中多归纳与抽象,而少逻辑与实验.没有形成完整的科学体系,并且重实用轻理论.

　　(6)符号数学没有诞生,没有一个好的语言.

论文题目

从中国数学史中选择一个典型问题作分析.

割圆人间细,方盖宇宙精——刘徽

　　刘徽,中国魏晋间杰出的数学家,中国古典数学理论的奠基者之一,籍贯及生卒年月不详,幼年曾学习过《九章算术》,成年后又继续深入研究,在魏景元四年(263)著《九章算术注》,并撰《重差》作为《九章算术注》的第十卷.唐初以后,《重差》以《海岛算经》为名单独刊行.刘徽全面论述了《九章算术》所载的方法和公式,指出并且纠正了其中的错误,在数学方法和数学理论上做出了杰出的贡献.

　　刘徽创造性地运用极限思想给出了计算圆周率的方法.《九章算术》提出圆面积公式:"半周半径相乘得积步".在刘徽之前是将内接正12边形分割拼补成一个长为圆内接正六边形周长之半,宽为圆半径的长方形,近似推断这个公式的.刘徽指出此"合径率一而外周率三",极不准确.为了严格证明这个公式,他首先从圆内接正6边形开始割圆,依次得正12边形、正24边形……割得越细,正多边形的面积与圆面积之差越小,"割之又割,以至于不可割,则与圆周合体而无所失矣".另一方面,这些正多边形每边外有一余径,以边长乘余径,加到相应的正多边形上,则大于圆面积,然而,当正多边形与圆周合体时,"则表无余径,表无余径，则幂不外出矣"。这就从上界和下界两个方面证明了圆面积是两个多边形面积序列的极限。然后，将与圆合体的正多边形分割成无限多个以每边为底，以圆心为顶点的等腰三角形。由于以一边长乘半径，等于每个三角形面积的两倍，"故以半周半径而为圆幂"，从而完成了圆面积公式的证明。刘徽指出，上述圆面积公式中的"周径，谓至然之数，非周三径一之率也"。刘徽之前，刘歆、张衡等人曾改进圆周率值，但成绩都不佳。刘徽用割圆术，得出求圆周率的科学方法，奠定了此后千余年中国圆周率计算在世界上的领先地位。

刘徽还提出了求球体积的方法——牟合方盖法，显示了中国人民的特殊智慧。

领先世界一千年——祖冲之

祖冲之(429—500)是我国南北朝杰出的数学家、天文学家。他生于宋文帝元嘉 6 年(公元 429 年)，卒于齐东昏侯永元 2 年(公元 500 年)。祖籍在范阳郡遒县，今河北省涞源县，他的先世为避乱迁往江南。

祖冲之在数学方面的主要成就是关于圆周率的计算。他算出圆周率的真值在 3.1415926 和 3.1415937 之间。这两个近似值准确到小数第 7 位，是当时世界上最先进的结果，直到 15 世纪，阿拉伯数学家卡西才得到更精确的结果。他还给出了圆周率的密率 355/113(≈3.1415929)。这个分数是 π 的渐进分数，其中密率 355/113 直到 16 世纪才被德国人 V. 奥托和荷兰人 A. 安托尼斯重新发现。

祖冲之还和他的儿子祖暅圆满地解决了球体积的计算问题，得到了求球体积的正确公式。他和祖暅合著的《缀术》一书是著名的《算经十书》之一，惜已失传。

在天文历法方面，祖冲之创制了《大明历》，最早把岁差引进历法，是中国古代历法的一重大成就。他还是一位博学多才的科学家和工程师兼文学家，对各种机械也有研究。制造过指南车，日行百里的"千里船"，计时器等。写过小说《述异记》十卷，为《易经》、《老子》、《庄子》等书作注。这些书绝大部分都已失传。

第八章　文艺复兴后的数学

> 如果没有一些数学知识,那么就是对最简单的自然现象也很难理解什么,而要对自然的奥秘做更深入的探索,就必须同时地发展数学.
>
> J. W. A. Young
>
> 数学的历史是重要的,它是文明史的有价值的组成部分.人类的进步是与科学思想极为一致的.数学和物理的研究是智慧进一步的一个可靠的记录.
>
> F. Cajori

§1　数学的新进展

1.1　阿拉伯的数学

历史向前一步的进展往往伴随着向后一步的探本溯源.希腊文明衰落之后,欧洲处于黑暗时期,数学活动基本停止下来.数学中心转移到了阿拉伯世界.他们最大的功绩是保存、传播了希腊、印度甚至中国的数学,而后将它传到欧洲.阿拉伯人也对数学做出了一些重要贡献.

阿拉伯人对数学的主要贡献表现在代数方面.花拉子米(al-Khowarizmi,约 780—约 850)是中世纪对欧洲影响最大的阿拉伯数学家.生于波斯北部城市花拉子模,曾长期生活于巴格达.他对天文历法、地理地图方面均有贡献.他有两部数学著作传世.第一部著作是《花拉子米算术》(Liber Algorismi),书中介绍了印度的十进位制记数法和算术知识.现代数学中的算法(algorithm)就来自这部著作的书名.第二部著作的书名为《还原与对消计算概要》(Al-jabr wͨalmuqabala),"Al-jabr"的原意是"还原"移项,"wͨalmuqabala"的原意是"化简",即合并同类项的意思.这部著作传入欧洲后,Al-jabr 演变为"algebra",成了西文的代数的名称.这是阿拉伯人对代数的第一个贡献.

欧几里得几何未获进展,但三角学有进展,在阿拉伯人手里三角学开始独立于天文学而成为一个用途更广的学科.

阿拉伯人承认无理数,这就有可能用数来表示长度、面积和体积.在阿拉伯人的眼里,代数与几何并行不悖,这为解析几何的诞生准备了思想基础.

1.2　对数的认识

新的欧洲数学的第一个重大进展是在算术和代数方面.到 1500 年左右,零被接受作为

一个数.无理数也使用得更加随便了,但仍心存疑虑.施蒂费尔(Stifel M)在讨论用十进制小数表达无理数问题时说:

> 在证明几何图形的问题中,由于当有理数不行而代之以无理数时,就能完全证出有理数所不能证明的结果,……因此,我们感到不能不承认它们确实是数.迫使我们承认的是由于使用它们而得出的结果——那是我们认为真实、可靠而且恒定的结果.但从另一方面讲,别的考虑却使我们不承认无理数是数.例如,当我们想把它们数出来[用十进制小数表示]时,……就发现它们无止境地往远跑,因而没有一个无理数实质上是能被我们准确掌握住的…….而本身缺乏准确性的东西就不能称其为真正的数…….所以,正如无穷大的数并非数一样,无理数也不是一个真正的数,而是隐藏在一种无穷迷雾后面的东西.

负数虽然通过阿拉伯人的著作传到欧洲,但 16,17 世纪的大多数数学家并不承认它们是数,或者即使承认了,也不认为它们是方程的根.15 世纪的丘凯(N. Chuquet)和 16 世纪的施蒂费尔都把负数说成是荒谬的数.笛卡儿愿意接受负数,但帕斯卡认为从 0 减去 4 纯粹是胡说.

在欧洲人还没有完全克服无理数和负数带来的困难时,又晕头晕脑地陷入复数的泥潭.例如,卡尔达诺(G. Cardano,1501—1576)在他的著作《大法》中,解方程

$$x(10-x)=40,$$

求得根为 $5+\sqrt{-15}$ 和 $5-\sqrt{-15}$,然后说,"不管受到多大的良心责备"也要把它们乘起来得 40.吉拉德(A. Girard)在他的著作《代数中的新发明》中说:"有人会说,这些不可能的解[复根]有什么用? 我回答:它有三方面的用途,一是因为能肯定一般法则,二是因为它们有用,并且除此以外没有别的解."对复数这种模糊认识中最有名的一段话来自莱布尼茨:

> 圣灵在分析的奇观中找到了超凡的显示,这就是那个理想世界的端兆,那个介于存在与不存在的两栖物,那个我们称之为虚的一1的平方根.

1.3 符号体系

代数上的进步是引入了好的符号体系,这对代数和分析的发展比 16 世纪技术上的进展远为重要.事实上,由于采用了符号,代数才成为一门科学.

"+"和"-"是 15 世纪德国人引进的,"="是 1557 年英国人引进的.其他符号的引入见李文林著:《数学史教程》(第二版)第 130 页.

代数性质上最重大的变革是韦达(F. Vieta)引入符号体系.他是第一个有意识地、系统地使用字母的人.他不仅用字母表示未知量和未知量的乘幂,而且用字母表示方程的一般系数.他规定了算术和代数的区别.他说,代数是施行于事物的类或形式的运算方法.算术是同数打交道.

莱布尼茨的名字在数学符号史上也必须提到,虽然他在代数上采用这个重大步骤较晚.

他对各种符号进行了长期的研究,试用过一些符号,并征求同时代人的意见,然后他选取他认为最好的符号.讲微积分发展史时我们还碰到他.他肯定认识到,好的符号可以大大地节省思维劳动.

§2 解 析 几 何

欧氏几何是一种度量几何,关心长度和角度.它的方法是综合的,没有代数的介入,为解析几何的发展留下了余地.

解析几何的诞生是数学史上的另一个伟大的里程碑.他的创始人是笛卡儿和费马.他们都对欧氏几何的局限性表示不满:古代的几何过于抽象,过多地依赖于图形.他们对代数也提出了批评,因为代数过于受法则和公式的约束,缺乏直观,而不是有益于发展思想的艺术.同时,他们都认识到几何学提供了有关真实世界的知识和真理,而代数学能用来对抽象的未知量进行推理,代数学是一门潜在的方法科学.因此,把代数学和几何学中一切精华的东西结合起来,可以取长补短.这样一来,一门新的学科诞生了.

2.1 笛卡儿的两个概念

笛卡儿的理论以两个概念为基础:坐标概念和利用坐标方法把两个未知数的任意代数方程看成平面上的一条曲线的概念.

1. 坐标概念

在引进坐标系之后,平面上的点 P 可以与一对有序实数
(a,b) 建立一一对应:
$$P \longleftrightarrow (a,b),$$
(a,b) 称为该点的坐标(图 8-1).

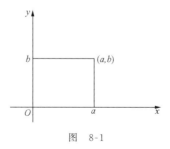

图 8-1

这就实现了平面的算术化,实现了数学史上的一次质的飞跃.

2. 把两个未知数的任意代数方程看成平面上的一条曲线的概念

例 1 $x^2 + y^2 = a^2 \longleftrightarrow$ 圆,中心在原点,半径为 a(图 8-2).

一般地,$F(x,y) = 0 \longleftrightarrow$ 平面曲线(图 8-3).

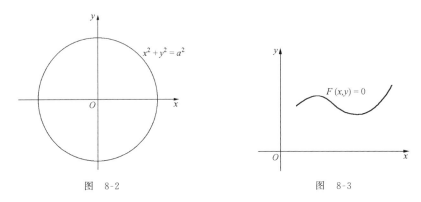

图 8-2   图 8-3

　　两个概念的结合产生了一个全新的学科——解析几何.

　　注　笛卡儿之前,人们一直把 $F(x,y)=0$ 视为不定方程,研究它的整数解,但并不关心当 x,y 取实数时,方程意味着什么.笛卡儿破天荒地第一次将它视为一条平面曲线.

　　定义　**解析几何**是这样一个数学学科,它在采用坐标法的同时,运用代数方法来研究几何对象.

　　解析几何的基本思想是,用代数方法研究几何学,从而把空间的论证推进到可以进行计算的数量层面.办法是把空间的几何结构代数化,即用一个基本几何量和它的运算来描述空间的结构.这个基本量就是向量,基本运算指向量的加、减、数乘和叉乘.向量的运算就是基本几何性质的代数化.代数的基本功是计算,几何的基本功是推理.表面看起来它们颇为不同,但稍加分析就会发现,现代数学中的计算其实就是以运算规律为根据的推理.

2.2　解析几何的伟大意义

　　(1) 数学的研究方向发生了一次重大转折:古代以几何为主导的数学转变为以代数和分析为主导的数学.

　　(2) 以常量为主导的数学转变为以变量为主导的数学,为微积分的诞生奠定了基础.

　　(3) 使代数和几何融合为一体,实现了几何图形的数字化,是数字化时代的先声.

　　(4) 代数的几何化和几何的代数化,使人们摆脱了现实的束缚.它带来了认识新空间的需要,帮助人们从现实空间进入虚拟空间:从三维空间进入更高维的空间.

　　解析几何中的代数语言具有意想不到的作用,因为它不需要从几何考虑也行.考虑方程

$$x^2 + y^2 = 25,$$

我们知道,它是一个圆.圆的完美形状、对称性、无终点等都存在在哪里呢? 在方程之中! 例如,在几何上 (x,y) 与 $(x,-y),(-x,y),(-x,-y)$ 对称,等等,表现在它们都满足同一个方程上.代数取代了几何,思想取代了眼睛! 在这个代数方程的性质中,我们能够找出几何中圆的所有性质.这个事实使得数学家们通过几何图形的代数表示,能够探索出更深层次的概念.我们为什么不能考虑下述方程呢?

$$x^2 + y^2 + z^2 + w^2 = 25,$$

以及形如

$$x_1^2 + x_2^2 + \cdots + x_n^2 = 25$$

的方程呢? 这是一个伟大的进步. 仅仅靠类比,就从三维空间进入高维空间,从有形进入无形,从现实世界走向虚拟世界. 这是何等奇妙的事情啊! 用宋代著名哲学家程颢的诗句可以准确地描述这一过程:

道通天地有形外,思入风云变态中.

(5) 代数几何的发祥. 解析几何的出现,使高次曲线的研究成为必然. 这样,代数几何就出现了.

2.3 解析几何解决的主要问题

(1) 通过计算来解决作图问题. 例如,分线段成已知比例.

(2) 求具有某种几何性质的曲线的方程. 例如,到两定点距离之和为常数的曲线——椭圆.

(3) 用代数方法证明新的几何定理.

(4) 用几何方法解代数方程. 例如,用抛物线与圆的交点解三次和四次代数方程.

数学家常采用变换——求解——还原的方法去求解数学问题. 解析几何是利用这种方法的典型. 解析几何与其说是一种新的几何分支,不如说是一种新的几何方法. 它首先把一个几何问题变换为一个相应的代数问题,然后求解这个代数问题,最后把代数解还原为几何解. 或者先把一个代数问题变换为一个相应的几何问题,然后求解这个几何问题,最后把几何解还原为代数解:

几何 —— 代数 —— 几何(见例3)

代数 —— 几何 —— 代数(见例2)

注 解析几何的优点:

(1) 解题过程规范,每一步都知道怎么做. 因而可以程序化.

(2) 证明方法容易推广到高维.

那么,这种方法是不是会使人变成懒汉,而不需要技巧和天才呢? 不是. 代数演算可能会太复杂而难于实现. 解析几何的不足之处正在于: 我们知道该怎么做,但是缺少办法. 这就需要解题者的智慧了.

例2 解三次与四次代数方程的笛卡儿方法.

首先,任何一个三次与四次代数方程都可化为下述形式:

$$x^4 + px^2 + qx + r = 0. \tag{8-1}$$

事实上,四次代数方程的一般形式是

$$x^4 + a_1 x^3 + a_2 x^2 + a_3 x + a_4 = 0.$$

令 $z = x + \dfrac{a_1}{4}$, 代入上式前两项中, 得

$$x^4 = \left(z - \frac{a_1}{4}\right)^4 = z^4 - a_1 z^3 + \cdots,$$

$$a_1 x^3 = a_1 \left(z - \frac{a_1}{4}\right)^3 = a_1 (z^3 - \cdots) = a_1 z^3 + \cdots,$$

两项之和消去了 x^3 这一项.

三次代数方程怎么办? 三次代数方程乘以 x 就是四次代数方程, 只是多了一个 0 根. 因而只需研究 (8-1) 式.

其次, 圆的方程具有何种形式? 以 (a, b) 为中心, 以 R 为半径的圆具有方程

$$(x - a)^2 + (y - b)^2 = R^2,$$

展开, 得

$$x^2 + y^2 - 2ax - 2by + a^2 + b^2 - R^2 = 0.$$

其特点是, 平方项的系数相等.

现在我们来求 (8-1) 的根. 令 $y = x^2$, 则 (8-1) 变为

$$y^2 + px^2 + qx + r = 0 \Longleftrightarrow x^2 + y^2 + (p-1)x^2 + qx + r = 0,$$

于是, 我们得到联立方程

$$\begin{cases} x^2 + y^2 + (p-1)y + qx + r = 0, \\ y = x^2. \end{cases} \tag{8-2}$$

在几何上这是求圆与抛物线的交点. 画出图形, 求出交点, 就是四次方程的解 (图 8-4).

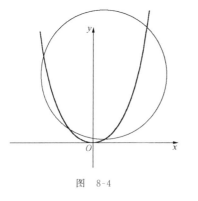

图 8-4

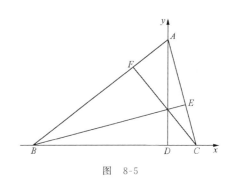

图 8-5

例 3 证明, 三角形的三个高交于一点.

解 任取 $\triangle ABC$.

(1) 选取坐标系. 如图 8-5, 取底边 BC 为 x 轴, 底边 BC 上的高 AD 为 y 轴. 设 A, B, C 的坐标分别为 $A(0, a)$, $B(b, 0)$, $C(c, 0)$.

(2) 温故: 过点 (a, b), 以 k 为斜率的直线方程是 $y - b = k(x - a)$; 若直线 l 的斜率是 k,

而直线 $l_1 \perp l$,则直线 l_1 的斜率是 $\left(-\dfrac{1}{k}\right)$.

（3）斜率：线段 AB 的斜率是 $\left(-\dfrac{a}{b}\right)$,从而高 CF 的斜率是 $\dfrac{b}{a}$；线段 AC 的斜率是

$\left(-\dfrac{a}{c}\right)$,从而 BE 的斜率是 $\dfrac{c}{a}$.

（4）确定三个高的方程：

AD 的方程为 $\qquad\qquad\qquad x = 0$.

CF 的方程为 $\qquad\qquad\qquad bx - ay - bc = 0$.

BE 的方程为 $\qquad\qquad\qquad cx - ay - bc = 0$.

（5）三个方程的唯一的公共解是$(0, -bc/a)$,它是三个高的交点.

§3 微积分的诞生

3.1 不可分素方法

第一个试图阐明阿基米德方法,并将他的方法给予推广的是德国的天文学家和数学家开普勒.开普勒在 1615 年写了一本书名为《酒桶的新立体几何》,书中包含用无穷小元素求面积和求体积的许多问题,其中有 87 种新的旋转体的体积.开普勒的工作的直接继承者是 B. 卡瓦列里(B. Cavalieri).

卡瓦列里于 1598 年生于意大利的米兰.他是伽利略的学生.从 1629 年起他一直担任波洛尼亚的大学教授,于 1647 年谢世,只活了 49 岁.他对数学的最大贡献是 1635 年发表的关于不可分素法的专论,名为《不可分素几何学》(Geometria indivisibilibus).

卡瓦列里说：“要决定平面图形的大小可以用一系列平行线；我们设想在这些图形上画了无穷多平行线”(图 8-6).他以同样的方式处理了立体,只是那里不是直线,而是平面.这些直线(或平面)就是不可分素.他的不可分素法写得晦涩难懂,使人难以确切理解“不可分素”到底是什么.

卡瓦列里利用不可分素法解决了整数幂的幂函数的积分问题.用现代的语言说,他算出了下面的积分：

$$\int_0^a x^m \mathrm{d}x = \frac{1}{m+1}a^{m+1}.$$

卡瓦列里比开普勒进了一步；开普勒每次只能算具体的体积,而没有形成一个一般的方法.

把卡瓦列里的结论稍加整理就得出卡瓦列里原理：

卡瓦列里原理 1　如果两个平面片处于两条平行线之间,并且平行于这两条平行线的任何直线与这两个平面片相交,所截两线段长度相等,则这两个平面片的面积相

等（图 8-7）.

卡瓦列里原理 2 如果两个立体处于两个平行平面之间,并且平行于这两个平面的任何平面与这两个立体相交,所得二截面面积相等,则这两个立体的体积相等(图 7-4).

卡瓦列里原理是计算面积和体积的有用工具. 它的基础很容易用现代的微积分严格化. 承认这两个原理我们就能解决许多求积问题. 我们来举两个例子说明卡瓦列里原理的应用.

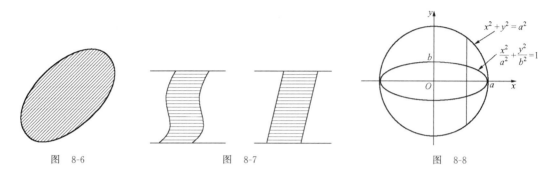

图 8-6   图 8-7   图 8-8

例 1 求椭圆的面积.

解 在直角坐标系中,圆和椭圆分别有方程

$$x^2 + y^2 = a^2, \quad \frac{x^2}{a^2} + \frac{y^2}{b^2} = 1, \quad a > b.$$

图 8-8 画出了它们的图形. 由每个方程解出 y,我们分别得到

$$y = \sqrt{a^2 - x^2}, \quad y = \frac{b}{a}\sqrt{a^2 - x^2}.$$

由此可知,椭圆和圆的纵坐标之比是 b/a. 所以,椭圆和圆的相应弦之比也是 b/a(这里对原理作了广义的理解:从相等推广为成比例). 因此,根据卡瓦列里原理 1,椭圆和圆的面积之比也是 b/a. 我们得到结论:

$$椭圆面积 = (b/a) \times 圆面积 = (b/a)(a^2\pi) = ab\pi.$$

开普勒也是用这种方法求椭圆面积.

例 2 求半径为 r 的球的体积.

解 在图 8-9 中,左边是一个半径为 r 的半球,右边是一个半径为 r 高为 r 的圆柱和一个以圆柱的上底为底、以圆柱的下底中心为顶点的圆锥.这个半球和挖出圆锥的圆柱处在同一平面上.这时用平行于底面、与底面距离为 h 的平面截两个立体.所得截面一个是圆形,一个是环形.用初等几何不难证明,这两个截面的面积都等于 $\pi(r^2 - h^2)$. 根据卡瓦列里原理 2,这两个立体有相等的体积.所以球的体积为

$$V = 2(圆柱的体积 - 圆锥的体积) = 2\left(\pi r^3 - \frac{\pi r^3}{3}\right) = \frac{4}{3}\pi r^3.$$

利用卡瓦列里原理可以简化中学立体几何课程中许多体积公式的推导过程.这种方法在西方已为许多作者接受,并且在教学法的立场上受到人们的支持.

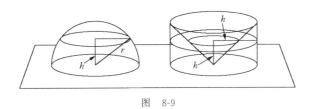

图 8-9

3.2   微分学的早期史

在 17 世纪,由于两位杰出的数学家伽利略和开普勒的一系列发现,导致了数学从古典数学向现代数学的转折. 在 25 岁以前伽利略就开始作了一系列实验,发现了许多有关物体在地球引力场运动的基本事实. 开普勒在 1619 年前后归纳出著名的行星运动三定律. 这些成就对后来的绝大部分的数学分支都产生了巨大影响. 伽利略的发现导致了现代动力学的诞生,开普勒的发现则产生了现代天体力学. 这些学科的发展都需要一种新的数学工具,这就是研究运动与变化过程的微积分.

有趣的是,积分学的起源可追溯至古希腊时代,但直到 17 世纪微分学才出现重大突破. 微分学主要来源于两个问题的研究,一个是作曲线切线的问题,一个是求函数的最大、最小值的问题. 这两个问题在古希腊也曾考虑过. 例如,在古希腊就能作出圆和圆锥曲线的切线. 阿波罗尼奥斯在他的《圆锥曲线》一书中讨论过圆锥曲线的法线,把它当做从一点至曲线的最大和最小线段. 在古希腊的著作中也可以找到对极大、极小问题的讨论. 但古希腊对这两个问题的讨论远不及对面积、体积、弧长问题讨论得那么广泛和深入.

曲线的切线问题和函数的极大、极小值问题都是微分学的基本问题. 正是这两个问题的研究促进了微分学的诞生. 费马在这两个问题上都做出了重要贡献. 费马处理这两个问题的方法是一致的. 用现代语言来说,都是先取增量,而后让增量趋向于 0. 而这正是微分学的实质所在,也正是这种方法不同于古典方法的实质所在.

费马还考虑了求抛物体的质心问题. 他得到的结果当然是早就知道的. 在 1900 多年以前,阿基米德在他的《方法篇》中已算出这一结果. 而且在一个世纪以前又为康曼第努和麦洛里克斯重新发现过. 费马的贡献在于,他第一次采用了相当于今天的微分学中的方法,而不是类似于积分求和的方法. 一个通常用求和的方法得到的结果,竟能用求极大、极小值的方法得到,这使他的朋友罗贝瓦尔感到惊奇. 奇怪的是,他用求极大、极小值的方法求质心,竟然没有看到这两类问题——微分学问题与积分学问题——的基本联系. 只要费马能对他的抛物线和双曲线求切线和求面积的结果更仔细地考查一下,他就可能发现微积分基本定理.

费马当然在某种意义下理解到这两类问题有一个互逆关系. 他之所以没有作进一步的考虑,可能是由于他以为他的工作只是求几何问题的解,而不是代表本身就很有意义的推理过程. 他的极大、极小值方法,切线方法及求面积的方法,在他看来是解决这些问题的特有的方法,而不是新的分析学. 此外,在应用上也有局限性. 费马只知道把它们应用到有理式的情况,而牛顿和莱布尼茨通过无穷级数的应用认识到这一方法的普遍性.

如果费马当时认识到这一点,那么微积分的发明权就属于费马了.在数学史上,拉格朗日、拉普拉斯和傅里叶都曾称"费马是微积分的真正发明者".但泊松正确地指出,费马不应当享有这一荣誉.

但是,肯定地,除了巴罗以外,没有任何数学家像费马这样接近微积分的发明了.

3.3 巴罗的贡献

另一个对微积分作出预言的是巴罗(I. Barrow).他于 1630 年生于伦敦,毕业于剑桥大学.他在物理、数学、天文和神学方面都有造诣.他也是当时研究古希腊数学的著名学者,他翻译了欧几里得的《几何原本》.他是第一个担任剑桥大学卢卡斯讲座教授的人.牛顿是他的学生.1669 年,他辞去了他的教授席位,并赞助牛顿取得此席位.1673 年他被任命为剑桥三一学院院长,1677 年逝世于剑桥.

巴罗最重要的著作是他的《光学和几何学讲义》.在这本书中我们能够找到非常接近近代微分过程的步骤.在本质上他已经用了今天教科书中所用的微分三角形的概念.

特别有趣、特别重要的是,巴罗在《光学和几何学讲义》的第十讲和第十一讲把做曲线的切线与曲线的求积联系了起来.这就是说,他把微分学和积分学的两个基本问题以几何对比形式联系了起来.把这两个定理翻译成现代语言,并使用现代符号,则其内容可陈述如下:

(1) 如果 $y = \int_0^x z \mathrm{d}x$, 则 $\dfrac{\mathrm{d}y}{\mathrm{d}x} = z$.

(2) 如果 $z = \dfrac{\mathrm{d}y}{\mathrm{d}x}$, 则 $\int_0^x z \mathrm{d}x = y$.

巴罗的确已经走到了微积分基本定理的大门口.但在巴罗的书中,这两个定理相隔二十余个别的定理,并且没有把它们对照起来,也几乎没有使用过它们.这说明巴罗并没有从一般概念意义下理解它们.但是我们知道,只有一般概念才能阐明问题的本质,才能开拓广阔的应用道路.

3.4 前期史小结

我们来总结一下 17 世纪在"微积分"方面所取得的成就,总结到牛顿和莱布尼茨出现于数学界为止.

关于积分学这个范围内的成就越来越多.这里面不仅得到了大量的关于求面积、体积、弧长、曲面面积及质心定位的结果,也认识到所有在传统上归结为求面积的这类问题之间的联系.在卡瓦列里、帕斯卡等人的著作中开始结晶出定积分的概念本身.实际上那时已经算出了一系列最简单的积分,常常是几何的形式,但有时也有算术的形式,找到了把一些积分化为别的积分的种种关系式.

在微分学这个领域内,费马给出了一个统一的无穷小方法,用以解决求解最大、最小值问题和作曲线的切线问题. 他的研究为一系列其他数学家所继续. 最后, 巴罗在这两类问题中间搭成了一座桥梁.

这样一来, 这门新学科的基础已经具备, 但是像现在这样的微积分还没有. 正如后来莱布尼茨确切表达的:"在这样的科学成就之后, 所缺少的只是引出问题的迷宫的一条线, 即依照代数样式的解析计算法."

在创建微积分的过程中究竟还有多少事情要做呢?

(1) 需要以一般形式建立新计算法的基本概念及其相互联系, 创立一套一般的符号体系, 建立计算的正规程序或算法.

(2) 为这门学科重建逻辑上一致的、严格的基础.

这第一个任务就是牛顿和莱布尼茨各自独立创造的微积分学所完成的工作. 至于要在一个比较严格的基础上重建这个学科的基本概念, 则要等到这个学科取得了广泛应用和蓬勃发展之后才可能. 这是法国伟大的分析学家 A. L. 柯西(Cauchy, 1789—1857)及其他 19 世纪数学家的工作.

3.5　微积分的诞生

由于生产实际的需要, 力学和天文学的推动, 由于从阿基米德以来多少代人的努力, 在 17 世纪下半叶, 终于由牛顿和莱布尼茨综合、发展了前人的工作, 几乎同时建立了微积分. 正如恩格斯指出的: 微积分是"由牛顿和莱布尼茨大体上完成的, 但不是由他们发明的"(《自然辩证法》).

这也说明了科学工作的另一个极重要的方面, 即科学的集体合作性. 著名物理学家卢瑟福说:

> 任何个人要想突然作出惊人的发现, 这是不符合事物发展规律的. 科学是一步一个脚印地向前发展, 每个人都要依赖前人的工作. 当你听说一个突然的、意想不到的发现——仿佛晴天霹雳——时, 你永远可以确信, 它总是由一个人对另一个人的影响所导致的, 正是有这种相互影响才使科学的进展存在着巨大的可能性. 科学家并不依赖于某一个人的思想, 而是依赖于千百万人的集体智慧, 千百万人思考着同一个问题, 每一个人尽他自己的一份力量, 知识的大厦就是这样建造起来的.

3.6　牛顿与莱布尼茨对微积分的贡献

微积分的创立工作是由牛顿和莱布尼茨在同一时期各自独立地完成的. 但是, 正如恩格斯所指出的:"是由牛顿和莱布尼茨大体上完成的, 但不是由他们发明的".

1642 年 1 月 8 日, 伽利略在宗教的迫害下, 默默辞世. 同年 12 月 25 日, 一个羸弱的没有了父亲的早产儿诞生了, 他就是牛顿. 牛顿一生的重要转折点是 1665 年. 当时伦敦流行鼠疫, 他被迫回到家乡. 正是在家乡, 牛顿开始了数学, 力学和光学的伟大工作. 牛顿的手稿表明,大约在 1665 年秋,他已用"0"表示无穷小量,并以此求瞬时变化率.后来,他把变量 x 称为流量,x 的瞬时变化率称为流数,整个微积分便称为流数术.1687 年牛顿出版了划时代的名著《自然哲学的数学原理》.《原理》从作为力学基础的定义和公理(运动定律)出发,将整个力学建立在严谨的数学演绎基础之上.就数学本身而言,这是牛顿微积分学说的第一次正式公布.这部著作对数学的发展具有极大的重要性,为下一个世纪的微积分研究打下了基础.

莱布尼茨是德国数学家和哲学家,和牛顿同为微积分的创始人.他 1646 年 7 月 1 日生于莱比锡.牛顿建立微积分主要是从运动学的观点出发,而莱布尼茨则从几何学的角度去考虑.他的第一篇微分学文章《一种求极大,极小和切线的新方法,……》1684 年在《学艺》杂志上发表,这是世界上最早的微分学文献,比《原理》早三年,具有划时代的意义.它已含有现代微分符号和基本微分法则.1686 年,他在《学艺》杂志上发表第一篇积分学论文,这对微积分的发展有极大影响.

牛顿和莱布尼茨的超越前人的贡献,不在于发现求切线和求面积的方法,而是给出了一般的无穷小算法,同时又找出了微分学和积分学的互逆关系.这一深刻思想已成为人类文明中的瑰宝.

3.7　微积分诞生的意义

微积分诞生之前,人类基本上还处在农耕文明时期.解析几何的诞生是新时代到来的序曲,但还不是新时代的开端.它对旧数学作了总结,使代数和几何融为一体,并引出变量的概念.变量,这是一个全新的概念,它为研究运动提供了基础.

推导出大量的宇宙定律必须等待这样的时代的到来,准备好这方面的思想,产生像牛顿、莱布尼茨、拉普拉斯这样一批能够开创未来,为科学活动提供方法,指出方向的领袖.但也必须等待创立一个必不可少的工具——微积分,没有微积分,推导宇宙定律是不可能的.在 17 世纪的天才们开发的所有知识宝库中,这一领域是最丰富的.微积分为创立许多新的学科提供了源泉.

微积分是人类智力的伟大结晶.它给出一整套的科学方法,开创了科学的新纪元,并因此加强与加深了数学的作用.恩格斯说:

> "在一切理论成就中,未必再有什么像 17 世纪下半叶微积分的发现那样被看做人类精神的最高胜利了.如果在某个地方我们看到人类精神的纯粹的和唯一的功绩,那就正是在这里."

有了微积分,人类才有能力把握运动和过程.有了微积分,就有了工业革命,有了大工业生产,也就有了现代化的社会.航天飞机,宇宙飞船等现代化交通工具都是微积分的直接后果.数学一下子走到了前台.数学在人类社会的第二个层次中的作用比第一个层次(第二章 §1)要明显多了.

牛顿接过伽利略的事业继续前进.当初伽利略用数学化的语言描述自然界时,总是将运动限制在地球表面或附近. 他的同时代人开普勒得到了关于天体运动的三个数学定律. 但是, 科学的这两个分支似乎是独立的. 找出它们之间的联系是对当时最伟大的科学家的挑战. 在微积分的帮助下, 万有引力定律发现了, 牛顿用同一个公式来描述太阳对行星的作用, 以及地球对它附近物体的作用. 这就是说, 伽利略和牛顿建立的这些定律描述了从最小的尘埃到最遥远的天体的运动行为. 宇宙中没有哪一个角落不在这些定律的所包含的范围内. 这是人类认识史上的一次空前飞跃, 不仅具有伟大的科学意义, 而且具有深远的社会影响. 它强有力地证明了宇宙的数学设计, 摧毁了笼罩在天体上的神秘主义、迷信和神学.

在伽利略规划的指导下, 借助微积分的工具在寻求自然规律方面所取得的成功远远超出了天文学的领域. 人们把声音当做空气分子的运动而进行研究, 获得了著名的数学定律. 胡克研究了物体的振动. 波意耳、马略特、伽利略、托里拆利和帕斯卡测出了液体、气体的压力和密度. 范·海尔蒙特利用天平测量物质, 迈出了近代化学中重要的一步. 黑尔斯开始用定量的方法研究生理学. 哈维利用定量的方法证明了, 流出心脏的血液在回到心脏前将在全身周流. 定量研究也推广到了植物学. 所有这些仅仅是一场空前巨大的、席卷近代世界的科学运动的开端.

到 18 世纪中叶, 伽利略和牛顿研究自然的定量方法的无限优越性, 已经完全确立了. 著名哲学家康德说, 自然科学的发展取决于其方法与内容和数学结合的程度, 数学成为打开知识大门的金钥匙, 成为科学的皇后.

数学与自然科学的联盟所显示出的惊人成果, 使人们认识到:

(1) 理性精神是获取真理的最高源泉.

(2) 数学推理是一切思维中最纯粹、最深刻、最有效的手段.

(3) 每一个领域都应该探求相应的自然和数学规律. 特别是哲学、宗教、政治经济、伦理与美学中的概念和结论都要重新定义, 否则它们将与那个领域里的规律不相符合.

3.8　牛顿革命

牛顿把他的书定名为《自然哲学的数学原理》在于向世人昭示, 他将自然原理数学化的过程, 即他构造了一种自然哲学, 而不是一般的哲学. 他的书不仅在原理的发展上, 在命题的证明和应用上是数学的, 而且在将数学应用于自然哲学上也提出了富有意义的新方法. 牛顿的工作引出了四个革命:

首先是数学革命. 他的微积分整个地改变了数学研究的内容和方向.

其次, 他把数学应用于物理与天文学上, 引起了一场科学革命, 并为其后的工业革命奠定了基础. 世界面貌由此发生巨大而迅速的变化, 世界政治格局也发生巨大变化.

第三, 牛顿革命也存在一种巨大的意识形态成分. 1980 年, Berlin Isaiah 对牛顿的影响作了如下的总结:"牛顿思想的影响是巨大的; 不管这些思想是否被正确地理解, 整个启蒙运动的纲领, 尤其是在法国, 是自觉地建立在牛顿的原理和方法的基础上的, 并且从牛顿的辉煌成就派生出启蒙运动的信心及其广泛影响. 这在后来转变为——的确, 大大地创造了——西方文化.道德、政治、技术、历史、社会等等的某些中心概念和发展方向,没有哪一个思想和生活领域能够逃脱这种文化转变的影响."

第四,在哲学上引出了"决定论"的世界观.

3.9   决定论的世界观

微分学研究的对象是局部的、动态的和瞬时的,是发生在"0"时刻的事件.为什么要研究0时刻? 数学家的目的是"以暂定久"、"以常制变"、"以局部驭整体".例如,人口方程

$$\frac{\mathrm{d}y}{\mathrm{d}t} = ky$$

表示的是某地区、某时刻人口的变化规律.这个方程也可以表示动物或细菌的繁殖规律.数学家使用这个方程是为了预测人口未来的变化,或某种细菌是如何繁殖的.他们想把永恒固定在瞬间.在数学家心目中,一个方程就是一个小世界.这使我们想起了英国诗人勃莱克的诗:

> 一沙一世界,一花一天国.掌上有无穷,瞬时即永恒.

由此引出了决定论的世界观.对决定论的世界观表达得最清楚的是拉普拉斯.他说:

> 我们可以把目前的宇宙状态看做是宇宙过去的结果和未来的原因.假使有一位智者,在任一给定的时刻,他都能洞见所有支配自然界的力和组成自然界的存在物的相互位置,假使他的智慧巨大到足以使自然界的数据得到分析,那么他就能将宇宙最大的天体和最小的原子的运动统统纳入一个公式之中:对这样的智者来说,没有什么是不能确定的,未来同过去一样都历历在目.

这种决定论把常人与超人之间的差别归结为程度上的差别,而不是本质上的差别.莱布尼茨更乐观地将它推广到更大的领域.他想出一种受逻辑法则控制的符号处理过程,可以决定任何一个论断在逻辑公理下是真还是假.这样可以使人类的所有争论在逻辑下得到解决.这种决定论的思想到 19 世纪末达到了极致,其代表人物是杜布瓦-雷蒙,他们在 1880 年发表了一个公开演讲,这演讲很有影响.他们想象出一种适用于一切事物的大数学理论,从宇宙的现在状态去预言宇宙的未来进程.他们说,我们可以想象,整个宇宙进程中自然科学的作用可以用一个数学公式,一个无限的微分方程组来描述,它可以给出宇宙中每一个原子在任何时候的位置、运动方向和速度.——令 $t = -\infty$,我们将会发现所有事物的神秘的原始条件;令 $t = +\infty$,我们将进入冰冷的寂静状态.

但这是一种神话,这种神话统治人类达 200 年之久.直到 19 世纪末庞加莱才打开了混沌学的缺口,指出决定论不过是一个神话.

§4 第二次数学危机

4.1 英雄世纪

微积分诞生之后,数学迎来一次空前的繁荣时期.18 世纪被称为数学史上的英雄世纪.这个时期的数学家们在几乎没有逻辑支持的前提下,勇于开拓并征服了众多的科学领域.他们把微积分应用于天文学、力学、光学、热学等各个领域,并获得了丰硕的成果.在数学本身他们又发展了微分方程、无穷级数的理论,大大地扩展了数学研究的范围.

18 世纪的数学家们知道他们的微积分概念是不清楚的,证明也不充分,但他们却自信他们的结果是正确的.为什么会是这样呢? 部分答案是,有许多结果为经验和观测所证实,其中最突出的是天文学的预言,如哈雷彗星的再度出现.另一个原因是,那时的数学家确信,上帝数学化地设计了世界,而他们正在发现和揭示这种设计.可以说,这种信仰支撑着他们的精神和勇气,而丰硕的科学成果则养育着他们的心智,成为他们追求的精神食粮.

科学上的巨大需要战胜了逻辑上的顾忌.他们需要做的事情太多了,他们急于去攫取新的成果.基础问题只好先放一放.正如达朗贝尔所说的:"向前进,你就会产生信心!"数学史的发展也一再证明自由创造总是领先于形式化和逻辑基础.

4.2 第二次数学危机

大家知道,在公元前 5 世纪出现了数学基础的第一次灾难性危机,这就是无理数的诞生.这次危机的产生和解决大大地推动了数学的发展.

在微积分的发展过程中,一方面是成果丰硕,另一方面是基础的不稳固,在微积分的研究和应用中出现了越来越多的谬论和悖论.数学的发展又遇到了深刻的令人不安的危机.由微积分的基础所引发的危机在数学史上称为**第二次数学危机**.

虽然在牛顿和莱布尼茨创立微积分之后的大约一百年中,很少注意到从逻辑上加强这门学科的基础,但绝不是对薄弱的基础没有人批评.一些数学家进行过长期的争论,并且,两位创立者本人对此学科的基本概念也不满意.对有缺陷的基础最强有力的批评来自一位非数学家,这就是著名的唯心主义哲学家贝克莱主教(Bishop George Berkeley,1685—1753),他坚持:微积分的发展包含了偷换假设的逻辑错误.我们以考查牛顿对现在称作微商概念所采用的方法,来弄明白这个特殊的批判.

牛顿在 1704 年发表了《曲线的求积》,其中他确定了 x^3 的导数(他当时称为流数).我们把牛顿的方法意译如下:

当 x 增长为 $x+0$ 时,幂 x^3 成为 $(x+0)^3$,或 $x^3+3x^20+3x0^2+0^3$;

它们的增量分别为 0 和 $3x^20+3x0^2+0^3$;

这两个增量与 x 的增量 0 的比分别为 1 与 $3x^2+3x0+0^2$;

然后让增量消失,则它们的最后比将为 1 比 $3x^2$. 从而 x^3 对 x 的变化率为 $3x^2$.

从引文中可看出,偷换假设的错误是明显的. 在论证的前一部分,假定 0 是非零的,而在论证的后一部分,它又被取为零. 贝克莱说:"在我们假定增量消失时,理所当然,也得假设它的大小、表达式以及其他,由于它的存在而随之而来的一切也随之消失."他还说:"总之,不论怎样看,牛顿的流数算法是不合逻辑的". 这就是历史上著名的"贝克莱悖论".

这里指出,只是在对极限论作了严格的逻辑处理之后,这一困难和缺陷才得以克服.

为了使读者对当时分析中出现的谬误有所了解,我们再看看大数学家欧拉在他使用分析推理时出现的一些悖论.

把二项式定理形式地应用于 $(1-x)^{-1}$,我们得到

$$\frac{1}{1-x} = (1-x)^{-1} = 1 + x + x^2 + x^3 + \cdots,$$

然后令 $x=2$,我们有

$$-1 = 1 + 2 + 4 + 8 + 16 + \cdots,$$

这就是欧拉得到的一个不得不接受的荒谬结论. 还有,把前式两边乘以 x,得

$$x + x^2 + \cdots = \frac{x}{1-x}.$$

另一方面,

$$\frac{x}{x-1} = \frac{1}{1-\frac{1}{x}} = 1 + \frac{1}{x} + \frac{1}{x^2} + \cdots,$$

两式相加后,欧拉得到

$$\cdots + \frac{1}{x^2} + \frac{1}{x} + 1 + x + x^2 + \cdots = 0.$$

这也是一个十分荒谬的结果.

17 世纪和 18 世纪的数学家们对无穷级数不大理解,以致在分析这个领域中出现了许多悖论. 再如,考虑级数

$$S = 1 - 1 + 1 - 1 + 1 - 1 + \cdots,$$

如果把级数以一种方法分组,我们有

$$S = (1-1) + (1-1) + (1-1) + \cdots = 0.$$

如果按另一种方法分组,我们有

$$S = 1 - (1 - 1 + 1 - 1 + 1 - 1 + \cdots) = 1 - 0 = 1.$$

L. G. 格兰迪(Grandi, 1671—1742)说,因为 0 和 1 是等可能的,所以级数的和应为平均数 $1/2$. 这个值也能用纯形式的方法得到. 事实上,

$$S = 1 - (1 - 1 + 1 - 1 + 1 - 1 + \cdots) = 1 - S.$$

由此得 $2S=1$,或 $S=1/2$.

这样的悖论日益增多. 数学家们在研究无穷级数的时候,做出许多错误的证明,并由此

得到许多错误的结论. 他们在有限与无限之间任意通行, 他们的工作可以用伏尔泰的一句话来概括: 微积分是"计算和度量一个其存在性是不可思议的事物的艺术".

　　因此在 18 世纪结束之际, 微积分和建立在微积分基础上的分析的其他分支的逻辑处于一种完全混乱的状态之中. 事实上, 可以说微积分在基础方面的状况比 17 世纪更差. 数学巨匠, 尤其是欧拉和拉格朗日给出了不正确的逻辑基础. 因为他们是权威, 所以他们的错误就被其他数学家不加批判地接受了, 甚至作了进一步的发展.

　　进入 19 世纪, 数学陷入更加矛盾的境地. 虽然它在描述和预测物理现象方面所取得的成就远远超出人们的预料, 但是大量的数学结构没有逻辑基础, 因此不能保证数学是正确无误的.

　　历史要求给微积分以严格的基础.

4.3　柯西的功绩

　　第一个为补救第二次数学危机提出真正有见地的意见的是达朗贝尔. 他在 1754 年指出, 必须用可靠的理论去代替当时使用的粗糙的极限理论. 但是他本人未能提供这样的理论. 最早使微积分严谨化的是拉格朗日. 为了避免使用无穷小推理和当时还不明确的极限概念, 拉格朗日曾试图把整个微积分建立在泰勒展开式的基础上. 但是, 这样一来, 考虑的函数范围太窄了, 而且不用极限概念也无法讨论无穷级数的收敛问题. 所以, 拉格朗日的以幂级数为工具的代数方法也未能解决微积分的奠基问题.

　　到了 19 世纪, 出现了一批杰出的数学家, 他们积极为微积分学的奠基工作而努力. 首先要提到的是捷克的哲学家和数学家波尔查诺(B. Bolzano, 1781—1848). 他开始将严格的论证引入到数学分析中. 1816 年, 他在二项展开公式的证明中, 明确地提出了级数收敛的概念, 同时对极限、连续和变量有了较深入的理解. 特别是, 他曾写出《无穷的悖论》一书, 书中包含许多真知灼见. 可惜, 在他去世两年后(1850 年)他的书才得以出版.

　　分析学的奠基人, 公认是法国的多产的数学家柯西. 柯西在数学分析和置换群理论方面做了开拓性的工作, 是最伟大的近代数学家之一. 他在 1821～1823 年间出版的《分析教程》和《无穷小计算讲义》是数学史上划时代的著作. 在那里他给出了数学分析一系列基本概念的精确定义. 例如, 他给出了精确的极限定义, 然后用极限定义连续性、导数、微分、定积分和无穷级数的收敛性. 这些定义基本上就是今天我们微积分课本中使用的定义, 不过现在写得更加严格一点.

4.4　外尔斯特拉斯的规划

　　对分析基础做更深一步的理解的要求发生在 1874 年. 那时德国数学家外尔斯特拉斯(K. T. W. Weierstrass, 1815—1897)构造了一个没有导数的连续函数, 即构造了一条处处没有切线的连续曲线. 这与直观概念是有矛盾的. 它对在分析学中运用几何直观是一场大风暴.

连续性和可微性是分析学的基本概念.从微积分诞生起一直是分析研究的主要对象.但是数学家们对它们的认识一直是模糊不清的.甚至有的数学家还证明过,任何函数在所有的连续点上都有导数.外尔斯特拉斯的函数几乎使所有的数学家都感到震惊.埃尔米特在1893年5月20日给斯蒂杰斯的信中写道:"我简直惊恐万状,不愿面对这一不幸的现实,没有导数的连续函数!"

极限概念、连续性、可微性和收敛性对实数系的依赖比当时人们想象的要深奥得多.黎曼发现,柯西没有必要把他的定积分限制于连续函数.黎曼证明了,被积函数不连续,其定积分也可能存在.黎曼还造出一个函数,当变量取无理值时它是连续的;当变量取有理值时它是不连续的.这些例子使我们越来越明白,在为分析建立一个完善的基础方面,还需要再深挖一步:我们需要理解实数系的更深刻的性质.

这个任务落在了外尔斯特拉斯身上.外尔斯特拉斯提出一个规划:

(1) 逻辑地构造实数系;

(2) 从实数系出发去定义极限概念、连续性、可微性、收敛和发散.

这个规划称为数学分析的算术化.任务是繁重而困难的,但在接近19世纪末的时候,这个规划终于完成了.

外尔斯特拉斯的努力终于使数学分析从完全依靠运动学、直觉理解和几何概念中解放了出来.外尔斯特拉斯规划的成功产生了深远的影响.主要表现在以下几点:

(1) 既然数学分析能从实数系导出,所以,如果实数系是相容的,那么全部分析是相容的.

(2) 欧氏几何通过笛卡儿坐标系也能奠基于实数系上.所以,如果实数系是相容的,那么欧氏几何是相容的,几何学的其他分支也是相容的.

(3) 实数系可用来解释代数的许多分支,所以许多代数的相容性也依赖于实数性的相容性.

由此得到,如果实数系是相容的,那么大部分数学就是相容的.

外尔斯特拉斯规划的第二部分是由引进精确的"ε-δ"语言而完成的.这一语言给出极限的准确描述,消除了历史上各种模糊的用语,诸如"最终比"、"无限地趋近于"等.这样一来,数学分析中的所有基本概念都可以通过实数和它们的基本运算以及关系精确地表述出来.

总之,第二次数学危机的核心是微积分的基础不稳固.柯西的贡献在于,将微积分建立在极限论的基础上.遗留的问题是,任何实数列的极限存在吗?外尔斯特拉斯的贡献在于,先逻辑地构造实数论.因而,建立分析基础的逻辑顺序是

实数系 — 极限论 — 微积分.

关于外尔斯特拉斯对数学分析的卓越贡献,希尔伯特这样评论道:"外尔斯特拉斯运用他鞭辟入里的批判给数学分析奠定了牢固的基础.他通过阐明许多概念,特别是极小、函数和微商的概念,消除了那时依然存在于微积分中的种种缺点,使微积分摆脱了有关无穷小的一切混乱概念,从而解决了由无穷小概念所产生的各种困难.如果今天在分析中对于运用以无理数和极限的概念为基础的演绎法有完全一致的意见和确信无疑的看法,并且如果甚至

在有关微分方程和积分方程的最复杂的问题中,尽管用了不同种类极限的最巧妙和多样的组合,对所得结果还是能够一致同意,那么这种令人愉快的事态主要是由于外尔斯特拉斯的科学工作."

希尔伯特并没有忘记,仍然有问题留下来.他说:"然而,尽管外尔斯特拉斯为微积分奠定了基础,但有关分析基础的争论依旧在进行下去.""这些争论之所以没有结束,是因为用在数学中的无限这一概念的意义一直没有完全解释清楚."

论文题目

1. 解析几何的精华.
2. 微积分发展史之我见.
3. 微积分的地位和作用.
4. 微积分与近代科学.

我站在巨人们的肩上——牛顿

"我不知道世人如何看我,可我自己认为,我好像只是一个在海边玩耍的孩子,不时为捡到比通常更光滑的石子或更美丽的贝壳而高兴,而展现在我面前的是完全未被探明的真理之海."这是牛顿晚年对自己的评价.

牛顿(Issac Newton, 1642—1727)(彩图 3)是英国数学家和物理学家,17 世纪科学革命的顶峰人物,他提出近代物理学基础的力学三大定律和万有引力定律.他关于白光由色光组成的发现为物理光学奠定了基础.他是微积分的创始人之一.他的《自然哲学的数学原理》是近代科学史上最重要的著作.

1642 年 12 月 25 日他生于英格兰林肯郡的伍尔索普村的一个农民家庭.1661 年进入剑桥三一学院,1665 年 4 月获学士学位.当时科学革命的序幕已经拉开,从哥白尼到开普勒的天文学家已经完成了日心体系,伽利略为新力学体系的创立扫清了道路.1665 年的瘟疫使学校关门,牛顿在回家居住的两年里,奠定了微积分的基础,完成了论文《论颜色》,推导出太阳和行星间的作用力随向径距离增加而减小的平方反比定律.

1667 年当选为三一学院院委,两年后由巴罗推荐,牛顿接替他担任卢卡斯教授.1669 年任皇家造币厂监督.1671 年当选为皇家协会会员.1703 年当选为英国皇家协会会长,他担任这个职务直到 1727 年 3 月 20 日在伦敦病逝.1705 年安妮女王封他为爵士.他终身未婚.

牛顿有这样一句赞美前辈科学家的名言:"如果说我比别人看得远些,那是因为我站在巨人们的肩上."

对人世间的生活,牛顿的态度相当消极.斐利斯评价他"对音乐充耳不闻,视雕塑为'金石玩偶',诗歌是'优美的胡扯'".

但牛顿留下的东西彻底改变了西方文明对世界的观点.赫胥黎对牛顿的评价是"作为凡人无甚可取;作为巨人无与伦比".

微积分的创始者,数理逻辑的奠基人——莱布尼茨

莱布尼茨(Gottfried Wilhelm Leibniz,1646—1716),德国数学家、哲学家,和牛顿同为微积分学的创建人.1646 年 7 月 1 日生于莱比锡,1716 年 11 月 4 日卒于德国西北的汉诺

威.1661 年入莱比锡大学学习法律,又曾到耶拿大学学习几何,1666 年在纽伦堡阿尔特多夫取得法学博士学位.

1667 年他投身于外交界,在美因茨的大主教 J.P.舍恩博恩的手下工作.在这期间,他到欧洲各国游历,接触到数学界的名流,并同他们保持着密切的联系.特别是在巴黎他受到 C.惠更斯的启发,决心钻研数学.在这之后数年,他迈入数学领域,开始了创造性的工作.1676 年,来到汉诺威,任腓特烈公爵顾问及图书馆馆长.此后 40 年,常居汉诺威,直到去世.

莱布尼茨终生奋斗的主要目标是寻求一种可以获得知识和创造发明的普遍方法.这种努力导致许多数学的发现,最突出的是微积分学.牛顿建立微积分主要是从运动学的观点出发,而莱布尼茨则从几何学的角度去考虑,特别和 I.巴罗的微分三角形有密切关系.他的第一篇微分学文章《一种求极大极小和切线的新方法,……》是 1684 年在《学艺》杂志上发表的,这是世界上最早的微积分文献,比牛顿的《自然哲学的数学原理》早 3 年.这篇论文仅 6 页纸,内容并不丰富,说理也颇含混的文章,却有着划时代的意义.它已含有现代微分符号和基本微分法则,还给出了极值的条件 $dy=0$ 和拐点的条件 $d^2y=0$.但运算规则只含简短的叙述而没有证明,使人很难理解.1686 年他在《学艺》上发表第一篇积分学论文.他所创设的微积分符号远远优于牛顿的符号,这对微积分的发展有极大的影响.可是在这篇最早的积分学论文中,却没有今天的积分号 $\int$.不过这符号确实早已创设.只是因为制版不便,印刷时才没有用.积分号 $\int$ 出现在他 1675 年 10 月 29 日的手稿上,它是字母 S 的拉长.微分符号 dx 出现在 1675 年 11 月 11 日的另一手稿上.他考虑微积分的问题,大概开始于 1673 年.

他的其他贡献有:1673 年,他制作了能进行四则运算的计算机;系统地阐述了二进制记数法,并与中国的八卦联系起来;1674 年得到

$$\frac{\pi}{4} = 1 - \frac{1}{3} + \frac{1}{5} - \frac{1}{7} + \cdots.$$

他在哲学上提出单子论,在逻辑学上提出数理逻辑的许多概念和命题.

数学分析的奠基人——柯西

　　柯西(Augustin Louis Cauchy,1789—1857)是法国数学家.1789 年 8 月 21 日生于巴黎,1857 年 5 月 23 日卒于附近的索镇.他出身于高级官员家庭,其父曾任法国参议院秘书长,从小受过良好的教育.在孩提时期,他就接触到 P. S. 拉普拉斯、拉格朗日这样一些大数学家.1805 年入巴黎综合工科学校,1807 年就读于道路桥梁工程学校,1809 年成为工程师,随后在运河、桥梁、海港等工程部门工作.1813 年回到巴黎,任教于巴黎综合工科学校.由于他在数学和数学物理方面的杰出成就,1816 年取得教授职位,同年,被任命为法国科学院院士.此外,他还拥有巴黎大学理学院和法兰西学院的教授席位.

　　1830 年,波旁王朝被推翻,柯西拒绝宣誓效忠新的国王,因此失去了所有的职位.他自行出走,先到瑞士的弗里堡,后被前国王召到布拉格,协助宫廷教育,1838 年回到巴黎,继任巴黎综合工科学校教授,并恢复了在科学院的活动.1848 年任巴黎大学教授.

　　柯西对数学的最大贡献是在微积分中引进了清晰和严格的表述与证明方法.使微积分摆脱了对于几何与运动的直观理解和物理解释,从而形成了微积分的现代体系.

　　柯西首先把无穷小量简单地定义为一个以零为极限的变量,他还定义了上、下极限,最早证明了极限

$$\lim_{n\to\infty}\left(1+\frac{1}{n}\right)^n$$

的存在性,并在其中第一次使用极限符号.他对微积分的见解被普遍接受并沿用至今.

　　柯西是一位多产的数学家,一生共发表论文 800 余篇,著书 7 本.《柯西全集》共有 27 卷.柯西的著作,大多是急就章,但都朴实无华,有思想,有创见.他所发现、创立的定理和公式,往往是一些最简单、最基本的事实.因而,他的数学成就影响广泛,意义深远.

大器晚成——外尔斯特拉斯

　　外尔斯特拉斯(Karl Theodor Wilhelm Weierstrass,1815—1897)是德国数学家,1815

年 10 月 31 日生于奥斯滕费尔德,1897 年 2 月 19 日卒于柏林.

通常认为,一流数学家有两个特点:一是从事数学的年龄很小,一是不为繁杂的教学任务所干扰.外尔斯特拉斯却是一个杰出的例外.1834 年,外尔斯特拉斯遵照父亲的意愿入波恩大学学习法律和经济,到 1838 年他才开始学习数学.从 1842 年到 1856 年他一直教中学.1854 年,当他 39 岁的时候获得了哥尼斯堡大学的名誉博士学位.1856 年他受聘于柏林大学,任助教授,同年成为柏林科学院成员.1864 年升任正教授.

外尔斯特拉斯的主要贡献在函数论和分析方面.他发现了函数项级数的一致收敛性,借助级数构造了复变函数论,开始了分析的算术化过程.他给出的处处连续处处不可微的函数震动了数学界,使数学家对函数乃至数学的理解更加深刻.在代数方面,他第一个给出行列式的严格定义.

外尔斯特拉斯是一个伟大的教师.他精心准备的讲稿影响了许多未来的数学家."外尔斯特拉斯的严格"成了"精细推理"的同义词.他被誉为"现代分析之父".他培养了许多卓有成效的数学家,如 C.B. 柯瓦列夫斯卡娅、H.A. 施瓦兹、I.L. 富克斯、G. 米塔-列夫勒等.

外尔斯特拉斯是一个大器晚成对整个数学界带来巨大影响的伟大数学家.

第九章　来自几何学的思想

> 目前以代数取代几何的趋势对教育是有害的,应当把它扭转过来.
>
> 　如果以为无须适当的启发,只需通过大量的死记硬背代数结构来取代几何的学习,就更容易学到数学,那无论如何是一个可悲的错误.
>
> R. Thom

几何学是研究"形"的科学,以视觉思维为主导,培养人的观察力、空间想象力与空间洞察力.几何学中最先发展起来的是欧氏几何.到文艺复兴时期,几何学上第一个重要成果是笛卡儿的解析几何.他把代数方法应用于几何学,实现了数与形的相互沟通.随着透视画的出现,又诞生一门全新的几何学——射影几何学.到 19 世纪上半叶,非欧几何诞生了.人们的思想得到很大的解放.各种非欧几何、微分几何、拓扑学都相继诞生,几何学进入一个空前繁荣的时期.几何学的发展是丰富多彩的、激动人心的.本章将介绍几何学的一些主要思想.

§1　欧氏几何回顾

1.1　欧氏几何的历史地位

欧几里得的《几何原本》诞生于公元前 300 年,它被称为数学家的圣经,在数学史,乃至人类科学史上具有无与伦比的崇高地位.它的主要贡献是什么呢?

(1)成功地将零散的数学理论编为一个从基本假定到最复杂结论的整体结构.

(2)对命题作了公理化演绎.从定义、公理、公设出发建立了几何学的逻辑体系,并成为其后所有数学的范本.

(3)几个世纪以来,已成为训练逻辑推理的最有力的教育手段.

(4)演绎的思考首先出现在几何学中,而不是在代数学中,使几何学具有更加重要的地位。这种状态一直保持到解析几何的诞生.

欧氏几何是演绎数学的开始.演绎方法是组织数学的最好方法.它可以极大程度地消除我们认识上的不清和错误.如果有怀疑的地方都回归到基础概念和公理.德国学者赫尔姆霍斯说:"人类各种知识中,没有哪一种知识发展到了几何学这样完善的地步,……没有哪一种知识像几何学一样受到这样少的批评和怀疑."

1.2　几何学在数学教育中的地位

无论是中学还是大学的数学课程都发生过,且正在发生着种种变革,其中最引人注目的是几何在课程中的核心地位的衰落. 欧氏几何已从宝座上跌落了下来.

在几个世纪里, 欧几里得控制着数学舞台. 但是代数的出现, 笛卡儿将其应用于几何, 以及随后微积分的发展, 改变了数学的整个特征. 数学变得更加符号化, 更抽象了.

无可奈何花落去.

但是, 也不要这样悲观, 而应向事物的深层看去. 英国著名数学家 M. 阿蒂亚说了这样一段深刻的话, 值得深思: "几何是数学中这样一个部分, 其中视觉思维占主导地位, 而代数则是数学中有序思维占主导地位的部分. 这种区分也许用另外一对词更好, 即'洞察'与'严格', 两者在真正的数学研究中起着本质的作用." 这就明确指出, 几何学不只是一个数学分支, 而且是一种思维方式, 它渗透到数学的所有分支. 对这种思维方式应当给予足够的训练.

1.3 演绎法的基本特色

欧氏几何是演绎法的典范, 将它的结构分析清楚了, 一切演绎结构也就清楚了. 演绎体系的结构归结为:

(1) 基本概念的列举;   (2) 定义的叙述;   (3) 公理的叙述;

(4) 定理的叙述;   (5) 定理的证明.

1. 对定义的说明

我们先看角的定义.

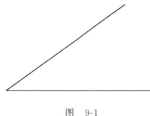

图 9-1

例 1 由同一点出发的两条半线所构成的图形称为角(图9-1).

在建立定义的时候, 我们用一个概念去定义另一个概念. 在例 1 中, 我们用了两个概念: 点和半线的概念. 自然发生的问题是, 点和半线是否也能下个定义呢? 在几何学中半线是这样定义的: 自已知点出发的半线是指这样的点的集合, 它们都在通过已知点的直线上, 并且位于该点的一侧.

在这个定义中我们又遇到了新的概念: "通过点的直线", "位于一侧". 对此, 我们又需要别的定义. 但是, 很显然, 这种建立定义的办法不能无止境地追究下去. 我们总得从某些东西开始, 每个演绎体系以一些基本概念为基础, 这些概念本身不给任何定义, 而通过它们去定义所有其余的概念.

在几何学里, 这些基本概念是"点"、"直线"、"平面"、"属于"、"介于"和"运动". 前三个称基本图形, 后三个称基本关系. 这样一来, 所有其余的图形和它们之间的关系便归结为基本图形与基本关系的讨论.

2. 对公理和定理的说明

公理和定理与定义有别. 定义仅仅是解释概念的意义, 而公理和定理则是一些断言.

例 2 (1) 通过两个不同的点有且仅有一条直线;

(2) 两条不同直线仅有一个公共点.

公理和定理在演绎体系中具有不同的地位. 它们的区别在于, 一切定理都是从公理中引申出来的, 而公理是不加证明的断言. 断言(1)是公理, 所以没有证明. 断言(2)是定理, 则需要证明.

证明　假定(2)不正确, 即假定两条不同的直线同时通过两个不同的点. 那么, 通过这两个不同的点可以引出两条不同的直线. 但这与公理(1)矛盾. 这就证明了(2).

每个演绎体系都必须从公理开始, 即从不加证明的假定开始. 事实上, 每个定理都是用前面的定理证明的, 前面定理的证明需要更前面的定理. 这种倒推过程不能无限地进行下去, 所以在开始必须作某些不证明的假设, 这些假设称为公设或公理. 它们是不是'真实的'或在什么意义下是'真实的', 系统本身不能回答. 公理系统的规定有任意性, 只要它们不导致两个互相矛盾的定理.

1.4　欧氏几何的内容

欧几里得的《几何原本》的主要内容如下表所示.

	定义	命题, 作图题	主要内容
第 1 卷	23	48,11	直线形
第 2 卷	2	14,2	面积的变换
第 3 卷	11	37,6	圆
第 4 卷	7	16,16	圆内接、外切多边形
第 5 卷	18	25,0	比例论
第 6 卷	4	33,10	相似形
第 7 卷	22	39,0	数论
第 8 卷	0	27,0	数论
第 9 卷	0	36,0	数论
第 10 卷	16	115,0	不可通约量理论
第 11 卷	28	39,4	空间直线与平面
第 12 卷	0	18,2	面积与体积
第 13 卷	0	18,0	正多面体
合计	131	465,54	

《几何原本》共 13 卷, 除其中第 5、第 7、第 8、第 9 和第 10 卷是讲授比例和算术理论外, 其余各卷都是讲授几何内容的. 第 1 卷包含平行线、三角形、平行四边形的定理; 第 2 卷主要是毕达哥拉斯定理及其应用; 第 3 卷讲授圆的定理; 第 4 卷讨论关于圆的内接与外切多边形的定理; 第 6 卷的内容是相似形的理论; 最后 3 卷是立体几何.

《几何原本》是由定义、公设、公理组成的演绎推理体系. 在第 1 卷开始他首先提出 23 个定义. 前 6 个定义是

(1) 点没有大小.

(2) 线有长度而没有宽度.

（3）线的界是点.

（4）直线上的点是同样放置的.

（5）面只有长度和宽度.

（6）面的界是线.

我们列出欧几里得的公设和公理.以后将要由此引出一些重要结论.

公设

（1）给定两点,可连接一线段.

（2）线段可无限延长.

（3）给定一点为中心和通过任意另一点可以作一圆.

（4）所有直角彼此相等.

（5）如一条直线与两条直线相交,并且在同侧所交出的两内角之和小于两个直角,则这两条直线无限延长后必在该侧相交(图 9-2).

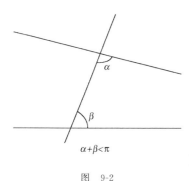

图 9-2

公理

（1）与同一个东西相等的东西,彼此也相等.

（2）等量加等量,其和相等.

（3）等量减等量,其差相等.

（4）彼此重合的东西相等.

（5）整体大于部分.

由此我们看到,前三个公设限定了用圆规和无刻度的直尺可以完成哪些作图.因此这两件仪器被称为欧几里得工具,使用它们可以完成的作图称为欧几里得作图.这种作图增加了几何学趣味.人们花费了大量的精力去解决几何三大难题,尽管是徒劳的,但从各方面推动了数学的发展.

在欧几里得几何体系中,第五公设和

"在平面内过已知直线外一点,只有一条直线与已知直线平行"

相等价.现在把后一命题叫做欧几里得平行公理.19 世纪它导致了数学发展史上一些非常重要的结果,这就是非欧几何的诞生.

1.5　几何学的进一步发展

1. 几何基础的研究

《几何原本》是最早一本内容丰富的数学书,为所有的后代人所使用,它对数学发展的影响超过任何一本别的书.读了这本书之后,对数学本身的看法,对证明的想法,对定理按逻辑顺序的排法,都会学到一些东西.它的内容也决定了其后数学思想的发展.

直到 19 世纪大半段以前,数学家一般都把欧几里得的著作看成是严格性方面的典范,但也有少数数学家看出了其中的严重缺点,并设法纠正.19世纪末,几何领域中最敏锐的思想家日益关心《几何原本》缺乏真正的严密性问题.非欧几何的创立更加激发人们去探索古典几何的正确而又完备的叙述.

《几何原本》的主要缺陷是什么呢?首先,欧几里得的定义不能成为一种数学定义,完全不是在逻辑意义下的定义.有的不过是几何对象,如点,线,面等的一种直观描述,有的含混不清.这些定义在后面的论证中实际上是无用的.其次,欧几里得的公设和公理是远不够用的.因而在《几何原本》许多命题的论证中不得不借助直观,或者或明或暗地引用了用其他的公设或公理无法证明的东西.例如,公设(2)断定直线可被无限延长,但是它不一定意味着直线是无限长的,而只意味着,它是无端的,或无界的.连接球面上两点的大圆的弧可沿着大圆无限延长,但它不是无限长的.德国数学家黎曼在1854年所作的著名演讲《关于几何学基础的假定》中区别了直线的无界和无限长,而成为黎曼几何诞生的起点.

19世纪末期,德国数学家D.希尔伯特于1889年发表了《几何基础》.书中成功地建立了欧几里得几何的完整的公理体系,这就是希尔伯特公理体系.他从叙述21条公理开始,其中涉及6个本原的或不定义的术语,即作为元素的点,直线和平面,以及它们之间的三种关系:"属于"、"介于"和"全等于".他把公理分为五类,分别处理关联、顺序、全等、平行和连续性.

2. 错误的怀疑,正确的方向

直到19世纪上半叶以前,几何基础的真正发展没有走上正路,却奇怪地在欧氏几何完全正确的地方进行修正.这就是关于第五公设的研究.欧几里得的第五公设在几何史上占有极重要的地位.正是在它前面横着一条大道——通向非欧几何的大道.这种几何根本地改变了我们对于实际物理空间的几何学和作为抽象的数学科学的几何学的观点.

在欧几里得以后的两千年期间,很难找到一个没有去试图证明第五公设的大数学家.是什么原因唤起了这么多人去证明它呢?可以说有两个主要原因.第一是,它更像一个定理,而不像公设.古代就有人说:"它完全应该从公设中剔除,因为它是一条定理……".的确,这一公设看起来确像一条命题,它的陈述性语言就占了一大半.第二是,它在《几何原本》中出现的很迟.

在各种各样证明的尝试的积累下,与第五公设等价的命题的范围越来越大.问题逐渐变得清楚起来.对第五公设的否定将招致对所有这些命题的否定,即招致一系列不可思议的、荒诞不经的推论,但是在其中找不到任何逻辑矛盾.为了寻找这种矛盾,在18世纪里已经有一些学者,从第五公设不成立的前提出发,颇为深入地发展了一些推论,其中有萨谢利,兰伯特等.实质上这已经是非欧几里得几何的初步,但这些工作的作者没有达到这种认识.

3. 否定平行公设

到了19世纪上半叶,人们终于认识到,否定平行公设将引出新的几何,这就是非欧几何学.

欧氏几何的平行公设说,

在平面内过已知直线外一点,只有一条直线与已知直线平行.

否定它,就会得到新的平行公设:

(1) 在平面内过已知直线外一点,有两条以上直线与已知直线平行.

(2) 平面上任何两条直线都相交.

欧几里得公设中的前四条与(1)结合,得到双曲几何.这是高斯、罗巴切夫斯基和波尔约的功绩.欧几里得公设中的前四条与(2)结合,得到椭圆几何,但要对欧几里得的公设(1),(2)重作解释.这是黎曼的功绩.

平行公设构成三种几何的分水岭.

§2 非欧几何

2.1 非欧几里得几何的诞生

平行公理不能作为定理从欧几里得的其他假定推出,它独立于其他那些假定.对于两千年来受传统偏见的约束,坚信欧几里得几何无疑是唯一可靠的几何,而任何与之矛盾的几何系统绝对是不可能相容的人来说,承认这样一种可能是要有不寻常的想象力的.

高斯是真正预见到非欧几何的第一人.不幸的是,毕其一生高斯没有关于此命题发表什么意见.他的先进思想是他通过与好友的通信、对别人著作的几份评论,以及在他死后从稿纸中发现的几份札记.虽然他克制住自己,没有发表自己的发现,但是他却竭力鼓励别人坚持这方面的研究.把这种几何称为非欧几何的正是他.

预见到非欧几何的第二人是 J. 波尔约,匈牙利人.他是数学家 F. 波尔约的儿子.F. 波尔约与高斯有长期的亲密的友谊.小波尔约的这项研究受到他父亲的很大启发,因为老波尔约早就对平行公设问题感兴趣.早在 1823 年 J. 波尔约就开始理解摆在他面前的问题的实质.那年他给父亲写了一封信,说明他热衷于这项工作,并强调说:"我要白手起家创造一个奇怪的新世界."J. 波尔约称他的非欧几何为绝对几何,他写了一篇 26 页的论文《绝对空间的几何》,出版时作为附录附于他父亲的《为好学青年的数学原理论著》一书中,该书出版于1823~1833 年间.J. 波尔约似乎在 1825 年已建立起非欧几何的思想.

虽然人们承认高斯和 J. 波尔约是最先料想到非欧几何的人,但是俄国数学家罗巴切夫斯基实际上是发表此课题的有系统著作的第一人.罗巴切夫斯基一生中的大部分时间是在喀山度过的,先是学生,后来任数学教授,最后当校长.他关于非欧几何的最早论文就是于1829~1830 年在《喀山通讯》上发表的,比波尔约著作的发表早二到三年.这篇论文在俄国没有引起多大注意,因为是用俄文写的,实际上在别处也没有引起多大注意.

他发展的非欧几何现今被称为罗巴切夫斯基几何.他赢得了"几何学上的哥白尼"的称号.

在罗巴切夫斯基和波尔约的著作发表若干年后,整个数学界才对非欧几何这个课题给与更多的注意.几十年后这项发现的真正内涵才被理解.下一个重要任务是证明新几何的内在相容性.

2.2 黎曼的非欧几何

第二种非欧几何的发现者是德国数学家 G. F. B. 黎曼(Riemann).这是他在 1854 年讨论无界和无限概念时得到的成果.虽然欧几里得的公设(2)断言:直线可被无限延长,但是,并不必定蕴涵直线就长短而言是无限的,只不过是说:它是无端的或无界的.例如,连接球面上两点的大圆的弧可被沿着该大圆无限延长,使得延长了的弧无端,但确实就长短而言它不是无限的.现在我们可以设想:一条直线可以类似地运转,并且,在有限的延长之后,它又回到它本身.由于黎曼把无界和无限的概念分辨清了,他实现了另一种内相容的几何学,如果欧几里得的公设(1),(2)和(5)作如下修正的话:

(1) 两个不同的点至少确定一条直线.

(2) 直线是无界的.

(3) 平面上任何两条直线都相交.

这第二种非欧几何通常被称作黎曼的非欧几何.

由于罗巴切夫斯基的和黎曼的非欧几何的发现,几何学从其传统的束缚中解放出来了,从而为大批新的、有趣的几何的发现开辟了广阔的道路.这些新几何有:非阿基米德几何、非笛沙格几何、黎曼几何、非黎曼几何、有限几何(它只包含有限多的点、线和面)等.这些新几何并不是毫无用处的.例如在爱因斯坦发现的广义相对论的研究中,必须用一种非欧几何来描述这样的物理空间,这种非欧几何是黎曼几何的一种.再如,由 1947 年对视空间(从正常的有双目视觉的人心理上观察到的空间)所做的研究得出结论:这样的空间最好用罗巴切夫斯基非欧几何来描述.

2.3 从宇宙飞船上看地球

古希腊人贡献了欧几里得几何,中国古代数学家也发现了欧氏几何学的一些重要定理.这与他们对环境的认识密切相关.如果古代就有人造卫星或宇宙飞船,并从飞船上看到了地球的形状,他们会发现什么样的几何学呢?

中国古人对宇宙的看法是,天圆地方.希腊人也认为大地是平坦的.于是,很自然地,欧氏几何的二维图形都是画在平面上的.平面上的两点间的最短线是直线.球面上两点间的最短线是什么?是球面上连接这两点的大圆的圆弧.大圆如图 9-3 所示,是球面上与球有同一个中心的圆.因而在球面几何中,应当把大圆视为直线.

要是古人早就知道大地不是平面而是球面.肯定地,非欧几何的发现不会花费这样长的时间,经历这样艰苦的历程.

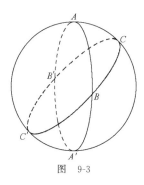

图 9-3

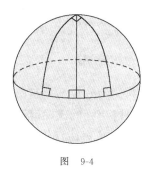

图 9-4

2.4 球面几何

直到人们对曲面的几何有了更多的了解以后,这两种几何才变得容易理解.双曲几何可以在伪球面上得到实现.椭圆几何可以在球面上得到实现.

1868 年意大利数学家贝尔特拉米发表一篇文章《非欧几何的实际解释》.在该文中,他给出了椭圆几何与双曲几何的解释.如果将球面上的大圆视为直线,那么球面上的几何就展现了一种椭圆几何.在这种几何中任何两条直线都相交,而且交于两个交点.三角形的三个内角和大于 π(图 9-4).另一个定理也容易推导出来:一条直线的所有垂线相交于一点.事实上,赤道是一个大圆,所有的纬线也都是大圆,它们都与赤道垂直,并交于南北极.

我们指出,黎曼几何的每一条定理都能在球面上得到令人满意的解释和意义.换言之,自然界的几何或实用的几何,在一般经验意义上来说,就是黎曼几何.几千年来,这种几何一直就在我们的脚下.但是,连最伟大的数学家也没有想过通过检验球的几何性质来攻击平行公设.我们生活在非欧平面上,却把它当成一个怪物,真是咄咄怪事!

2.5 双曲几何的模型

什么是伪球面呢?伪球面是由一条曲线绕一条固定轴旋转而成的旋转曲面.这条曲线叫曳物线.直观地讲,设河中有一船 A,今用长度为 l 的绳子拉船,而人在岸边.初始状态是,人在点 M 处,船在点 A 处.然后人拉着船从 M 点向 N 点前进,并保持绳子始终是直的,那么船运行的轨迹就是曳物线,如图 9-5 所示.曳物线绕轴 MN 旋转一周得到伪球面,如图 9-6 所示.贝尔特拉米指出,双曲几何可以在伪球面上得到实现.但是,严格地说,这种实现是不完全的,伪球面不能代表整个罗巴切夫斯基平面,而只能代表它的一部分.

后来,克莱因和庞加莱在欧氏平面的圆内给出了罗巴切夫斯基平面.我们来介绍庞加莱的模型.在欧氏平面上取一个圆 Δ,圆 Δ 内作为非欧平面.圆内的任意点 P 称为非欧点.圆的边界用 $\partial\Delta$ 表示,$\partial\Delta$ 上的点是非欧平面上的无穷远点.在 Δ 内与 $\partial\Delta$ 垂直的圆弧或直线段称为非欧直线(图 9-7).由此,所有过圆心的直线都是非欧直线.两非欧直线间的夹角,由交点处两圆弧切线间的夹角来度量.这样,我们在圆内建立了一个无限的非欧平面.

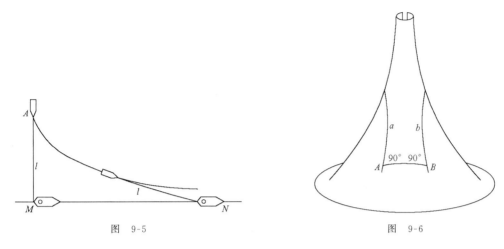

图 9-5　　　　　　　　　　　　　　　　图 9-6

现在,我们来考查非欧平面上的平行公设.如图 9-7 所示,非欧直线 l 与 $\partial\Delta$ 的交点是 A,B.过 l 外的一点 z_0 作非欧直线 l_1,l_1 与 l 相切于点 A.过点 z_0 再作非欧直线 l_2,l_2 与 l 相切于点 $B.l_1,l_2$ 在 Δ 内不与 l 相交.l_1,l_2 称为过点 z_0 与 l 平行的非欧直线.并且,在 l_1,l_2 所夹的阴影部分的任一点与 z_0 所决定的非欧直线都不与 l 相交,这些非欧直线叫做超平行非欧直线.

这说明庞加莱的模型满足罗巴切夫斯基的平行公设.

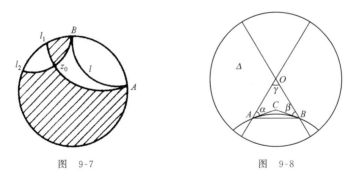

图 9-7　　　　　　　　　　　图 9-8

在双曲几何中,三角形内角和总是小于 π.我们举一个例子.图 9-8 中非欧直线 OA,OB 和 $\overset{\frown}{AB}$(指连接 A,B 的圆弧,该圆弧垂直于 $\partial\Delta$)构成一个非欧三角形.这个三角形的三个内角分别是 α,β 和 γ.其中 α 是直线 OA 与圆弧 $\overset{\frown}{AB}$ 在 A 点的切线的夹角,β 是直线 OB 与圆弧 $\overset{\frown}{AB}$ 在 B 点的切线的夹角.若用 AB 表示连接 A,B 的欧氏直线,从图 9-8 上可看出,

$$\alpha < \angle OAB, \quad \beta < \angle OBA,$$

所以

$$\alpha + \beta + \gamma < \pi.$$

顺便提及,非欧几何的诞生也激发了艺术家的想象力.画家埃舍尔在 1959 年创作了一

幅《圆的极限Ⅲ》(彩图 17).这幅画将庞加莱的双曲几何的模型形象化了.

§3 几何学的分类

3.1 三种几何学的异同

前面已指出,三种几何的基本差别在于平行公设.凡与平行公设无关的欧氏几何学的定理在三种几何中都是成立的.凡是与平行公设有关的欧氏几何学的定理在其他两种几何中都不成立,而需要各自依靠自己的新公设建立.

1. 三种几何中相同的定理

下面列出几条三种几何都成立的**定理**:

(1) 若两个三角形的三个对应边相等,则两个三角形合同.

(2) 若两个三角形两对应边夹一角对应相等,则两个三角形合同.

(3) 若两个三角形两对应角及对应夹边相等,则两个三角形合同.

(4) 等腰三角形两底角相等.

2. 三种几何中不同的定理

这三种几何最显著的差异在角和面积方面.下面列出几个例子.

(1) 关于三角形内角和.

欧氏几何:三角形三内角和等于 π.

双曲几何:三角形三内角和小于 π.

椭圆几何:三角形三内角和大于 π.

在罗巴切夫斯基的几何中,π 减去一个三角形的内角和叫做该三角形的**角欠**.在黎曼的几何中,一个三角形的三内角和减去 π 叫做该三角形的**角余**.

(2) 关于三角形的面积.

欧氏几何:一个三角形的面积与它的三个内角和无关.

双曲几何:一个三角形的面积与它的角欠成正比.

椭圆几何:一个三角形的面积与它的角余成正比.

(3) 勾股定理.

勾股定理反映了面积关系.面积关系不同必然引起勾股定理的不同.在一直角三角形中,用 a,b 表示垂角边,用 c 表示斜边.

欧氏几何:$a^2 + b^2 = c^2$.

双曲几何:$a^2 + b^2 < c^2$.

椭圆几何:$a^2 + b^2 > c^2$.

(4) 圆的周长与半径.

在一个圆中,用 r 表示圆的半径,用 C 表示圆的周长.

欧氏几何：$2\pi r = C$.

双曲几何：$2\pi r < C$.

椭圆几何：$2\pi r > C$.

(5) 三角形的相似与合同.

欧氏几何：若两个三角形的三对对应角相等,则这两个三角形的三对对应边成比例.

双曲几何与椭圆几何：若两个三角形的三对对应角相等,则它们的三对对应边相等,这两个三角形合同.

从上面的例子中可以看出三种几何学不同的大要了.

需要特别指出的是,在充分小的区域内非欧几何与欧氏几何的差异是非常小的;区域越小,这种差异就越小,例如在充分小的三角形里,普通三角学的公式是相当精确地描述了三角形内边与角的关系.在我们现实生活的领域内,我们还无法确定,究竟是欧氏几何,还是非欧几何更符合我们的现实空间.

3.2 非欧几何诞生的意义

非欧几何诞生的影响是巨大的,其重要性与哥白尼的日心说,牛顿的引力定律,达尔文的进化论一样,对科学、哲学、宗教都产生了革命性的影响. 在数学史上这可以看成从变量数学时期向现代数学时期的一个转折点.但其更重要的意义却是哲学上的.对此,克莱因说："在19世纪所有的复杂技术创造中间,最深刻的一个,非欧几何学,在技术上是最简单的.这个创造引起数学的一些重要新分支的产生,但它最重要的影响是迫使数学家们从根本上改变了对数学的性质的理解,以及对它和物质世界的关系的理解,并引出关于数学基础的许多问题,这些问题在20世纪仍然进行着争论."遗憾的是,这种影响在一般思想史中没有受到应有的重视.它的重要影响是什么呢?

(1) 非欧几何的创立使人们开始认识到,数学空间与物理空间之间有着本质的区别.但最初人们认为这两者是相同的.这种区别对理解1880年以来的数学和科学的发展至关重要.

(2) 非欧几何的创立扫荡了整个真理王国.在古代社会,像宗教一样,数学在西方思想中居于神圣不可侵犯的地位.数学殿堂中汇集了所有真理,欧几里得是殿堂中最高的神父.但是通过波尔约、罗巴切夫斯基、黎曼等人的工作,这种信仰彻底被摧毁了.非欧几何诞生之前,每个时代都坚信存在着绝对真理,数学就是一个典范.现在希望破灭了！欧氏几何统治的终结就是所有绝对真理的终结.

(3) 真理性的丧失,解决了关于数学自身本质这一古老问题.数学是像高山、大海一样独立于人而存在,还是完全人的创造物呢? 答案是,数学确实是人的思想产物,而不是独立于人的永恒世界的东西.

(4) 非欧几何的创立使数学丧失了真理性,但却使数学获得了自由.数学家能够而且应该探索任何可能的问题,探索任何可能的公理体系,只要这种研究具有一定的意义.

非欧几何在思想史上具有无可比拟的重要性.它使逻辑思维发展到了顶峰.为数学提供

了一个不受实用性左右,只受抽象思想和逻辑思维支配的范例,提供了一个理性的智慧摒弃感觉经验的范例.

3.3 爱尔兰根纲领

正如前面指出的,由于非欧几何的诞生,几何学从其传统的束缚中解放出来了,从而大批新的几何学诞生了.于是出现了这样的问题:什么是几何学?几何学是研究什么的?

1872 年,在爱尔兰根大学哲学教授评议会上,F. 克莱因(1849—1925)按照惯例作其专业领域的就职演讲.演讲以他本人和挪威数学家 S. 李(1842—1899)在群论方面的工作为基础,给"几何学"下了一个著名的定义.就其本质而言,是对当时存在的几何学进行了整理,并为几何学的研究开辟了新的、富有成果的途径.这个演讲连同他提倡的几何学研究的规划,已成为人们所熟悉的爱尔兰根纲领.

克莱因的基本观点是,每一种几何都由变换群所刻画,并且每种几何要做的就是考虑这个变换群下的不变量.此外,一种几何的子几何是原来变换群下的子群下的一族不变量.在这个定义下,相应于给定变换群的几何的所有定理仍然是子群中的定理.

克莱因也提出对一一对应的连续变换下具有连续逆变换的不变量进行研究.这是现在叫做同胚的一类变换,在这类变换下不变量的研究是拓扑学的主题.把拓扑学作为一门重要的几何学科,这在 1872 年是一个大胆的行动.

克莱因的综合与整理指引了几何思想有 50 年之久.

按照克莱因的说法,存在七种相关的平面几何,其中包括欧几里得几何,双曲几何和椭圆几何.1910 年英国数学家沙默维尔(D. M. Y. Sammerville)做了进一步细分,把平面几何的数目从七种增加到九种.

但是,不是所有的几何都能纳入到克莱因的分类方案中的.今日的代数几何和微分几何都不能置于克莱因的方案之下.虽然克莱因的观点不能无所不包,但它确能给大部分的几何提供一个系统的分类方法,并提示很多可供研究的问题.

他所强调的变换下不变的观点已经超出数学之外而进入到力学和理论物理中去了.变换下不变的物理问题,或者物理定律的表达方式不依赖于坐标系的问题,从人们注意到麦克斯韦方程在洛伦兹变换(仿射几何的四维子群)下的不变性后,不变量在物理思想中就变得很重要了.这种思想路线引向了相对论.

回顾几何与代数的差别,我们可以这样说,几何学基本上是研究**不变量的**,而代数学基本上是研究**结构的**.

3.4 老子的哲学

老子在他的《道德经》的一开头就说:"道可道,非常道;名可名,非常名."老子的道就是自然法则;老子的名就是概念.把这段话翻译成现代话就是,道是可以表达出来的,但不是绝对的和不可改变的;可以清楚表达的概念,不是绝对的和不可改变的.

用老子的话考察几何学的发展,不是说得很正确吗? 几何学的内容和概念在演变,几何学的真理性也在改变.再去考察决定论的世界观,不是也发生了根本性的变化吗? 老子在两千多年以前,就对此作出深刻预见.

论文题目

1. 非欧几何学诞生的意义.
2. 如何看待数学难题.

几何学中的哥白尼——罗巴切夫斯基

罗巴切夫斯基(Lobachevsky Nicolay Ivanovich,1792—1856)是俄国数学家,非欧几何的创始人之一.1792 年 12 月 1 日生于俄国的下诺伏哥罗德(今高尔基城),他是他父亲的第二个儿子.他的父亲在他 7 岁时去世,自小家境贫寒.他 14 岁入喀山大学学习,1811 年获文学硕士学位,1816 年任副教授,1822 年任教授.由于他的行政才能,1820 年任数学物理系主任.1827～1846 年任喀山大学校长.他的卓越的组织才能和教育才能把喀山大学从混乱不堪的状态中挽救了出来,使喀山大学能与欧洲任何大学相匹敌.

1826 年 2 月 23 日他首先宣布了关于平行线问题的报告,可惜这篇革命性的论文没有被理解,而未予通过.1829 年他将这一卓越发现写进了《论几何基础》,并在《喀山通报》上发表.由于他的文章发表在地区性的刊物上,未能得到广泛的注意.但他并不沮丧,而是不屈不挠,用俄文、法文、德文继续发表他的思想.1837 年他用德文发表《虚几何》一文,1840 年出版《平行理论的几何研究》一书.1855 年,在双目几乎失明的情况下,通过口授用法文出版《泛几何学》一书.但是非欧几何获得普遍的接受有待于德国数学家黎曼在 1854 年关于构成几何基础的原则思想和意大利数学家 E. 贝尔特拉米在 1868 年、德国数学家 F. 克莱因在 1871 年证明非欧几何的相容性.

除了几何以外,他在无穷级数理论,特别是三角级数以及积分学和概率论方面也做出了出色的工作.

用爱因斯坦的话说,罗巴切夫斯基是向公理挑战.任何人向一个两千多年来为大多数数学家认为是必要的和合理的"公认的真理"挑战,是在拿他的科学声誉冒险.他的大胆挑战,以及挑战的结果,鼓舞着其他数学家和科学家向其他的"公理"挑战.爱因斯坦就是其中之一,他挑战的对象是牛顿的经典力学.

深邃的几何学家——B. 黎曼

B. 黎曼(Georg Friedrich Bernhard Riemann, 1826—1866),19 世纪富有创造性的德国数学家、数学物理学家.1826 年 9 月 17 日生于汉诺威的布列斯伦茨,1866 年 7 月 20 日卒于意大利的塞那斯加.终年 40 岁.早年从父亲和一位当地教师接受初等教育,中学时代就热衷于课程之外的数学.1846 年入哥廷根大学读神学与哲学,后来转学数学,在大学期间有两年去柏林大学就读,在那里受到 G. G. J. 雅可比和 P. G. L. 狄利克雷的影响.1849 年回哥廷根.1851 年以关于复变函数和黎曼曲面的论文获博士学位.其后两年半为取得在哥廷根任教的资格做准备,1853 年底提交了一篇关于傅里叶级数的求职论文和作就职演说的三个可能的讲题.他希望被选中前两个题目中的一个,这是他已经准备好了的.但是他轻率地提出的第三个题目正是高斯仔细考虑了 60 余年的问题——几何基础——而这个问题他没有准备.C. P. 高斯选定其中的第三个,即关于几何学的基本假设.这使黎曼大吃一惊.他向他父亲承认:"我又处于绝境中了."此后他开始认真地准备.而在这段时间内,他虽然贫病交加,还是出色地完成了任务.黎曼于 1854 年 6 月 10 日宣讲了这一论文,并得到热情地接受.高斯大为惊异,论文之好出乎他的意料.这篇演讲是整个数学史上的一篇杰作,为几何学的研究打开了新的局面.黎曼成为哥廷根大学的讲师,1857 年升为副教授,1859 年接替狄利克雷成为教授.1862 年 7 月患肋膜炎及结核病,其后 4 年的大部分时间到意大利疗养.

黎曼的著作不多,但却异常深刻,极富于概念的创造与想象.但是,黎曼的创造当时未能得到数学界的一致公认,一方面由于他的思想过于深邃,人们难以理解,如无自由移动概念的非常曲率的黎曼空间就很难为人接受,直到广义相对论出现,才平息了这一指责,另一方面也由于他的部分工作不够严谨,如在论证黎曼映射定理和黎曼-罗赫定理时,滥用了狄利克雷原理,曾经引起了很大的争议.

黎曼的工作直接影响了 19 世纪后半期的数学发展,许多杰出的数学家重新论证黎曼断言过的定理,在黎曼思想的影响下数学许多分支取得了辉煌成就.

定积分作为积分和的极限的定义是柯西给出的,但他假定被积函数是连续的.黎曼指出,假定函数连续是不必要的.他给出的定义不再要求被积函数的连续性.

数学方法论

　　方法论构成本书的另一个重要内容.近代方法论起源于培根和笛卡儿.培根提倡归纳法,笛卡儿提倡演绎法.他们的方法论对近代科学的发展起了重大的推动作用.数学方法论是一个数学与哲学的交叉领域,其目的在于研究数学发现和发明的原则,并由此领悟其他学科的发明原则.它既涉及数学内容本身的辨证性质,也涉及人类思维过程的辨证性质.

　　数学的研究方法有三种:类比、归纳和演绎.三种方法各有所长.在观察与实验的基础上,三种方法的配合应用推动了科学和艺术的发展.各种方法各有所长,不存在一法独尊,他法附从的局面.这里有两个问题要注意:一是方法的适用范围,每一种方法都有自己的适用范围,在这个范围之中,它是有效的,超出这个范围它就无能为力了,因此,对各种方法的内在特性和适用范围,应有一个清醒的认识;其次是各种方法的互补性问题,从思维过程来讲,任何数学问题的解决都不是单一方法可以奏效的,常常是类比、归纳、演绎与直觉一起起作用,它们之间的关系是"剪不断,理还乱",因此,要学会灵活运用各种方法.

　　数学方法论主要是研究和讨论数学的发展规律、数学的思想方法以及数学中的发现、发明与创新等法则的学问.这些学问是从数学发展史中和数学家的个人评论与文章中总结、归纳出来的,所以读一点数学史,研读著名数学家的文章会使我们受益匪浅.

第十章 几何三大难题

如果不知道远溯古希腊各代前辈所建立和发展的概念、方法和结果，我们就不可能理解近 50 年来数学的目标，也不可能理解它的成就.

Hermann Weyl

§1 问题的提出和解决

1.1 数学的心脏

数学是由什么组成的？公理吗？定义吗？定理吗？证明吗？公式吗？诚然，没有这些组成部分数学就不存在，它们都是数学的必要组成部分.但是，它们中间的任何一个都不是数学的心脏.数学家存在的主要理由就是提出问题和解决问题.因此，数学的真正组成部分是问题和解.两千多年以来，数学就是在解决各种问题中前进的.

那么，什么样的问题是好问题呢？对此希尔伯特有一段精彩的论述："要想预先正确判断一个问题的价值是困难的，并且常常是不可能的；因为最终的判断取决于科学从该问题获得的收益.虽说如此，我们仍然要问：是否存在一个一般准则，可以借以鉴别好的数学问题.一个老的法国数学家曾经说过：一种数学理论应该这样清晰，使你能向大街上遇到的第一个人解释它.在此以前，这一理论不能认为是完善的.这里对数学理论所坚持的清晰性和易懂性，我想更应该把它作为一个数学问题堪称完善的要求.因为清楚的、易于理解的问题吸引着人们的兴趣，而复杂的问题却使我们望而却步."

"其次，为了具有吸引力，一个数学问题应该是困难的，但却不能是完全不可解决的，使我们白费力气.在通向那隐藏的真理的曲折道路上，它应该是指引我们前进的一盏明灯，最终以成功的喜悦作为我们的报偿."

在数学史上这样的例子是不胜枚举的.本章介绍的几何作图三大问题就是最著名的问题之一.

1.2 希腊古典时期数学发展的路线

希腊前 300 年的数学沿着三条不同的路线发展着.第一条是总结在欧几里得的《几何原本》中的材料.第二条路线是有关无穷小、极限以及求和过程的各种概念的发展，这些概念一直到近代，微积分诞生后才得以澄清.第三条路线是高等几何的发展，即圆和直线以外的曲线以及球和平面以外的曲面的发展.令人惊奇的是，这种高等几何的大部分起源于解几何作

图三大问题.

1.3 几何作图三大问题

古希腊人在几何学上提出著名的三大作图问题,它们是:

(1) 三等分任意角.

(2) 化圆为方:求作一正方形,使其面积等于一已知圆的面积.

(3) 立方倍积:求作一立方体,使其体积是已知立方体体积的两倍.

解决这三个问题的限制是,只许使用没有刻度的直尺和圆规,并在有限次内完成.

1.4 问题的来源

这三个问题是如何提出来的呢?由于年代久远,已无文献可查.据说,立方倍积问题起源于两个神话.厄拉多塞(Eratosthenes of Cyrene,约公元前 276—约前 194)是古希腊著名的科学家、天文学家、数学家和诗人.他是测量过地球周长的第一个人.在他的《柏拉图》一书里,记述了一个神话故事.说是鼠疫袭击了爱琴海南部的一个小岛,叫提洛岛.一个预言者说,他得到了神的谕示:需将立方形的阿波罗祭坛体积加倍,瘟疫方能停息.建筑师很为难,不知道怎样才能使体积加倍.于是去请教哲学家柏拉图.柏拉图说,神的真正意图不在于神坛的加倍,而是想使希腊人因忽视几何学而羞愧.

另一个故事也是厄拉多塞记述的.说古代一位悲剧诗人描述克里特国王弥诺斯为他的儿子格劳科斯修坟的事.他嫌坟修造得太小,命令有关人必须把坟的体积加倍,但要保持立方的形状.接着又说,"赶快将每边的长都加倍." 厄拉多塞指出,这是错误的,因为边长加倍,体积就变成原来的 8 倍.

这两个传说都表明,立方倍积问题起源于建筑的需要.

三等分任意角的问题来自正多边形作图.用直尺和圆规二等分一个角是轻而易举的.由此可以容易地作出正 4 边形、正 8 边形,以及正 2^n 边形,其中 $n \geqslant 2$ 是自然数.很自然地,人们会提出三等分一个角的问题.但这却是一个不可能用尺规解决的问题.

圆和正方形都是最基本的几何图形,怎样做一个正方形和一个已知圆有相同的面积呢?这就是化圆为方的问题.在历史上恐怕没有一个几何问题像这个问题那样强烈地引起人们的兴趣.早在公元前 5 世纪,就有很多人研究这个问题了,都想在这个问题上大显身手.

化圆为方的问题相当于用直尺和圆规作出 $\sqrt{\pi}$ 的值.这个问题的最早研究者是安那克萨哥拉,可惜他的关于化圆为方的问题的研究没有流传下来.以后的研究者有希波克拉茨(Hippocrates of Chios,公元前约 460 年).他在化圆为方的研究中求出了某些月牙形的面积.此外,还有安提丰,他提出了一种穷竭法,具有划时代的意义,是近代极限论的先声.

1.5 "规"和"矩"的规矩

在欧几里得几何学中,几何作图的特定工具是直尺和圆规,而且直尺上没有刻度.直尺、

圆规的用场是

直尺：（1）已知两点作一直线；（2）无限延长一已知直线.

圆规：已知点 O,A，以 O 为心，以 OA 为半径作圆.

希腊人强调，几何作图只能用直尺和圆规，其理由是：

（1）希腊几何的基本精神是，从极少数的基本假定——定义、公理、公设——出发，推导出尽可能多的命题.对作图工具也相应地限制到不能再少的程度.

（2）受柏拉图哲学思想的深刻影响.柏拉图特别重视数学在智力训练方面的作用，他主张通过几何学习达到训练逻辑思维的目的，因此对工具必须进行限制，正像体育竞赛对运动器械有限制一样.

（3）毕达哥拉斯学派认为圆是最完美的平面图形，圆和直线是几何学最基本的研究对象，因此规定只使用这两种工具.

1.6 问题的解决

用直尺和圆规能不能解决三大问题呢？答案是否定的，三大问题都是几何作图不能问题.证明三大问题不可解的工具本质上不是几何的而是代数的.在代数还没有发展到一定水平时是不可能解决这些问题的.1637 年笛卡儿创立了解析几何，沟通了几何学与代数学这两大数学分支，从而为解决尺规作图问题奠定了基础.1837 年，法国数学家旺策尔（Pierre L. Wantzel）证明了，三等分任意角和立方倍积问题都是几何作图不能问题.化圆为方问题相当于用尺规作出 $\sqrt{\pi}$ 的值.1882 年法国数学家林得曼证明了 π 是超越数，不是任何整系数代数方程的根，从而证明了化圆为方的不可能性.

但是，正是在研究这些问题的过程中促进了数学的发展.两千多年来，三大几何难题引起了许多数学家的兴趣，对它们的深入研究不但给予希腊几何学以巨大影响，而且引出了大量的新发现.例如，许多二次曲线、三次曲线以及几种超越曲线的发现，后来又有关于有理数域、代数数与超越数、群论等的发展.在化圆为方的研究中几乎从一开始就促进了穷竭法的发展，而穷竭法正是微积分的先导.

§2 放弃"规矩"之后

问题的难处在于限制用直尺和圆规.两千多年来，数学家为解决三大问题投入了大量精力.如果解除这一限制，问题很容易解决.

2.1 帕普斯的方法

帕普斯（Pappus，约 300—350 前后）是希腊亚历山大学派晚期的数学家.他把希腊自古以来各名家的著作编为《数学汇编》，共 8 卷.其中也包括了他自己的创作.在第 4 卷中，他讨论了三等分任意角的问题.下面的方法就是帕普斯的.

设要等分的角是 α，在图 10-1 上就是 $\angle AOB$. 在角 α 的一边上任取一点 A，并设 $OA = a$. 过点 A 做角 α 的另一边的垂线 AB，即使 $AB \perp OB$. 过点 A 作 OB 的平行线. 考虑过点 O 的一条直线，它交 AB 于点 C，交平行线于 D，并使 $CD = 2a$. 这时 $\angle COB = \frac{1}{3}\alpha$.

证 如图 10-1 所示，只要证明了 $\angle AOG = 2\angle COB$，那么 $\angle COB$ 就是 $\frac{1}{3}\alpha$.

设 G 是 CD 的中点，并作 $GE \perp AD$，从而直线 GE 与 AB 平行. 由

$$CG = GD = a \implies AE = ED,$$

可知，$\triangle AGE \cong \triangle DGE$，从而 $\angle GDA = \angle GAD$，$AG = GD = a$. 又，$\angle GDA$ 与 $\angle COB$ 是内错角，所以 $\angle GDA = \angle COB$.

注意到，$\triangle AOG$ 是等腰三角形，于是，

$$\angle AOG = \angle AGO = \angle GDA + \angle GAD = 2\angle GDA = 2\angle COB.$$

这就是说，OD 三等分了角 α.

这种作法的关键一步是，使 $CD = 2OA$. 这只能使用有刻度的直尺才能实现，它违反了欧几里得几何学作图的规定.

具体做法是这样的：在直尺上标出一段线段 PQ，其长为 $2OA$，然后调整直尺的位置，使它过点 O，并且 P 在 AB 上，Q 在过 A 的平行线上. 这种办法叫"插入原则".

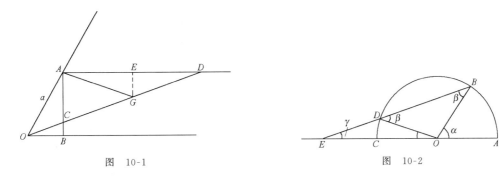

图 10-1 图 10-2

2.2 阿基米德的方法

在图 10-2 上，$\angle AOB = \alpha$ 是任意给定的一个角，其顶点在点 O. 我们的目的是三等分这个角. 在该角的一边上取一点 A，然后以点 O 为心，以 $OA = r$ 为半径做一圆，圆与 OA 的延长线交于点 C，与角 α 的另一边交于点 B.

作图的关键步骤是，使用"插入原则". 在直尺上标出两点 L 和 R，并且使 $LR = r$. 现在让直尺过点 B，且使直尺上的点 R 在圆弧 CB 上，然后移动直尺，使 R 沿圆周运动，直到点 L 落在 OC 的延长线上. 直线 EDB 表示这时直尺的位置，即直尺过点 B，且 $DE = r$.

现在我们来证明，$\angle DEC = \frac{1}{3}\alpha$.

设 $\angle DEC=\gamma$，$\angle OBD=\beta$. 因为 $\triangle DEO$ 是等腰三角形，所以 $\beta=2\gamma$. 同时，α 是 $\triangle OEB$ 的外角，从而

$$\alpha=\beta+\gamma=2\gamma+\gamma=3\gamma.$$

这就证明了 γ 是 α 的三分之一.

2.3   时钟也会三等分任意角

大家知道，时钟面上有时针、分针和秒针，秒针用不到，只看时针和分针. 分针走一圈，时针就走一个字. 也就是，分针转过 $360°$ 角，时针转过 $360°$ 角的 12 分之 1，即转过 $30°$ 角. 注意到 12 是 3 的倍数，我们就可以利用时钟三等分一个任意角了. 具体做法如下.

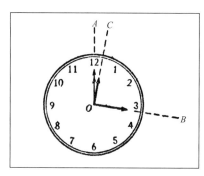

图   10-3

把要三等分的任意角画在一张透明纸上. 开始时，把时针和分针并在一起，设它们正好在 12 的位置上(图 10-3). 把透明纸铺到钟面上，使角的顶点落在针的轴心上，角的一边通过 12 的位置. 然后把分针拨到和角的另一边重合的位置. 这时时针转动了一个角，在透明纸上把时针的现在位置记下来. 我们知道，时针所走过的 $\angle AOC$ 一定是 $\angle AOB$ 的 12 分之 1. 把 $\angle AOC$ 放大 4 倍就是 $\angle AOB$ 的 3 分之 1.

这种解法出现在前苏联别莱利曼的著作《趣味几何学》中，这是一本很好的科普读物，它告诉我们如何把几何知识用到实际中去.

2.4   达·芬奇的化圆为方

如何化圆为方的问题曾被欧洲文艺复兴时期的大师达·芬奇用一种巧妙的方法给出解答：取一圆柱，使其底和已知圆相等，高是底面半径 r 的一半. 将圆柱滚动一周，产生一个矩形，其面积为 $2\pi r\times r/2=\pi r^2$. 这正好是圆的面积. 再将矩形化为正方形，问题就解决了.

§3   从几何到代数

3.1   用直尺圆规可以作什么图

用欧几里得的直尺圆规可以完成哪些作图呢？下面的 5 种基本作图是可以胜任的(图 10-4)：

(1) 用一条直线连接两点.

(2) 求两条直线的交点.

(3) 以一点为心，定长为半径作一圆.

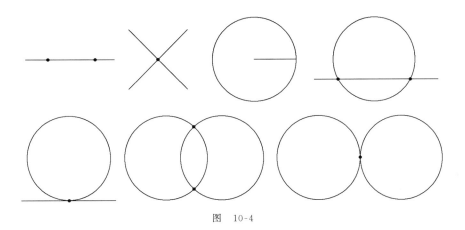

图 10-4

(4) 求一个圆与一条直线的交点,或切点.

(5) 求两个圆的交点,或切点.

还有,用直尺圆规作图必须在有限次内完成,不允许无限次地作下去.换言之,不允许采取极限手段完成作图.

根据尺规的基本功能,我们有下面的重要结论:

一个作图题可否用直尺圆规完成,决定于是否能反复使用上面 5 种基本作图经有限次而完成.

这就是用直尺圆规作图可能与不可能的基本依据.

具体说来,用尺规可作什么图呢?

(1) 二等分已知线段.

(2) 二等分已知角.

(3) 已知直线 L 和 L 外一点 P,过 P 作直线垂直 L.

(4) 任意给定自然数 n,作已知线段的 n 倍,n 等分已知线段.

(5) 已知线段 a,b,可做 $a+b,a-b,ab,a/b$,其做法如图 10-5 所示.接着 ra 也可做,这里 r 是正有理数.ra 这样做:设 $r=p/q$,p 和 q 都是自然数,因此 $ra=pa/q$.先做 a 的 p 倍 pa,再做 pa/q,这样 ra 就做出来了.

上面各条告诉我们,已知线段的加、减、乘、除能用几何作图来实现.

另一方面,代数学告诉我们,从 $0,1$ 出发利用四则运算可以构造出全部有理数.

事实上,$1+1=2,1+2=3,\cdots$.由此,我们通过加法可以得到全体自然数.0 减去任何一个自然数都得到负整数,因此,借助减法可以得到全体负整数.从整数出发,借助除法,我们可以得到全体有理数.

现在我们知道了,只要给定单位 1,我们可以用尺规作出数轴上的全部有理点.几何与代数在这里达到了完全的统一.

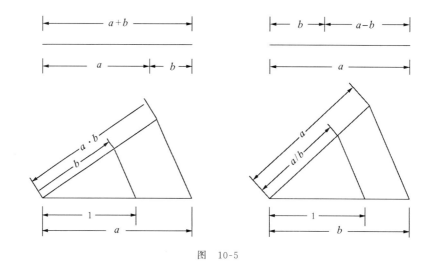

图　10-5

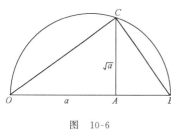

图　10-6

（6）已知线段 a 可作 $\sqrt{a}$. 这一条超出了有理作图的范围.

如图 10-6，$OA=a,AB=1$. 以 OB 为直径作圆. 过 A 作 OB 的垂直线交圆周于 C. 直角三角形 OAC 与直角三角形 OBC 有一个公共角 $\angle COB$，由此可得，$\angle OCA=\angle ABC$. 这样一来，$\triangle OAC\sim\triangle ABC$. 设 $AC=x$. 我们有，

$$\frac{a}{x}=\frac{x}{1}, \quad x^2=a, \quad x=\sqrt{a}.$$

3.2　域的定义

近世代数是研究运算性质的，它把普通实数满足的运算法则推广到更大的范围中去. 本段给出域的定义，为后面研究可构造数域做些准备.

设 R 是一个集合，下面的公理对 R 中的任何元素 a,b,c 都成立.

公理 1　（1）$a+(b+c)=(a+b)+c$；

（2）$a+b=b+a$；

（3）存在唯一的元素 $0\in R$，使得 $a+0=a$；

（4）对任意的 $a\in R$，都存在唯一的 $x\in R$，使得 $a+x=0$.

公理 2　（1）$a(bc)=(ab)c$；

（2）$ab=ba$；

（3）存在唯一的元素 $1\in R(1\neq0)$，使得 $a\cdot1=a$；

（4）对任意的 $a\in R$（除 $a=0$ 外），都存在唯一的 $y\in R$，使得 $ay=1$.

公理 3　$a(b+c)=ab+ac$.

我们把满足这些公理的集合 R 叫做一个**域**. 全体有理数对加法和乘法构成一个域,叫做**有理数域**. 全体实数对加法和乘法构成一个域,叫做**实数域**,全体复数也是一个域,叫**复数域**.

3.3　可构造数域

在下面的讨论中,我们假定最初只给了一个元素,即单位长 1. 由 1 出发,我们用直尺和圆规通过有理运算——加、减、乘、除——能做出所有的有理数 $\dfrac{r}{s}$,这里 r 和 s 是整数,即做出整个有理数域. 进而我们能做出平面上的所有有理点,即两个坐标皆为有理数的点. 我们还能做出新的无理数,如 $\sqrt{2}$,它不属于有理数域. 从 $\sqrt{2}$ 出发,通过"有理"作图,可以做出所有形如

$$a+b\sqrt{2} \tag{10-1}$$

的数,这里 a,b 是有理数. 同样地,我们可以做出所有形如

$$\frac{a+b\sqrt{2}}{c+d\sqrt{2}}, \quad \text{或} \quad (a+b\sqrt{2})(c+d\sqrt{2})$$

的数,这里 a,b,c,d 是有理数. 但这些数总可以写成(10-1)的形式. 例如

$$\frac{a+b\sqrt{2}}{c+d\sqrt{2}}=\frac{a+b\sqrt{2}\,c-d\sqrt{2}}{c+d\sqrt{2}\,c-d\sqrt{2}}=\frac{ac-2bd}{c^2-2d^2}+\frac{bc-ad}{c^2-2d^2}\sqrt{2}=p+q\sqrt{2},$$

这里

$$p=\frac{ac-2bd}{c^2-2d^2},\quad q=\frac{bc-ad}{c^2-2d^2}$$

是有理数,且分母 c^2-2d^2 不可能是零(为什么?). 同样,

$$(a+b\sqrt{2})(c+d\sqrt{2})=(ac+2bd)+(bc+ad)\sqrt{2}=r+s\sqrt{2},$$

这里 $r=ac+2bd,s=bc+ad$ 是有理数. 因此,由 $\sqrt{2}$ 的作图,我们产生了全部形如(10-1)的数集,其中 a,b 是任意有理数. 由此得

命题 1　形如(10-1)的数形成一个域.

这个域比有理数域大. 事实上在(10-1)中取 $b=0$ 就可得到有理数域. 有理数域是它的一部分,称为它的**子域**. 但是,它显然小于全体实数域.

将有理数域记为 F,这个构造的数域记为 F_1,称它为 F 的**扩域**. F_1 中的数都可用直尺和圆规做出来. 现在我们继续扩充可作数的范围. 在 F_1 中取一个数,如 $k=1+\sqrt{2}$. 求它的平方根而得到可作图的数

$$\sqrt{k}=\sqrt{1+\sqrt{2}},$$

用它可以得到由所有形如

$$p+q\sqrt{k}$$

的数,它们也形成一个域.称为 F_1 的扩域,记为 F_2,现在 p,q 可以是 F_1 中的任意数,即 p,q 形如 $a+b\sqrt{2}$,a,b 为有理数.

从 F_2 出发,我们还可以进一步扩充作图的范围.这种办法可以一直继续下去.用这种办法得到的数都是可用直尺圆规作出来的.

3.4 进一步的讨论

代数研究的对象是数、数偶(即坐标)、一次方程式、二次方程式等.几何研究的对象是点、直线、圆、曲线等.通过坐标法,几何的对象与代数的对象紧密地联系在一起了.

现在面临一个这样的问题:用直尺圆规作出来的数是不是都在有理数域的诸扩域中呢?会不会超出这个范围呢?下面来回答这一问题.假定我们可用直尺圆规作出某个数域 F 中的所有数.

命题 2 从数域 F 出发,只用直尺作不出数域 F 以外的数.

证 设 $a_1,b_1,a_2,b_2 \in F$.过点 $(a_1,b_1),(a_2,b_2)$ 的直线方程是

$$y-b_1=\frac{b_2-b_1}{a_2-a_1}(x-a_1),$$

或 $\qquad (b_1-b_2)x+(a_2-a_1)y+(a_1b_2-a_2b_1)=0.$

它的系数是由 F 中的数作成的有理式.

今有两条以 F 中的数为系数的直线:

$$\alpha x+\beta y+\gamma=0,$$
$$ax+by+c=0,$$

解此联立方程,可得交点坐标:

$$x=\frac{b\gamma-c\beta}{b\alpha-a\beta}, \quad y=\frac{c\alpha-a\gamma}{b\alpha-a\beta}.$$

它们都是 F 中的数.这样一来,只用直尺的作图不能使我们超出 F 的范围.

易见,用圆规可作出 F 以外的数.只需在 F 中取一数 k,使 $\sqrt{k}$ 不在 F 中.我们能作出 $\sqrt{k}$,因而可作出所有形如

$$a+b\sqrt{k} \tag{10-2}$$

的数,其中 a,b 在 F 中.所有形如(10-2)的数形成一个域 F_1,它是 F 的扩域.

命题 3 给定数域 F,用圆规和直尺只能作出 F 扩域中的数.

证 首先指出,圆规在作图中所起的作用只是确定一个圆与一条直线的交点或切点,或一个圆与另一个圆的交点或切点.通过解联立方程可以把交点或切点求出来.以 (ξ,η) 为中心,以 r 为半径的圆的方程是

$$(x-\xi)^2+(y-\eta)^2=r^2.$$

设 $\xi,\eta,r \in F$.将上式展开得

$$x^2+y^2+2\alpha x+2\beta y+\gamma=0, \quad \alpha=-\xi, \beta=-\eta, \gamma=\xi^2+\eta^2-r^2.$$

其中 α,β,γ 在 F 内. 求圆与直线的交点或切点就是解联立方程组

$$x^2 + y^2 + 2\alpha x + 2\beta y + \gamma = 0,$$
$$ax + by + c = 0,$$

其中 $a,b,c \in F$. 从第二个方程解出

$$y = -\frac{1}{b}(ax + c), \tag{10-3}$$

代入第一个方程, 得到一个二次方程

$$Ax^2 + Bx + C = 0,$$

其中 $A = a^2 + b^2$, $B = 2(ac - b^2\alpha - ab\beta)$, $C = c^2 - 2bc\beta + b^2\gamma$. 其解为

$$x = \frac{-B \pm \sqrt{B^2 - 4AC}}{2A}.$$

它们可以化为形式 $p + q\sqrt{k}$, 且 $p,q,k \in F$. 易见, $x \in F_1$, F_1 是 F 的扩域. 交点的 y 坐标由 (10-3) 给出, 明显地, 也在扩域 F_1 中. 这就是说, 圆和直线的交点的坐标都在扩域 F_1 中.

接着我们研究两个圆的交点或切点. 在代数上就是解二元二次联立方程:

$$x^2 + y^2 + 2\alpha x + 2\beta y + \gamma = 0,$$
$$x^2 + y^2 + 2\alpha' x + 2\beta' y + \gamma' = 0,$$

从第一个方程减去第二个方程, 得

$$2(\alpha - \alpha')x + 2(\beta - \beta')y + (\gamma - \gamma') = 0.$$

和前面一样, 把它与第一个圆的方程联立起来求出 x,y. 它们都不超出 F 的扩域 F_1.

无论是哪一种情形, 作图所产生的一个或两个新点的 x 坐标和 y 坐标, 其量的形式都是 $p + q\sqrt{k}$, $p,q,k \in F$. 在特殊情况下, $\sqrt{k}$ 本身也可以属于 F (例如, 在有理数域中取 $k=4$, 那么 $\sqrt{k}=2$ 仍在有理数域中).

这样, 我们证明了:

(1) 如果开始给定域中的 F 一些量, 那么从这些量出发, 只用直尺经有限次有理运算可生成域 F 的任何量, 但不能超出域 F.

(2) 用圆规和直尺能把可作图的量扩充到 F 的扩域 F_1 上. 这种构造扩域的过程可以不断进行, 而得出扩域 $F_2, F_3, \cdots, F_n, \cdots$.

最后, 我们得到结论: 可作图的量是而且仅仅是这一系列扩域中的数.

例 1 说明数

$$\sqrt{3} + \sqrt{\sqrt{\sqrt{1 + \sqrt{2}} + \sqrt{3} + 5}}$$

的构造过程.

解 设 F 表示有理数域. 取 $k_0 = 2$ 得到域 F_1, $(1 + \sqrt{2}) \in F_1$.

取 $k_1 = 1 + \sqrt{2}$, 得到 $\sqrt{1 + \sqrt{2}} \in F_2$, 又知, $3 \in F_2$.

取 $k_2 = 3$，得到 $\sqrt{3} \in F_3$. 因为 $\sqrt{1+\sqrt{2}} \in F_2$，自然也有 $\sqrt{1+\sqrt{2}} \in F_3$.

取 $k_3 = \sqrt{1+\sqrt{2}} + \sqrt{3}$，得到 $(\sqrt{\sqrt{1+\sqrt{2}}+\sqrt{3}} + 5) \in F_4$.

取 $k_4 = \sqrt{\sqrt{\sqrt{1+\sqrt{2}}+\sqrt{3}+5}}$，得到 $k_4 \in F_5$，进而 $\sqrt{3} + \sqrt{\sqrt{\sqrt{1+\sqrt{2}}+\sqrt{3}+5}} \in F_5$.

这样，域 F_5 包含我们所要求的数.

3.5 可作图的数都是代数数

如果起始数域是有理数域 F，那么所有可作图的数就都是代数数（图 10-7）. 扩域 F_1 中的数是以有理数为系数的 2 次方程的根，扩域 F_2 中的数是以有理数为系数的 4 次方程的根，……一般地，扩域 F_k 中的数是以有理数为系数的 2^k 次方程的根.

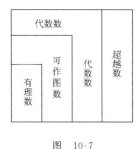

图 10-7

例 2 证明 $x = \sqrt{3} + \sqrt{2+\sqrt{3}}$ 是 4 次方程的根.

证 我们有

$$(x-\sqrt{3})^2 = 2+\sqrt{3},$$

展开，得到

$$x^2 - 2\sqrt{3}x + 3 = 2+\sqrt{3}$$

或

$$x^2 + 1 = \sqrt{3}(1+2x).$$

最后，我们有

$$(x^2+1)^2 = 3(1+2x)^2.$$

这是一个整系数的 4 次方程.

§4 几个代数定理

4.1 根与系数的关系

只要知道了二次方程的两个根就可将它分解因式：
$$x^2 + px + q = (x-x_1)(x-x_2) = 0.$$
由此不难得出著名的韦达公式：
$$x_1 + x_2 = -p, \quad x_1 \cdot x_2 = q.$$
利用代数基本定理我们可以得到更一般的公式.

代数基本定理 设
$$f(x) = x^n + a_1 x^{n-1} + \cdots + a_n \tag{10-4}$$
是一个一元 n 次多项式，它的系数 $a_1, a_2, \cdots, a_n$ 是实数或复数，那么方程
$$f(x) = 0$$

至少有一个实数或复数根.

有了代数基本定理,我们就可以断言,一元 n 次多项式 $f(x)$ 在复数域中有 n 个根,从而它可分解成一次因式的连乘积,即

$$f(x) = (x - x_1)(x - x_2) \cdots (x - x_n), \tag{10-5}$$

这里 $x_1, x_2, \cdots, x_n$ 为实数或复数,它们都是多项式(10-4)的根. 事实上,设 x_1 是方程的一个根,用 $(x - x_1)$ 去除 $f(x)$,由于除式是一次的,所以余数就是一个常数 R,我们有恒等式

$$f(x) = (x - x_1) f_1(x) + R,$$

式中 $f_1(x)$ 是一个 $n-1$ 次多项式. 因为 x_1 是 $f(x)$ 的一个根,所以把 x_1 代入上式,就得到

$$0 = f(x_1) = (x_1 - x_1) f_1(x_1) + R = R,$$

于是

$$f(x) = (x - x_1) f_1(x).$$

这就是说,$(x - x_1)$ 能整除此多项式. 同样的道理,我们有

$$f_1(x) = (x - x_2) f_2(x),$$

n 次分解之后,我们得到(10-5)式.

把(10-5)式乘开,并比较系数就得到韦达公式:

$$\begin{aligned}
a_1 &= -(x_1 + x_2 + \cdots + x_n), \\
a_2 &= x_1 x_2 + x_1 x_3 + \cdots + x_1 x_n + x_2 x_3 + \cdots + x_{n-1} x_n, \\
&\cdots\cdots\cdots\cdots \\
a_n &= (-1)^n x_1 x_2 \cdots x_n.
\end{aligned} \tag{10-6}$$

当代数方程的次数 $n = 2$ 时,就是我们熟知的二次方程的根与系数的关系.

当 $n = 3$ 时,对三次方程

$$x^3 + a_1 x^2 + a_2 x + a_3 = 0 \tag{10-7}$$

我们有

$$\begin{aligned}
a_1 &= -(x_1 + x_2 + x_3), \\
a_2 &= x_1 x_2 + x_2 x_3 + x_3 x_1, \\
a_3 &= -x_1 x_2 x_3.
\end{aligned} \tag{10-8}$$

这就是三次方程的韦达公式,下面要用到此结果.

定理 1 若整系数的一元 n 次方程

$$a_0 x^n + a_1 x^{n-1} + \cdots + a_{n-1} x + a_n = 0 \tag{10-9}$$

有有理根 $\dfrac{a}{b}$(既约分数),则 a 是 a_n 的因数,b 是 a_0 的因数.

证 将有理根 $\dfrac{a}{b}$ 代入方程(10-9),得

$$a_0 \frac{a^n}{b^n} + a_1 \frac{a^{n-1}}{b^{n-1}} + \cdots + a_{n-1} \frac{a}{b} + a_n = 0.$$

两边乘以 b^n,得

$$a_0 a^n + a_1 a^{n-1} b + \cdots + a_{n-1} a b^{n-1} + a_n b^n = 0.$$

移项,并提出公因数:

$$a(a_0 a^{n-1} + a_1 a^{n-2} b + \cdots + a_{n-1} b^{n-1}) = -a_n b^n.$$

记着 a 与 b 是互素的,所以 a 是 a_n 的因数.同样,用提出公因数 b 的方法可证明,b 是 a_0 的因数.

系 设整系数的一元 n 次方程的首项系数为 1,即

$$x^n + a_1 x^{n-1} + \cdots + a_{n-1} x + a_n = 0.$$

若它有有理根,则此根一定是整数,且为常数项 a_n 的因数.

4.2 3次方程的根

考虑有理系数的一元 3 次方程

$$y^3 + b_1 y^2 + b_2 y + b_3 = 0.$$

只需作变换 $y = x - \dfrac{1}{3} b_1$,就可以把上面的方程化为缺项的 3 次方程(参考第八章 §2):

$$x^3 + a_1 x + a_2 = 0. \tag{10-10}$$

这个方程的系数还是有理数.为简单计,我们考虑缺项的方程(10-10).

设方程(10-10)没有有理根,但有一个可作图的数 x 为根,那么 x 将属于某一串扩域 $F_0, F_1, \cdots, F_k$ 中最后的一个域 F_k.因为方程(10-10)没有有理根,所以 $k > 0$.于是 x 可以写成下面的形式:

$$x = p + q \sqrt{w},$$

其中 $w \in F_{k-1}$.今指出,

$$y = p - q \sqrt{w}$$

也是方程(10-10)的根.为了证明这一点,只需做些计算.事实上把 $x = p + q \sqrt{w}$ 代入方程 (10-10)得

$$(p + q \sqrt{w})^3 + a_1(p + q \sqrt{w}) + a_2 = 0.$$

展开、合并同类项,得到

$$P + Q \sqrt{w} = 0,$$

其中 $P = p^3 + 3pq^2 w + a_1 p + a_2$,$Q = 3p^2 q + q^3 w + a_1 q$,且 $P, Q \in F_{k-1}$.这时,若 $Q \neq 0$,必有

$$\sqrt{w} = \frac{P}{Q} \in F_{k-1},$$

与假设矛盾.所以一定有 $Q = 0$,从而也有 $P = 0$.

另一方面,把 $y = p - q \sqrt{w}$ 代入(10-10),并做同样的计算.在计算中,只需把 $\sqrt{w}$ 换成 $(-\sqrt{w})$,从而得到

$$(p - q \sqrt{w})^3 + a_1(p - q \sqrt{w}) + a_2 = P - Q \sqrt{w} = 0.$$

由此我们知道，$y=p-q\sqrt{w}$ 是方程(10-10)的根. 这个结论对方程(10-7)也是成立的. 总之，我们证明了以下命题：

命题 4 若 $x=p+q\sqrt{w}$ 是(10-7)的根，则 $y=p-q\sqrt{w}$ 也是(10-7)的根.

将上面结果应用到两个特殊方程上面去.

例 1 证明方程

$$x^3-2=0 \tag{10-11}$$

没有有理根.

证 由定理 1 的系知，如果(10-11)有有理根，则此根必是整数，而且是 2 的因数. 直接验证就知道都 $\pm1,\pm2$ 不是方程(10-11)的根. 这样一来，方程(10-11)没有有理根.

例 2 证明方程

$$8x^3-6x-1=0 \tag{10-12}$$

没有有理根.

证 如果方程(10-12)有有理根 $\dfrac{a}{b}$，则 a 是 1 的因子，b 是 8 的因子. 这样一来，方程(10-12)的有理根不外乎是 $\pm1,\pm\dfrac{1}{2},\pm\dfrac{1}{4},\pm\dfrac{1}{8}$，直接验证知道它们都不是. 因此，方程(10-12)没有有理根.

定理 2 如果一个有理系数的 3 次方程没有有理根，则它没有一个根是由有理数域 F 出发的可作图的数.

证 我们用反证法来证明这个定理. 假设 x 是方程(10-7)的一个可作图的根，则 x 将属于某一串扩域 $F_0,F_1,\cdots,F_k$ 中的最后一个域 F_k. 我们可以假定，k 是使得扩域 F_k 包含 3 次方程(10-7)的根的最小正整数. 易见，$k>0$. 因此，x 可以写成下面的形式：

$$x=p+q\sqrt{w},$$

其中 $w\in F_{k-1}$. 前面已指出，

$$y=p-q\sqrt{w}$$

也是方程(10-7)的根. 由韦达定理，方程的第 3 个根是 u：

$$u=a_1-x-y.$$

但 $x+y=2p$，这指出，

$$u=a_1-2p.$$

这里 $\sqrt{w}$ 消失了，所以 u 是 F_{k-1} 中的数，这和 k 是使得扩域 F_k 包含 3 次方程(10-9)的根的最小正整数的假设相矛盾. 因此假设是错误的，在这种域 F_k 中不可能有 3 次方程(10-7)的根.

推论 方程(10-11)，(10-12)都没有可作图的数作为它们的根.

<h2 style="text-align:center">§5 几何作图三大问题的解</h2>

有了上面的准备,我们来解三大几何难题.

5.1 倍积问题

设给定的立方体的边长是 a. 若体积为这立方体体积的两倍的立方体的边长是 x(图 10-8),则

$$x^3 = 2a^3.$$

所以本题就是求满足下面方程的 x:

$$x^3 - 2a^3 = 0.$$

取 $a=1$,则此方程化为更简单的形式:

$$x^3 - 2 = 0.$$

如果立方倍积问题可解,则我们一定能用直尺和圆规构造出长度为 $\sqrt[3]{2}$ 的线段. 但是前面已证这是不可能的. 这样一来,立方倍积问题是不可解的.

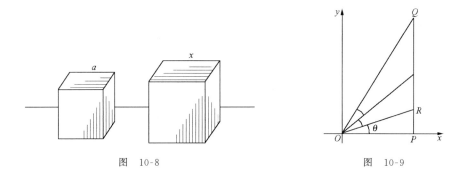

图 10-8   图 10-9

5.2 三等分任意角

我们现在要证明只用直尺和圆规三等分任意角一般说来是不可能的. 当然,像 90° 和 180° 那样的角是可以三等分的. 我们要说明的是,对每一个角的三等分都有效的办法是不存在的. 为了证明这一点,只要证明有一个角不能三等分就足够了,因为一个合理的一般方法必须适用于每一种情况. 因此如果我们能够证明 60° 角只用直尺和圆规不能三等分,那就证明了一般方法是不存在的.

如图 10-9 所示,我们从 60° 角着手. 设 $\angle QOP = 60°$,并设线段 OP 的长度为 1. 假定三等分任意角是可能的. 如图设 $\angle ROP = \theta = 20°$,那么,点 R 的纵坐标一定是有理数或可作图的数. 这相当于说 $\cos\theta = 1/OR$ 是有理数或可作图的数.

我们需要公式

$$\cos3\theta = 4\cos^3\theta - 3\cos\theta.$$

现在 $\cos3\theta = \cos60° = 1/2$,所以

$$4\cos^3\theta - 3\cos\theta = 1/2.$$

令 $x = \cos\theta$ 并代入上式,得到

$$8x^3 - 6x - 1 = 0.$$

这正是前面讨论过的方程(10-12).这个方程没有有理根,也没有可作图的根.这说明我们的假定是不对的.这就证明了三等分任意角是不可能的.

我们知道,60°角可作,因而正六边形可作.若 60°角可三等分,则正 18 边形可作,从而正 9 边形也可作.刚才已经证明,60°角不可三等分,因而正 9 边形不能只用直尺和圆规作出来.

当然,这个结论是指一般情形而言,若 θ 等于某些特殊的值,则作图还是可能的.例如,当 $\theta = 30°$时,$3\theta = 90°$而 $\cos3\theta = 0$,我们得到方程

$$4x^3 - 3x = 0.$$

它的解是 $x = 0$,$x = \pm\sqrt{3}/2$,其中 $x = \sqrt{3}/2$ 就是我们所要的解.这就是说 90°角可三等分.关于它的作图法,读者是熟悉的.

5.3　化圆为方

考虑半径为 1 的单位圆,它的面积为 π,现在构造一个边长为 x 的正方形,它的面积为 π(图 10-10),于是 $x^2 = \pi$,$x = \sqrt{\pi}$.由于 $\sqrt{\pi}$ 是一个超越数,所以它不是可作图的数,因此"化圆为方"的问题是不可解的.

图　10-10

自然对数的底 e 与 π 都是超越数.证明它们是超越数是困难的,吸引着许多数学家付出巨大的劳动去进行研究.直到 1873 年埃尔米特才给出了 e 是超越数的证明.他认为证明 π 的超越性更困难,而不敢去尝试.他给友人的信中写道:"我不敢去试着证明 π 的超越性.如果其他人承担这项工作,对于他们的成功没有比我更高兴的人了,但是请相信我,我亲爱的朋友,这决不会不使他们花去一些力气".九年之后,林德曼在 1882 年用实质上与埃尔米特相同的方法证明了 π 的超越性.

练　习　题

1. 对 $x = \sqrt{2} + \sqrt{3}$,求出它满足的有理系数的方程.

2. 对 $x = \sqrt{2 + \sqrt{2 + \sqrt{2}}}$,求出它满足的有理系数的方程.

3. 证明 30°角不能三等分.

论文题目

选一个数学名题,阐述它的历史及影响.

第十一章　数学方法漫谈(1)

"科学是以依赖于方法的进步程度为前提的"，这句话并不假．方法每前进一步，和每上一个台阶一样，它会为我们展开更为广阔的视野，因而看到前所未有的现象．

巴甫洛夫

类比的基础是联想的发生，而联想的发生是以与问题相关的丰富的知识为基础的．

你是否遇到过问题，或难题，在问题前面你做了什么？你对自己的学习方法是否做过总结？你最信赖的方法是什么？

一个真想把科学和艺术作为终身事业的学生，必须学习方法论，这是他能做出创造性工作的根据．古人说，大匠诲人必以规矩，学者亦必以规矩．掌握好方法，会使你在做事时收到事半功倍之效，使你由愚变明，由弱变强，在智力上上一个台阶，缩短你和天才的距离．掌握好方法，不但可以使你解决数学问题，而且可以解决数学以外的问题．本章的目的是，开发灵性，使你掌握好方法，深入到数学的精髓．

本章的名字叫"数学方法漫谈"，意思是不想从理论上谈方法，不追求完备性，而是希望对读者的心灵有所启发．

§1　演　绎　法

演绎推理最早出现在 2000 年以前，是由希腊的哲学家提出来的，后来经过几个世纪数学家们的研究才得以完善．演绎法是由一般到特殊的推理．它在逻辑上的依据是三段论法．三段论法由三部分组成：

(1) 一般的判断(大前提)；

(2) 特殊的判断(小前提)；

(3) 结论．

如果大前提正确，小前提正确，那么结论一定是正确的．

例　大前提：马有四条腿；小前提：白马是马；结论：白马有四条腿．

演绎法的重要性在于以下两个方面．首先，数学理论都是用演绎推理组织起来的．每一个数学理论都是一个演绎体系．演绎方法是组织数学知识的最好方法，因为它可以极大程度地消去我们认识上的不清和错误．如果有怀疑的地方，也都回归到对基础概念及公理的怀

疑.演绎方法就是公理化方法.希尔伯特对它很推崇,他在 1918 年说:

"通过探寻公理的每一更深的层次……我们可以洞悉科学思想的精髓,获得知识的统一,特别是借助公理化方法,数学应该在所有认识中起到主导作用."

其次,演绎法的作用是,它能超越技术与仪器的限制.例如,要测量一棵树的高度,我们不必爬到树梢.演绎法能使我们测量那些身不能及的地方.

公理化方法有两个基本构件:定义(概念)、公理和定理.定义所描述的是该理论的研究对象.定理所刻画的是这些研究对象间的关系.学习、研究数学的目的就是弄清数学的研究对象,以及各对象间的相互关系.即弄明白定义与定理.

我们给出几个公理,设为 $A_1, A_2, A_3, A_4, \cdots, A_l$.我们承认这些公理为真.以此为基础推导出新命题.其框图如下:

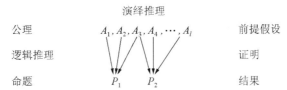

尽管数学被视为"最高真理",但是,作为数学基础的演绎逻辑,并不是没有缺陷.从公理出发推出的命题 P_1 与命题 P_2 会矛盾吗? 这就是公理的相容性问题.公理的相容性问题还没有得到很好的解决.

值得注意的另一个问题是,在演绎推理下,不会产生超过前提的新知识,即所有推断出的命题都蕴涵在公理之中.但这决不要误会为得不到新定理.欧氏几何还一直在产生新定理,就是一个明证.当然这些定理仍然蕴涵在欧几里得的公理之中.数学像一个大矿藏,需要不断地去发掘:精华搜未尽,宝玉直须挖.

§2 类 比 法

类比的重要性在于,它是发明的源泉.开普勒说:"我珍视类比胜于任何别的东西,它是我最可信赖的老师,它能揭示自然界的奥秘,……"

类比是一种相似,即类比的对象在某些部分或关系上的相似.在文学艺术与科学研究中都充满了类比.类比用得好,在文学作品中可使文章大为生色,在科学研究中可引出新的发明.通常类比在三个层次上使用.

2.1 描述

如

"问君能有几多愁,恰似一江春水向东流!"(李煜)

"闲静似娇花照水,行动若弱柳扶风."(《红楼梦》,形容林黛玉之美)

2.2 说理

它比描述深入一层.如王国维的三境界:

"昨夜西风凋碧树,独上高楼,望断天涯路",此第一境界也."衣带渐宽终不悔,为伊消得人憔悴",此第二境界也."众里寻她千百度,蓦然回首,那人却在灯火阑珊处".此第三境界也.

王国维用诗来讲述如何做学问的三个阶段:选择方向,刻苦探索和获得成果.再看两首诗:

近试呈张水部 朱庆馀

洞房昨夜停红烛,待晓堂前拜舅姑.

妆罢低声问夫婿,画眉深浅入时无?

第一首诗非是洞房记乐,而是婉转询问:我的文章合格吗?

酬朱庆馀 张籍

越女新妆出镜心,自知明艳更沉吟.

齐纨未是人间贵,一曲菱歌抵万金.

第二首诗不是美女赞歌,而是巧妙答问:你的文章写得很好.

但是,文学上使用的类比无法用于科学,原因是它有两个缺陷.首先,类比的东西不能概念化.其次,类比的东西不能数量化.

现在转向数学中的类比.考虑两个系统.如果它们各自的部分之间,可以清楚地定义一些关系,在这些关系上,它们具有共性,那么,这两个系统就可以类比.

例1 线段,三角形与四面体(图 11-1).

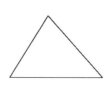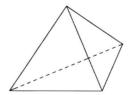

图 11-1

线段是直线(一维空间)上最简单的封闭图形,它由两点围成;

三角形是平面(二维空间)上最简单的封闭图形,它由三条直线围成;在平面上两条直线围不成封闭图形.

四面体是空间(三维空间)上最简单的封闭图形,它由四张平面围成;在空间三张平面围不成封闭图形.

这三种图形之间可以做类比,这种类比是在不同维数的空间之间进行的.如果我们把线段叫 1 维单形,三角形叫 2 维单形,四面体叫 3 维单形,那么单形的概念就可以推广到高维空间中去了.例如我们可以考虑 4 维单形,5 维单形,等等.

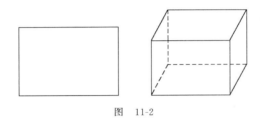

图   11-2

下面的例子也属于这种情况.

例 2 长方形与长方体(图 11-2).

长方形的每一边恰与另一边平行,而与其余的边垂直.

长方体的每一面恰与另一面平行,而与其余的面垂直.

这两种几何图形间可以建立类比关系.我们还可以将这种类比一般化.把边称为长方形的边界元素,把面称为长方体的边界元素.据此,我们可以把前面的两个描述合而为一:

每一边界元素恰与另一个边界元素平行,而与其余的边界元素垂直.

这样,我们将所比较的两个系统的对象(即长方形的边与长方体的面)的某些共同关系表达了出来.这两个系统的类比存在于关系的共性之中.并且,这种类比还可以推广到高维空间.

最后指出,最精确的类比是数学中定义的同态和同构.

2.3 发现新定理

尽管文学、诗歌中有奇思妙想,但发现不了新猜想、新结论、新定理,而在科学研究中这种例子是非常之多的.

例 3 数的概念的扩充.从自然数扩充到整数、分数、实数、复数等是通过类比实现的.通过类比,整数的运算法则逐渐推广到更大的数域中去了.

例 4 多项式理论是在与整数理论类比的基础上建立的.

整数	多项式
加、减、乘	加、减、乘
带余除法	带余除法
算术基本定理	代数基本定理

当然,类比不是等同,不能期望两个不同领域的对象具有相同的运算规则和相同的定理. 在把数的运算推广到多项式时,必然会遇到新的困难,也会出现新的定理.

例 5 伯努利问题:求级数

$$1 + \frac{1}{4} + \frac{1}{9} + \frac{1}{16} + \cdots$$

的和.

史注 这里顺便提到的是,瑞士伯努利家族是数学史和科学史上最著名的家族之一. 从 17 世纪末以来,这个家族出过十多位数学家和物理学家. 这个家族的记录开始于雅可布·伯努利(Jacob Bernoulli, 1654—1705)和约翰·伯努利(Johann Bernoulli, 1667—1748)兄弟. 雅可布·伯努利是哥哥. 他对概率论的形成做出了重要的贡献,这或许是他最重要的工作. 他还对微积分、无穷级数求和、极坐标的使用等做出贡献. 弟弟约翰·伯努利是一位数学上更为多产的数学家. 他大大地丰富了微积分,并且是使这门学科的作用在欧洲大陆得到正确评价的最有影响的人. 求不定式 0/0 的极限实际上是他的成果,但在后来的微积分课本中,不正确地被人们称做洛必达法则. 他最值得注意的工作之一是最速降线的解决. 约翰有三个儿子,都是 18 世纪著名的数学家或物理学家. 约翰·伯努利重又证明了调和级数的发散性. 伯努利兄弟求出过几个无穷级数的和,但是他们不会求一切自然数平方的倒数之和,即

$$1 + \frac{1}{4} + \frac{1}{9} + \frac{1}{16} + \cdots$$

的和. 他们知道这个级数是收敛的,并知道它的和小于 2. 雅可布说:"假如有人能够求出这个我们直到现在还没有求出的和,并能把它通知我们,我们将会很感激他."

欧拉的解法 这个问题引起大数学家欧拉的注意. 他借助类比求出了这个和. 他利用什么工具求出了呢? 他利用了两个工具,一个是多项式的根与系数的关系,一个是正弦函数的泰勒展开式. 我们来介绍欧拉的方法.

(1) 先考虑头一个工具——多项式的根与系数的关系. 我们从一次方程开始. 方程

$$a_0 + a_1 x = a_0 \left(1 + \frac{a_1}{a_0} x \right) = 0$$

的根是 $\alpha = -a_0/a_1$,于是上式可表示为 $a_0 + a_1 x = a_0 (1 - x/\alpha)$,根与系数的关系是

$$a_1 = -a_0/\alpha.$$

类似地,设二次方程 $a_0 + a_1 x + a_2 x^2 = 0$ 有两个根 α_1, α_2,那么这个二次方程可以表示为

$$a_0 + a_1 x + a_2 x^2 = a_0 \left(1 - \frac{x}{\alpha_1} \right) \left(1 - \frac{x}{\alpha_2} \right) = 0,$$

根与系数的关系是 $a_1 = -a_0(1/\alpha_1 + 1/\alpha_2)$.

现在看 n 次方程

$$a_0 + a_1 x + a_2 x^2 + \cdots + a_n x^n = 0.$$

假定它有 n 个不同的根 $\alpha_1,\alpha_2,\cdots,\alpha_n$. 设 $a_0 \neq 0$，通过类比，我们有

$$a_0 + a_1 x + a_2 x^2 + \cdots + a_n x^n = a_0\left(1 - \frac{x}{\alpha_1}\right)\left(1 - \frac{x}{\alpha_2}\right)\cdots\left(1 - \frac{x}{\alpha_n}\right)$$

和

$$a_1 = -a_0\left(\frac{1}{\alpha_1} + \frac{1}{\alpha_2} + \cdots + \frac{1}{\alpha_n}\right). \tag{11-1}$$

这个类比是人人都可以作出的. 顺便指出，代数学的许多结果常常是借助归纳得到的，所以要用数学归纳法证明. 这一结果不例外，也可用数学归纳法证明（请理科学生证明）. (11-1)式就是欧拉使用的主要工具，但要稍作变形.

设方程是 $2n$ 次的，其形式为

$$b_0 - b_1 x^2 + b_2 x^4 - \cdots + (-1)^n b_{2n} x^{2n} = 0, \tag{11-2}$$

它有 $2n$ 个根

$$\beta_1, -\beta_1, \beta_2, -\beta_2, \cdots, \beta_n, -\beta_n,$$

那么，这个方程将有分解式

$$b_0 - b_1 x^2 + b_2 x^4 - \cdots + (-1)^n b_{2n} x^{2n}$$
$$= b_0\left(1 - \frac{x}{\beta_1}\right)\left(1 + \frac{x}{\beta_1}\right)\left(1 - \frac{x}{\beta_2}\right)\left(1 + \frac{x}{\beta_2}\right)\cdots\left(1 - \frac{x}{\beta_n}\right)\left(1 + \frac{x}{\beta_n}\right)$$
$$= b_0\left(1 - \frac{x^2}{\beta_1^2}\right)\left(1 - \frac{x^2}{\beta_2^2}\right)\cdots\left(1 - \frac{x^2}{\beta_n^2}\right) \tag{11-3}$$

和

$$b_1 = b_0\left(\frac{1}{\beta_1^2} + \frac{1}{\beta_2^2} + \cdots + \frac{1}{\beta_n^2}\right). \tag{11-4}$$

欧拉使用的是(11-3)和(11-4)式.

(2) 第二个工具是正弦函数的根：

$$\sin x = x - \frac{x^3}{3!} + \frac{x^5}{5!} - \cdots = 0.$$

$\sin x$ 的展开式中有无穷多项，它是"无穷次的"多项式，有无穷多个根：

$$0, \pi, -\pi, 2\pi, -2\pi, 3\pi, -3\pi, \cdots,$$

欧拉用 x 除方程两边，去掉 0 这个根，欧拉得到

$$1 - \frac{x^2}{3!} + \frac{x^4}{5!} - \cdots = 0.$$

它的根是

$$\pi, -\pi, 2\pi, -2\pi, 3\pi, -3\pi, \cdots.$$

与(11-3)的结果作类比，我们得到

$$\frac{\sin x}{x} = 1 - \frac{x^2}{3!} + \frac{x^4}{5!} - \frac{x^6}{7!}\cdots = \left(1 - \frac{x^2}{\pi^2}\right)\left(1 - \frac{x^2}{4\pi^2}\right)\left(1 - \frac{x^2}{9\pi^2}\right)\cdots. \tag{11-5}$$

利用(11-4)，得到

$$\frac{1}{2 \cdot 3} = \frac{1}{\pi^2} + \frac{1}{4\pi^2} + \frac{1}{9\pi^2} + \cdots,$$

即

$$1 + \frac{1}{4} + \frac{1}{9} + \cdots = \frac{\pi^2}{6}. \tag{11-6}$$

欧拉求出了级数的和.

在这个公式的基础上,欧拉又求出了偶数平方的倒数和与奇数平方的倒数和.并进一步求出了一切形如

$$\zeta(2n) = 1 + \frac{1}{2^{2n}} + \frac{1}{3^{2n}} + \cdots$$

的级数的和,其中 n 是自然数.那么,如何求形如

$$\zeta(2n+1) = 1 + \frac{1}{2^{2n+1}} + \frac{1}{3^{2n+1}} + \cdots$$

的和呢? 这仍然是一个没有解决的问题.

欧拉的解法是大胆的,他竟敢把有限和的结论应用到无穷和上.欧拉的做法是成功的,在数学史上他第一个求出了这个和.这个和的求出在很大程度上巩固了他在数学界的地位.这件事发生在 1734 年,是他到彼得堡的第一年.他很兴奋,也很惊奇,因为这个与正方形有关的数居然与圆周率挂上了钩.他说:"完全意想不到,我发现了一个基于 π 的——绝妙公式."欧拉也担心他的方法有问题,他做了数值计算去验证这一结果,他还用别的例子来验证他的结果.欧拉深知这个方法是大胆的.十年之后他写道"这种方法是新的,还从来没有人这样用过."后来,他用这个方法求出了莱布尼茨交错级数的和.这使他更加肯定了他的方法.他说:"这对我们那个被认为还有某些不够可靠之处的方法,现在可以充分予以肯定了,因此,我们对于用同样的方法得出的其他一切结果也不应怀疑."

顺便指出,欧拉是约翰·伯努利的学生.

从欧拉的解法中我们学到了什么呢?

(1)欧拉成功的决定因素是大胆.从严格的逻辑角度看,他的做法是没有根据的.他把代数方程的法则应用到非代数方程上去了,这在逻辑上是不允许的.但类比告诉他可以这样做.他的工作已经深入到一个新的领域,这个领域就是几年后他命名的"无穷小分析".类比帮助他从有限次的代数方程过渡到无限次的函数方程.从有限到无限是质的飞跃,其中有许多陷阱.欧拉明白这一点,从他反复验证就可看出来.

(2)欧拉的理由是归纳性的.考察一个猜想的结论,并根据考察的结果来判断猜想是否可靠,是一种典型的归纳方法.

(3)当两个事物间的不同性与相似性都被认识得很清楚时,类比思维就变得更加富有成果.

2.4   蘑菇是丛生的

古今中外的谚语中也包含许多智慧.看下面的谚语:当你找到第一个蘑菇后,要环顾四周,因为它们总是丛生的.它告诉我们在做出第一个发现后,不要草草收兵,要认真打扫战场,必有一些你意想不到的收获.

欧拉从他的公式得到了什么呢?求偶数平方的倒数和与奇数平方的倒数和是容易的,他做得更多.回到(11-5)式

$$\frac{\sin x}{x} = \left(1 - \frac{x^2}{\pi^2}\right)\left(1 - \frac{x^2}{4\pi^2}\right)\left(1 - \frac{x^2}{9\pi^2}\right)\cdots.$$

令 $x = \pi/2$,他得到

$$\frac{1}{\pi/2} = \left[1 - \frac{(\pi/2)^2}{\pi^2}\right]\left[1 - \frac{(\pi/2)^2}{4\pi^2}\right]\left[1 - \frac{(\pi/2)^2}{9\pi^2}\right]\cdots,$$

整理后,得

$$\frac{2}{\pi} = \left(1 - \frac{1}{4}\right)\left(1 - \frac{1}{16}\right)\left(1 - \frac{1}{36}\right)\cdots.$$

化简为

$$\frac{2}{\pi} = \left(\frac{3}{4}\right)\left(\frac{15}{16}\right)\left(\frac{35}{36}\right)\cdots,$$

取倒数,并分解因式,欧拉偶然地发现了下面的公式:

$$\frac{\pi}{2} = \frac{2 \times 2 \times 4 \times 4 \times 6 \times 6 \cdots}{1 \times 3 \times 3 \times 5 \times 5 \times 7 \times 7 \cdots},$$

这是英国数学家沃利斯(1616—1703)在 1650 年用完全不同的方法早已得到的公式.

2.5   类比推理与人工智能

类比推理在人工智能的研究中已经有很长一段历史了.类比推理可以帮助我们更好地利用旧知识,并有利于获取新知识.其作用是,寻求一个从已知的"源"领域到一个未知的"目标"领域的映射.目前在概念学习、自动推理和问题求解方面都取得一些可喜的进展.类比计算方法的研究也正处于黄金时代.人们也希望通过对类比推理的研究更深入、更全面地理解人类的基本推理过程.

§3   归纳与数学归纳法

3.1   归纳与数学归纳法

就人类认识的程序而言,总是先认识某些特殊的现象,然后过渡到一般的现象.归纳就是从特殊的、具体的认识推进到一般的认识的一种思维方式.归纳是实验科学中最基本的方法.近代科学中使用归纳法的始祖是培根.

归纳法的特点是：

(1) 归纳的前提是单个的事实,或特殊的情况,所以,归纳立足于观察和实验.其结论未必可靠.

(2) 归纳是依据若干已知的、不完备的现象推断未知的现象,因而结论具有猜测的性质.

(3) 归纳是从特殊现象去推断一般现象,因此,由归纳所得的结论超越了前提所包含的内容.

数学归纳法仅在数学中使用,用以证明某一类定理.所以,归纳法与数学归纳法不是一回事,在逻辑上的联系甚少,不要因为名字相近而产生误解.归纳法用于猜测和推断,而数学归纳法用于证明.不过两者之间还有某种实际联系,所以,我们常把两种方法一起使用.

归纳法常常从观察开始.一个生物学家会观察鸟的生活,一个晶体学家会观察晶体的形状.一个数论专家会观察自然数.

例 1 考虑下列自然数列:

$$2,9,16,23,30.$$

问：下一个数是什么？

答：7.从 2003 年的 6 月到 7 月的日历中,很容易得到答案(见下表).你猜的是什么数？

2003 年 6 月

星期日	星期一	星期二	星期三	星期四	星期五	星期六
1	2	3	4	5	6	7
8	9	10	11	12	13	14
15	16	17	18	19	20	21
22	23	24	25	26	27	28
29	30					

2003 年 7 月

		星期二	星期三	星期四	星期五	星期六
		1	2	3	4	5
6	7	8	9	10	11	12
13	14	15	16	17	18	19…

例 2 从下面的等式中,你能得到什么模式？

$$37 \times 3 = 111,$$
$$37 \times 6 = 222,$$
$$37 \times 9 = 333,$$
$$37 \times 12 = 444.$$

这个表能延长吗？

例 3 看下面的等式：

$$1 = \frac{1 \cdot 2}{2},$$

$$1 + 2 = \frac{2 \cdot 3}{2},$$

$$1 + 2 + 3 = \frac{3 \cdot 4}{2},$$

$$1 + 2 + 3 + 4 = \frac{4 \cdot 5}{2},$$

$$\cdots\cdots$$

这些等式提供了一个一般模式:

$$1 + 2 + 3 + \cdots + n = \frac{n \cdot (n+1)}{2}.$$

这个等式是读者熟悉的,但是我们从另外的角度——类比和猜测,找到了它.

例 4 费马数. 一种有趣且有很长历史的数叫费马数. 这些数是由法国数学家费马引进的. 最初的五个费马数是

$$F_0 = 2^{2^0} + 1 = 3, \quad F_1 = 2^{2^1} + 1 = 5, \quad F_2 = 2^{2^2} + 1 = 17,$$

$$F_3 = 2^{2^3} + 1 = 257, \quad F_4 = 2^{2^4} + 1 = 65537.$$

这些数全是素数. 由这些数可以看出,费马数的一般公式是

$$F_n = 2^{2^n} + 1. \tag{11-7}$$

尽管除了上面的五个数外,费马没有做进一步的计算,但他坚信所有的这种数都是素数. 然而当欧拉再往前走了一步,这个猜想就被推翻了. 他证明了下一个费马数不是素数:

$$F_5 = 4294967297 = 641 \cdot 6700417.$$

到 1988 年时,数学家已经知道,$F_6, F_7, \cdots, F_{21}$ 都是合数.

例 5 哥德巴赫猜想.

比方说,你遇到几个这样的关系式:

$$3 + 7 = 10,$$

$$3 + 17 = 20,$$

$$13 + 17 = 30.$$

并注意到它们之间的类似性. $3, 7, 13, 17$ 都是奇素数,两个奇素数的和一定是偶数. 反过来如何呢? 一个偶数是两个奇素数之和吗? 即下面的猜想成立吗?

猜想 一个大于 4 的数是偶数,当且仅当它是两个奇素数的和. 我们来验证一下较小的偶数:

$$6 = 3 + 3,$$

$$8 = 3 + 5,$$

$$10 = 3 + 7 = 5 + 5,$$

$$12 = 5 + 7,$$

$$14 = 3 + 11 = 7 + 7,$$
$$16 = 3 + 13 = 5 + 11.$$

这样下去总是对的吗？无论如何,这些个别情况可以启发我们提出一个一般的命题:任何大于 4 的偶数都是两个奇素数的和.这就是当年哥德巴赫提出的猜想.这个猜想还没有得到证明.猜想的诞生是归纳的结果.舒尔说:"在数学的研究中,非数学的归纳法起着重要的作用."

例 6 等周问题.

笛卡儿有一部未完成的著作《思想的法则》,这是一本讲如何发现的经典著作.书中有这样一段重要的话:"为了用列举法证明圆的周长比任何具有相同面积的其他图形的周长都小,我们不必全部考察所有可能的图形,只需对几个特殊的图形进行证明,结合运用归纳法,就可以得到与对所有其他图形都进行证明得出同样的结论."

为了理解笛卡儿的这段话,我们来考查一部分图形,并假定它们有相同的面积,例如一平方寸.下表给出相同面积的图形的周长表:

圆	正方形	四分之一圆	矩形 3∶2	半圆	六分之一圆	矩形 2∶1	等边 三角形	矩形 3∶1	等腰直角 三角形
3.55	4.00	4.03	4.08	4.10	4.21	4.24	4.56	4.64	4.84

所列 10 个图形都具有相同的面积,圆具有最短的周长.这个简短的表强有力地暗示出一个一般的定理:在所有图形中,圆具有最短周长.说它强有力,是因为再在表中增加一个或两个以上的图形,也增加不了多少启发性.这正是笛卡儿话的精华所在.

定理 1(等周定理) 具有相等面积的所有图形中,圆具有最小的周长.

古人认为,圆是最完美的图形.这句话还含有深刻的数学意义.

通过类比,我们还能得到空间等周定理.

定理 2(空间等周定理) 具有相等体积的所有立体图形中,球具有最小的表面积.

3.2 等周定理的证明

等周定理还可以换一种说法:在周长固定的情况下,圆具有最大的面积.下面的证明就采用这种表达方式.

为了证明等周定理,我们首先需要一个关于三角形面积的定理.

定理 3 给定两条线段 a 和 b,以 a 和 b 为边的所有三角形中,以 a 和 b 为直角边的直角三角形具有最大面积.

证明 如图 11-3 所示,考虑一个以 a 和 b 为边的任意三角形.如果 h 是底边 a 上的高,那么这个三角形的面积是

$$A = \frac{1}{2}ah,$$

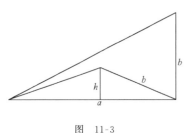

图 11-3

显然,h 取最大值时,$\frac{1}{2}ah$ 也最大,这只有当 h 和 b 重合时才能发生,而这时就是一个直角三角形.最大面积是 $\frac{1}{2}ab$.

在证明等周定理之前,我们先讲一讲什么叫凸曲线.在曲线上任取两点 A,B,如果连接 A,B 的线段 AB 全部落在曲线上,或在曲线围成的区域的内部,则称这条曲线是凸的(图 11-4),圆和椭圆都是凸曲线.图 11-5 所示的曲线就不是凸曲线.

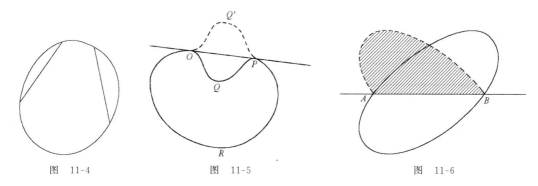

图 11-4　　　　　　　图 11-5　　　　　　　图 11-6

平面等周定理的证明　设 C 是周长 L 一定的所有闭曲线中围成最大面积的那条闭曲线.

首先证明,C 一定是凸曲线.否则,在 C 上一定可以找到一对点 O 和 P,使线段 OP 在 C 外.这时以 OP 为轴,把曲线 OQP 反射到另一侧成为曲线 $OQ'P$(图 11-5).弧 $OQ'P$ 与弧 ORP 一起形成长度为 L 的一条曲线,而它包含的面积比原曲线 C 包含的面积大.但这与长度为 L 的闭曲线 C 含有最大面积的假设相矛盾.所以 C 一定是凸曲线.

现在选取两点 A 和 B,把曲线 C 分割为长度相等的两段弧.这时直线 AB 也必将 C 所围成的面积分割为两个相等的部分;因为不然的话,可以把较大面积的那部分对 AB 作反射,就得到另一条长度为 L、比 C 围有更大面积的曲线了(图 11-6).

这样一来,问题转化为:求长度为 $L/2$ 的弧,其端点 A,B 在一条直线上,它与这条直线围成的面积为最大.我们来证明,这个问题的解是半圆,从而等周问题的解 C 是一个圆.

设弧 AOB(图 11-7)是新问题的解.这只要证明每一个内接角,例如图 11-7 中的 $\angle AOB$ 是直角就行了,因为这就证明了弧 AOB 是半圆.我们用反证法来证明.假定 $\angle AOB$ 不是直角.那么我们用图 11-8 的图形代替图形 11-7.在这个新图形中,阴影部分的面积和弧 AOB 的长度都没有改变,而由于使 $\angle AOB=90°$,三角形的面积增大了.这样,图 11-8 比原图有更大的面积.这与假设相矛盾.这个矛盾证明了对任意点 O,$\angle AOB$ 必是直角.

等周性质还可以用一个不等式来表示.设 L 是圆的周长,则它的面积为 $L^2/4\pi$.根据等周定理,长度为 L 的任意闭曲线和它所围成的面积 A 必然满足不等式

$$A \leqslant \frac{L^2}{4\pi}.$$

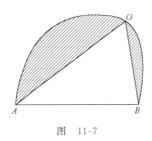

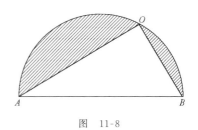

图   11-7   图   11-8

这个不等式叫做等周不等式.

等周定理在数学史上占有重要的地位.它对数学的一个重要分支——变分法的诞生和发展起了重要作用.很多数学家都研究过这个问题,并给出了各种不同的解法.

3.3   归纳思维的新进展

20世纪统计学的发展给归纳法带来新的内容.其主要特点是加入不确定性.下面是几个例子.

在特殊环境中,在不确定的信息下,作出决策:

(1)某案件的被告人有罪吗?

(2)明日的道琼斯指数将下降多少?

(3)吃麦片粥会降低胆固醇吗?

(4)抽烟对健康有害吗?

以上都是在现实生活中,需要在不定性的基础上作出判断的情形.我们观察到的这些信息资料,可能是从几个不同的原因产生的结果.因而我们需要对产生结果的原因作出假设.但假设与结果之间不是一一对应的.这里所说的归纳推理,就是选取适当的假设,由特殊推向一般的逻辑推理过程,由此产生新的知识.但是由于在结果与假设之间缺乏一一对应的关系,这是一种带有不确定性的推理,因而推断缺乏精确性,不容易为人们所接受.20世纪打开了处理这一类问题的突破口.这就是尽管由特殊而归纳出的规律所建立的知识是不确定的,一旦能够度量每一过程的不确定性,则获得的知识可以变成确定性的,当然,这种确定性有新的理解.这种推理方式可总结为下面的方程:

$$不确定知识 + 不定性度量的知识 = 可用的知识.$$

这不是哲学,而是一种新的思维方式.

记住,在不定性前提下作出的抉择,犯错误是不可避免的.

练   习   题

1. 求偶数平方的倒数和.

2. 求奇数平方的倒数和.

3. 弦分圆问题. 假定分点落在圆周上. 当圆周上只有 1 个点时, 圆内是 1 个区域. 当圆周上有 2 个点时, 圆内是 2 个区域. 当圆周上有 3 个点时, 圆内是 4 个区域.

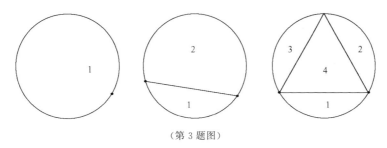

(第 3 题图)

问: 当圆周上有 4, 5, 6 个点时, 圆内是几个区域?

4. 试证明: 以任意长度的直线段和另一长为 l 的曲线所围成的一切图形中, 半径为 $\dfrac{l}{\pi}$ 的半圆具有最大的面积.

注 这个问题也叫泰都问题, 来自一个神话. 泰都(Dido)是地中海沿岸一个国王的女儿, 经过许多冒险之后到达非洲海岸, 并成为迦太基创立者的继承人, 是迦太基传说中的第一个女王. 她被允许从当地取得"不许比一张牛皮包起来再大"的一块海岸. 她想出了一个巧妙的办法: 把牛皮割成细窄的长条, 做成一个很长的绳子. 然而她却面临一个几何问题: 为了得到最大的面积, 她应该把陆地围成什么样子(海岸线近似地看成直线).

论文题目

论归纳和类比在科学发现中的作用.

分析的化身——欧拉

"欧拉计算起来, 轻松自如, 就像人们呼吸, 鹰在空中飞翔一样", 这是物理学家、天文学家阿拉哥(F. Arago, 1786—1853)对欧拉的评价.

欧拉(Léonhard Euler, 1707—1783), 瑞士数学家、物理学家. 欧拉是数学史上最多产的数学家, 他的著作有 800 种之多, 欧拉的著作不仅数量多, 而且涉猎广, 他是数学通才中的第一个, 或许是最伟大的一个. 他是复变函数论的先驱, 变分法的奠基人, 理论流体力学的创始人. 著名的美国数学史专家克莱因(Klein)说: "没有一个人像他那样多产, 像他那样巧妙地把握数学; 也没有一个人能收集和利用代数、几何、分析的手段去产生那么多令人钦佩的成果."

在微积分方面, 他把前人的发现加以总结定型, 并且注入了自己的见解. 他导出了三角

函数与指数函数之间的联系,即著名的欧拉公式.他首先将导数作为微分学的基本概念.他提出了二阶偏导数的演算,并建立了混合偏导数与求导顺序无关的理论.他确定了不定式的极限运算规则.

积分作为原函数的概念也是欧拉创建的.今天在微积分教材中所叙述的不定积分的方法与技巧,几乎都可以在欧拉的著作中找到.他给出了用累次积分计算二重积分的方法,并讨论了二重积分的变量代换问题.他还提出了求解微分方程的积分因子方法.

欧拉在科学事业上的卓越贡献以及他的高尚品质,为世人所敬仰.在他晚年的时候,欧洲几乎所有的数学家都把他尊称为老师.人们还把他称为"数学界的莎士比亚".失明对于一个数学家来说似乎是灭顶之灾,但是欧拉像失聪的贝多芬一样,具有惊人的毅力,在双目失明以及遭受各种巨大不幸的逆境中,他仍然坚忍不拔地奋斗拼搏,直到生命最后一刻.在双目失明的17年间,他竟然口述了400篇论文,并完成了曾经使牛顿头痛的《月球运动理论》.

德国的数学大师高斯(Gauss)说:"对欧拉工作的研究,是科学中不同领域的最好学校,没有任何别的可以代替."

第十二章 数学方法漫谈(2)

我认为,只有当所有这些研究提高到彼此互相结合、互相关联的程度,并且能够对它们的相互关系得到一个总括的、成熟的看法时,我们的研究才算是有意义的,否则便是白费力气,毫无价值.

柏拉图

世上哪有什么孤零零?

万物由于自然规律

都融于一种精神.

雪莱《爱的哲学》

§1 笛卡儿的研究方法

1.1 笛卡儿的方法论

笛卡儿是近代思想的开山祖师,他还发明了解析几何.他的著名的《方法谈》的开头两章说明他的思想历程和他在 23 岁时所达到和开始应用的方法.他所处的时代正是近代科学革命的开始,是一个涉及方法的伟大时期.在这个时代,人们认为,发展知识的原理和程序比智慧和洞察力更重要.方法容易使人掌握,而且一旦掌握了方法,任何人都可以做出发现或找到新的真理.这样,真理的发现不再属于具有特殊才能或超常智慧的人们.笛卡儿在介绍他的方法时说:"我从来不相信我的脑子在任何方面比普通人更完善."

笛卡儿一直在思考,一个人如何才能获得真理.慢慢地,获得真理的一种方案在他的脑海中浮现了.他从抛弃那些到当时为止所获得的所有观点、偏见和所谓的知识开始入手.除此之外,他摒弃所有建立在权威基础上的知识.这样,他放弃了所有的先入之见.错误观念的摈除,并不能自动地出现真理.接着他给自己提出的任务是,找出确定真理的方法.他说,在一次梦中他得到了答案:"几何学家惯于在最困难的证明中,利用一长串简单而容易的推理来得出最后的结论."这使他坚信"所有人们能够了解和知道的东西,也同样是互相联系着的……"然后,他断定,一个坚实的哲学体系只有利用几何学家的方法才能推导出来,因为只有他们使用的清晰的、无可怀疑的推理,才能得出无可怀疑的真理.他认为,"数学是一种知识工具,比任何其他的工具更有威力",他希望从中发展出一些基本原理,使之能为所有领域得到精确知识提供方法,或者,如笛卡儿说的,成为一种"万能数学".也就是,他打算普及和推广数学家们使用的方法,以便使这些方法应用于所有的研究领域之中.这种方法将对所有的思想建立一个合理的、演绎的结构. 经过精心的构思,他列出四条原则. 这四条是最先完整表达的近代科学的思想方法. 其大意是:

(1) 只承认完全明晰清楚,不容怀疑的事物为真实;

(2) 分析困难对象到足够求解的小单位;

(3) 从最简单、最易懂的对象开始,依照先后次序,一步一步地达到更为复杂的对象;

(4) 列举一切可能,一个不能漏过.

这四大原则对研究任何一门学科都有不容忽视的指导作用. 我们所面临的研究对象都是层层包裹的复杂事物,而一般人碰到极其复杂的事物往往表现出手足无措,不知如何从这团乱麻中理出个头绪来. 笛卡儿一针见血地指出:"不可以从庞大暧昧的事物中,只可以从最容易碰见的容易事物中演绎出最隐秘的真知本身". 他指责世人的通病是"看起来越困难的事物就越觉得美妙;而某事物的原因一目了然,人们就会认为自己没有获知什么,反而哲学家探索的某些高深道理,即使是论据不足,他们也赞不绝口,当然他们也就跟疯子似的,硬说黑暗比光明还要明亮."他还说:"当我们运用心灵的目光的时候,正是把它同眼睛加以比较的,因为想一眼收尽多个对象的人是什么也看不清楚的,同样,谁要是习惯用一次思维行动同时注意多个事物,其心灵也是混乱的."所以当我们进行一项科学研究时,必须首先明确我们的目标,然后把研究对象分成若干环环相扣的简单事物,并找到这些细分小单位的由简至繁的顺序,最后从最直观、最简单的对象入手,依照一条条理清晰的道路直捣真理之本蒂. 总之,笛卡儿给出一条由简入繁的路,告诉我们如何以简驭繁. 用老子的话总结,就是"天下之难作于易,天下之大作于细".

1.2 如何化繁为简

把复杂问题化繁为简通常用两种方法:

(1) 将复杂问题分解为简单问题;

(2) 将一般问题特殊化.

1.3 特殊化与一般化

在数学研究中,一般化与特殊化是两种非常重要的思维方法. 当我们得到一个定理后,希望把它推广,得出可以在更大范围应用的定理,这就是一般化. 另一个途径是将定理特殊化,寻求它的推论. 关于一般化与特殊化,希尔伯特有两段精彩的论述:

在解决一个数学问题时,如果我们没有获得成功,原因常常在于我们没有认识到更一般的观点,即眼下要解决的问题不过是一连串有关问题中的一个环节. 采取这样的观点以后,不仅我们研究的问题会容易地得到解决,同时还会获得一种能应用于有关问题的普遍方法.

在讨论数学问题时,我们相信特殊化比一般化起着更为重要的作用. 可能在大多数场合,我们寻求一个问题的答案而未能成功的原因是,有一些比手头的问题更简单、更容易的问题还没有完全解决或完全没有解决. 这时,一切都有赖于找出这些比较容易的问题,并使用尽可能完善的方法和能够推广的概念来解决它们.

例 求均匀四面体的质心(图 12-1).

这个问题阿基米德已经解决,它有一定的难度,特别在阿基米德时代.

如何解? 我们采用类比与特殊化的方法.首先借助类比将其简化,或特殊化.比四面体更简单的几何图形是组成它的面——三角形,问题简化为求均匀三角形的质心.如果均匀三角形的质心还不会求,我们就再简化,简化为三角形的一边,这是一个均匀线段.我们简化的过程是:

四面体 — 三角形 — 直线段.

先解决均匀直线段的质心问题.我们要用到下面的力学原理:

若一力学系统由几部分组成,每部分的质心都在同一平面上,则该平面也包含整个系统的质心.

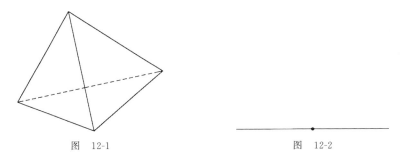

图 12-1　　　　　　　　　　　　　图 12-2

均匀直线段的质心容易求,大家都知道,质心在线段的中点(图 12-2).

现在转向求均匀三角形的质心.在求之前,先提一个一般的方法.当你圆满地解决了一个问题之后,你要问自己:我能不能利用它? 我能用它的结果吗? 我能用它的方法吗?

对于三角形的情况,上面的原理给出了我们所需要的一切.首先注意到,三角形的质心在三角形所在的平面上.我们可以把三角形看做由平行于三角形某一边的许多小条条所组成.每一个小条条的质心是它的中心(图 12-3),而所有这些中心都在连线 CM 上,M 是底边 AB 的中点.由此得出结论:三角形的质心就在这条中线上.同样的理由,质心也必须在其他两条中线上,所以质心一定落在三条中线的公共交点上.

顺便地,利用物体质心的唯一性,我们证明了,三角形的三条中线交于一点.

在弄懂了三角形的例子之后,四面体的情况就相当容易了.因为我们已经解决了一个和我们所提问题有类比关系的问题,我们有了一个可以照着办的模型.

现在设想四面体 $ABCD$ 由平行于底面三角形 ABC 的薄三角形组成.这些三角形的中线都平行于 MC(图 12-4),它们都位于 M 与对棱 CD 构成的平面上.我们称平面 MCD 为四面体的中面.四面体的质心就在这个中面上.由同样的推理可得,质心在每一个中面上.

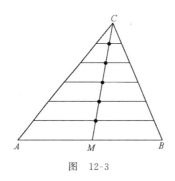

图　12-3

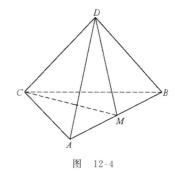

图　12-4

四面体有几个中面呢? 注意到每个中面过一个棱的中点, 四面体共有 6 个棱. 由此知道共有 6 个中面. 每两个中面交于一条直线, 三条直线交于一点, 这就是四面体的质心.

分析

(1) 我们解答了所提问题. 这个解答是借助类比得到的. 类比可以是方法上的类比, 也可以是对结果的类比, 又可以两者兼用. 上面的类比既用了结果也用了方法. 我们用了什么结果? 三角形的质心在它的中线上.

(2) 我们可以只用方法而不用中间结果. 假定, 四面体还是由一维小条条组成的, 它们都平行于棱 AB. 易见, 这些小条条的中点构成中面 MCD. 接着的推理就一样了.

问题已圆满解决. 还有什么要做的吗?

1.4　更上一层楼

做诗需要浮想联翩夜不能寐, 做数学也一样. 没有浮想联翩就没有创造, 就没有数学的奇异美.

解题的整个过程由两部分组成: 特殊化的过程与归纳、综合的过程.

特殊化的过程: 四面体→三角形→线段.

类比的过程: 线段→三角形→四面体.

在整个解题的过程, 有几何图形可供参考, 看得见. 我们可以核实, 也可以给以几何证明.

现在我们做进一步的考察, 看看我们究竟做了什么. 我们在走着由简单到复杂的类比之路, 并达到了现实世界所能容纳的边缘. 还能进一步吗? 我们知道, 线段是 1 维几何图形, 它有两个 0 维的端点; 三角形是 2 维图形, 它有 3 个 0 维的端点, 3 个 1 维的线段, 1 个 2 维的三角形区域; 四面体是 3 维图形, 它有 4 个 0 维的顶点, 6 个 1 维的棱, 4 个 2 维的面, 1 个 3 维的体. 请看下表:

图形\维数	0	1	2	3	4
线段	2	1			
三角形	3	3	1		
四面体	4	6	4	1	

研究一下上表,我们看到了什么? 看到了贾宪三角.数学真是一个神奇的网,它将表面上看来毫不相干的课题奇妙地编织在一起! 贾宪三角的下一行是什么? 是

$$5 \qquad 10 \qquad 10 \qquad 5 \qquad 1$$

这意味着什么? 这是 4 维单体的顶点、棱、面和体的有关分布:它有 5 个顶点,10 个棱,10 个面,并以 5 个四面体为边界.妙哉! 贾宪三角给了我们一个登天梯,使我们从现实空间进入了虚拟空间.我们不但可以研究 4 维空间,而且可以研究 5 维,6 维,$\cdots$,乃至 n 维空间.这叫做

思飘云物外,律中鬼神惊.

由此不难看到,n 维单体的顶点、棱、面、$\cdots\cdots$的分布如下:

$$C_{n+1}^1, \quad C_{n+1}^2, \quad \cdots, \quad C_{n+1}^{n+1}.$$

还有,均匀棒的质心按比例 1:1 划分其端点间的距离.均匀三角形的质心按比例 2:1 来划分任何顶点与对边中点间的距离.现在问一问,均匀四面体的质心按比例 3:1 来划分任何顶点与对面的质心间的距离,这一论断对不对? 进一步猜想,n 维单体的质心按比例 $n:1$ 来划分任何顶点与对面边界的质心间的距离,这一论断对不对?

简单与美是真理的标志,上面的美妙规律遭到破坏,极不可能!

注

甲.做完一道题要仔细总结一下,把该拿到手的都拿到手.

乙.出现一个简单的类比是进展的标志.记住,类比是发明和创造的主要源泉.

丙.天资就是一种超乎寻常的智力敏感度,它使人觉察出微妙的变化,而智力平庸者觉察不到差别.

丁.货源充足,条理井然的知识库是类比的物质基础.

大匠给人以规矩,而不能使人巧.古人讲,运用之妙存乎一心.要想达到较高的水平,需要花一番工夫.

1.5 猜测

观察下面的结果:

三角形面积:$S=\dfrac{1}{2}ha$,$h=$高,$a=$底;

四面体体积:$V=\dfrac{1}{3}hS_2$,$h=$高,$S_2=$底面积.

我们猜测,

4 维单体超体积:$P=\dfrac{1}{4}hV_3$,$h=$高,$V_3=$体积;

n 维单体超体积:$P_n=\dfrac{1}{n}hV_{n-1}$,$h=$高,$V_{n-1}=(n-1)$维单体体积.

这个猜测对吗?

1.6 类比是认识高维空间的必由之路

空间维数	点的表示	坐标轴
1	x	1条
2	(x_1, x_2)	2条,互相垂直
3	(x_1, x_2, x_3)	3条,互相垂直
⋮	⋮	⋮
n	$(x_1, x_2, \cdots, x_n)$	n条,互相垂直

再看圆的推广:

空间维数	方程	图形
1	$x^2 \leqslant 1$	线段
2	$x_1^2 + x_2^2 \leqslant 1$	圆
3	$x_1^2 + x_2^2 + x_3^2 \leqslant 1$	球
⋮	⋮	⋮
n	$x_1^2 + x_2^2 + \cdots + x_n^2 \leqslant 1$	超球

正是解析几何的发明,使人们可以借助类比,从3维空间进入到高维空间. 解析几何使我们把几何性质变成代数性质,然后通过类比把代数性质移植到高维. 例如,圆

$$x^2 + y^2 = 1$$

上两点$(x,y),(-x,y)$的对称性由它们都满足方程来表示. 在4维空间中,(x_1,x_2,x_3,x_4)与$(x_1,-x_2,x_3,x_4)$都满足方程

$$x_1^2 + x_2^2 + x_3^2 + x_4^2 = 1,$$

就表示它们关于4维超球对称. 这样,我们已将几何对象转化为代数对象,并赋予某些代数性质以几何意义. 这使我们可以借助形象思维处理代数问题.

特殊化与一般化就讨论这么多,下面讨论将复杂问题分解为简单问题.

§2 孙子定理与插值理论

2.1 孙子定理

同余理论是初等数论的一个重要的组成部分,既有理论价值又有实际应用. 同余是可除性的符号语言.

1. 同余的定义

定义 给定一个正整数m,把它叫做模. 如果m能整除$(a-b)$,我们就说a,b对模m同

余,记做

$$a \equiv b \pmod{m};\qquad\qquad\qquad (12\text{-}1)$$

否则,我们就说 a,b 对模 m **不同余**,记为

$$a \not\equiv b \pmod{m}.$$

同余式(12-1)读作"a 同余于 b,模 m". m 能除尽 $(a-b)$,记为 $m \mid (a-b)$,于是

$$a - b = mk \quad (k \text{ 是整数}).$$

例 (1) $24 \equiv 9 \pmod 5$,因为 $24 - 9 = 15 = 5 \cdot 3$.

(2) $47 \equiv 11 \pmod 9$,因为 $47 - 11 = 36 = 9 \cdot 4$.

(3) $-11 \equiv 5 \pmod 8$,因为 $-11 - 5 = -16 = 8 \cdot (-2)$.

(4) $81 \equiv 0 \pmod{27}$,$81 - 0 = 81 = 27 \cdot 3$.

最后一例表明,在一般情况下我们可以用同余式

$$a \equiv 0 \pmod m$$

表明 m 能整除 a.

同余的概念来自日常生活. 例如:"每星期三有一次课",就含有同余的概念,所用的模是 7. 我国用的干支纪年也属于此类,其模为 60,即每隔 60 年循环一次.

2. 物不知其数

我国对同余式的研究有很光荣的历史,第七章曾提到,《孙子算经》有"物不知其数"一题,这就是同余式研究的开始. 这一问题的原文如下:

"今有物不知其数,三三数之剩二,五五数之剩三,七七数之剩二,问物几何?"

这个问题用同余的符号表示就是,求正整数 x,使得下式成立:

$$\begin{cases} x \equiv 2 \pmod 3, \\ x \equiv 3 \pmod 5, \\ x \equiv 2 \pmod 7. \end{cases}$$

这三个同余方程的公共解就是问题的答案.

《孙子算经》的答案是:"答曰二十三".

《孙子算经》是中国古代的优秀著作,但作者和出版年代已无法考证了. 有人说,它是孙武的作品(即写《孙子兵法》13 篇的作者). 它是我国最古老的三大数学名著之一. 这三大名著是,《周髀算经》,《九章算术》,《孙子算经》. 特别是,"物不知其数"一题是世界上公认的最古老的重要工作.

3. 问题的解

现在我们用笛卡儿的方法来解这一问题. 分成三步:

首先,分解为简单问题. 求数,它们分别具有性质:

P 满足两个条件:(1) $5 \mid P$,$7 \mid P$; (2) $P \equiv 1 \pmod 3$;

Q 满足两个条件:(1) $3 \mid Q$,$7 \mid Q$; (2) $Q \equiv 1 \pmod 5$;

R 满足两个条件:(1) $3 \mid R$,$5 \mid R$; (2) $R \equiv 1 \pmod 7$.

其次,把它们叠加起来,就得到解:
$$2P + 3Q + 2R.$$
如何求 P? 根据算术基本定理,P 含素数 $5, 7$,因此它具有形式
$$P = 5 \cdot 7 \cdot m \quad (m \text{ 是自然数}).$$
如何确定 m? 没有巧的办法,只能直接算:

令 $m = 1$,得 $P = 35 \equiv 2 \pmod 3$.

令 $m = 2$,得 $P = 70 \equiv 1 \pmod 3$.

找到了! 事实上,只需作两次计算. 因为,以 3 为模,自然数分成三类. 同理,可求得
$$Q = 21, \quad R = 15.$$
这样一来,我们的解是
$$2P + 3Q + 2R = 2 \cdot 70 + 3 \cdot 21 + 2 \cdot 15 = 233.$$

最后,我们知道,问题的解不会唯一. 因为,$3 \cdot 5 \cdot 7 = 105$. 任何解加上 105,或减去 105 仍是解. 最小解是
$$233 - 105 - 105 = 23.$$
笛卡儿讲,不能遗漏. 所以到此不算完,还需要找到一般解. 一般解是 $23 + 105n$,n 是自然数.

4. 古人的解法

中国古人是如何解这个问题的呢? 程大位在《算法统宗》(1592)中以诗的语言写出了孙子问题的算法口诀:

① 三人同行七十稀, ② 五树梅花廿一枝,

③ 七子团圆月正半, ④ 除百零五便得知.

程大位生于明嘉靖十二年四月初十(1533,5,3),卒于万历三十四年八月十七日(1609,9,18).他的《算法统宗》传入日本,朝鲜及东南亚,对那里的数学发展有很大的影响. 现在看口诀的含义.

(1) 用 70 乘被 3 除的余数:$70 \cdot 2 = 140$;

(2) 用 21 乘被 5 除的余数:$21 \cdot 3 = 63$;

(3) 用 15 乘被 7 除的余数:$15 \cdot 2 = 30$;

然后加起来,得
$$70 \cdot 2 + 21 \cdot 3 + 15 \cdot 2 = 233.$$

(4) $233 - 105 - 105 = 23$.

将问题稍作一般化,我们有,

$70a$ 被 $5, 7$ 除尽,而被 3 除余 a;$21b$ 被 $3, 7$ 除尽,而被 5 除余 b;

$15c$ 被 $3, 5$ 除尽,而被 7 除余 c.

这样一来,

$70a + 21b + 15c$ 被 3 除余 a,被 5 除余 b,被 7 除余 c.

程大位的口诀里,前三句的意义:点出 $3, 5, 7$ 与 $70, 15, 21$ 的关系. 后一句指出求最小

正解还需减 105.

上面的解法可以列表如下:

除数	余数	最小公倍数	衍数	乘率	各总	答数	最小答数
3	2		5×7	2	$35 \times 2 \times 2$		
5	3	$3 \times 5 \times 7 = 105$	7×3	1	$21 \times 1 \times 3$	$140 + 63 + 30 = 233$	$233 - 2 \times 105 = 23$
7	2		3×5	1	$15 \times 1 \times 2$		

5. 孙子定理

借助类比,上面的结果可以推广为

孙子定理 设 $a_1, a_2, \cdots, a_n$ 是 n 个两两互素的正整数,$r_1, r_2, \cdots, r_n$ 为 n 个给定的整数,那么,一次同余方程组

$$x \equiv r_1 \pmod{a_1},$$
$$x \equiv r_2 \pmod{a_2},$$
$$\cdots\cdots\cdots\cdots$$
$$x \equiv r_n \pmod{a_n}$$

必有解.

秦九韶给出了下面的解法:设 $M = a_1 \cdot a_2 \cdot \cdots \cdot a_n$,只需求出一组数 $k_1, k_2, \cdots, k_n$,使它们满足

$$k_1 M / a_1 \equiv 1 \pmod{a_1},$$
$$k_2 M / a_2 \equiv 1 \pmod{a_2},$$
$$\cdots\cdots\cdots\cdots$$
$$k_n M / a_n \equiv 1 \pmod{a_n}$$

就有解

$$x \equiv r_1 k_1 M / a_1 + r_2 k_2 M / a_2 + \cdots + r_n k_n M / a_n \pmod{M}.$$

而特解为

$$x = r_1 k_1 M / a_1 + r_2 k_2 M / a_2 + \cdots + r_n k_n M / a_n - CM,$$

其中 C 为适当选取的整数. 秦九韶把 $k_i (i = 1, 2, \cdots, n)$ 叫乘率,用辗转相除法求出.

西方直到 $18 \sim 19$ 世纪才由欧拉(1743)和高斯(1801)重新独立地发现上述方法.

(证明见潘承洞、潘承彪著《初等数论》第四章 §3)

这一解法也可列表如下:

除数	余数	最小公倍数	衍数	乘率	各总	答数
a_1	r_1		M/a_1	k_1	$r_1 k_1 M / a_1$	
a_2	r_2	$M = a_1 a_2 \cdots a_n$	M/a_2	k_2	$r_2 k_2 M / a_2$	$x \equiv \sum_{i=1}^{n} r_i k_i M / a_i \pmod{M}$
$\vdots$	$\vdots$		$\vdots$	$\vdots$	$\vdots$	
a_n	r_n		M/a_n	k_n	$r_n k_n M / a_n$	

2.2 插值理论

如果我们的学习只停留在孙子定理,而没有把它提供的方法加以总结和推广,那么我们只解决了一个具体问题,没有把主要收获拿到手. 也就是"捡了芝麻,丢了西瓜". 反过来,如果我们做任何问题都能举一反三的话,我们的知识就能成倍地增长,我们的能力就会明显地提高.

孙子方法的原则也反映在插值理论、代数理论及算子理论中. 今举一例:拉格朗日插值法.

问题 找到一个函数 $f(x)$,在 a,b,c 三点取 α,β,γ 三值.

孙子方法给我们提供了解决问题的途径:

(1) 特殊化. 作函数 $p(x)$,使 $p(a)=1,p(b)=p(c)=0$,

作函数 $q(x)$,使 $q(b)=1,q(a)=q(c)=0$,

作函数 $r(x)$,使 $r(c)=1,r(a)=r(b)=0$.

(2) 叠加. $\alpha p(x)+\beta q(x)+\gamma r(x)$ 就满足条件. 所求函数是

$$f_0(x) = \alpha p(x) + \beta q(x) + \gamma r(x).$$

它的一般解还应该加上一个在 a,b,c 三点取 0 的函数,设为 $g(x)$,于是

$$f(x) = \alpha p(x) + \beta q(x) + \gamma r(x) + g(x).$$

可见,解法简单明白. 只要求出 $p(x),q(x),r(x)$ 答案就出来了. 它们好求吗? 很好求. 具体求法是:取 $p(x)=\lambda(x-b)(x-c)$,其中 λ 是待定常数. 下面我们把 λ 定出来.

令 $p(a)=1 \Longrightarrow p(a)=\lambda(a-b)(a-c)=1$,于是 $\lambda = \dfrac{1}{(a-b)(a-c)}$. 所以

$$p(x) = \frac{(x-b)(x-c)}{(a-b)(a-c)}.$$

同理可得

$$q(x) = \frac{(x-c)(x-a)}{(b-c)(b-a)}, \quad r(x) = \frac{(x-a)(x-b)}{(c-a)(c-b)}.$$

因此

$$f_0(x) = \alpha \frac{(x-b)(x-c)}{(a-b)(a-c)} + \beta \frac{(x-c)(x-a)}{(b-c)(b-a)} + \gamma \frac{(x-a)(x-b)}{(c-a)(c-b)}$$

就是问题的一个答案. 这就是著名的插值法中的拉格朗日公式. 从孙子的原则来看,推导是多么简单明了.

数学在应用的时候,一般仅仅有有限个数据,我们就用这一类的方法来推演出函数来,然后用它描述其他各点的大概数据.

在 n 个不同点 $a_1,a_2,\cdots,a_n$ 函数 $f(x)$ 各取值 $b_1,b_2,\cdots,b_n$ 的插值公式是

$$f_0(x) = b_1 \frac{(x-a_2)\cdots(x-a_n)}{(a_1-a_2)\cdots(a_1-a_n)} + \cdots + b_n \frac{(x-a_1)\cdots(x-a_{n-1})}{(a_n-a_1)\cdots(a_n-a_{n-1})}.$$

公式是不必证明的了!

2.3 求和公式

现在我们用拉格朗日插值公式来求下面各级数的和:

$$S_1 = 1 + 2 + 3 + \cdots + n,$$
$$S_2 = 1^2 + 2^2 + 3^2 + \cdots + n^2,$$
$$\cdots\cdots\cdots\cdots$$
$$S_k = 1^k + 2^k + 3^k + \cdots + n^k.$$

我们已经知道,

$$S_1 = \frac{1}{2}n(n+1), \quad S_2 = \frac{1}{6}n(n+1)(2n+1).$$

今用另一种办法求它. 为简单计,求 S_1. S_1 是二次函数(这是我们事先已经知道的,要是不知道怎么办? 猜一猜! 猜不对,再重猜.),其一般形式是

$$S_1 = f(x) = ax^2 + bx + c.$$

我们熟悉,一次函数由两个点可以确定,二次函数可以由三个点确定. 一般说来,k 次方程由 $k+1$ 个点确定. 我们就用这种思想来定 S_1.

已知 $S_1(1)=1$,$S_1(2)=3$,$S_1(3)=6$,直接利用前面的结果,得

$$p(x) = \frac{1}{2}(x-2)(x-3), \quad q(x) = -(x-1)(x-3), \quad r(x) = \frac{1}{2}(x-1)(x-2).$$

由此得出

$$S_1(x) = p(x) + 3q(x) + 6r(x) = \frac{1}{2}x(x+1).$$

令 $x=n$,得到

$$S_1(n) = \frac{1}{2}n(n+1).$$

当然,我们也可以用待定系数法确定 a,b,c. 事实上,

$$f(1) = a+b+c = 1, \quad f(2) = 4a+2b+c = 3, \quad f(3) = 9a+3b+c = 6,$$

由此解出 $a=b=\frac{1}{2}$,$c=0$. 我们得到 $f(x)=\frac{1}{2}x(x+1)$.

§3 小 结

前面我们讨论的"插值公式"与"70,21,15"法,面貌虽不同,原则本无隔. 在孙子算法中可以差一个 105 的倍数,而在插值问题中可以差一个在 $a_1,\cdots,a_n$ 点都等于 0 的函数. 这个方法提供了以下的原则.

要做出一个具有性质 A,B,C 的数学结构. 我们的办法是先作出"单因子构件",也就是

做出性质 B,C 不发生作用,而性质 A 取单位量的构件.再做出性质 C,A 不发生作用,而性质 B 取单位量的构件.最后做出性质 A,B 不发生作用,而性质 C 取单位量的构件.那么所要求的构件可以由这些构件凑出来.这种方法在高等数学中经常碰到.

这两个问题来自两个完全不同的领域.初看起来,似乎它们之间没有什么联系,似乎它们毫无共同之处.好像两座高山,中间无路可通.但是,通过分析我们找到了它们的联系.在数学中这种例子是很多的,只要你认真分析就能把它找出来.王维的一首诗可以用来描述这一过程:

遥爱云木秀,初疑路不同.安知清流转,忽与前山通.

我们用笛卡儿的一段话作为总结:"当我们已经直观地弄懂了几个简单的定理的时候……,如果能通过连续的不间断的思考活动,把这几个定理贯穿起来,悟出它们之间的相互关系,并能同时尽可能多地、明确地想象出其中的 n 个,那将是很有益的.照这样我们的知识无疑地会增加,理解能力会显著地提高."

最后,我们指出,在数学的发展过程中,除了积累经验及新的事实以外,抽象与推广的作用是异常重大的.抽象与推广的步骤通常是这样进行的:用某种抽象方法,把以前在数学上讨论过的一系列问题统一成一个问题,并找出这个问题的一般答案来.这样,对于一般问题所包括的一切个别问题,也都特别地给出了解答.但是,这步骤的意义主要不在这里,因为这些个别问题的大部分的解答是早就知道的;其更大的意义在于,对问题作了这样一个新的提法之后,其本质就更加清楚、明白,并简化到像初等数学那样的程度.从解决一般问题的过程中又会使我们发现一些新的办法,来提出并解决那些过去甚至不可能梦想到的新问题.例如符号代数的诞生和微积分的发现,都使数学获得巨大进步.例如,由于有了微积分,那些在16,17 世纪只有当时一流数学家才能解决的问题,现在已经成为普通学生的习题了.

论文题目

论特殊化与一般化.

一宵奇梦定终生——笛卡儿

笛卡儿(René Descartes,1596—1650),法国哲学家、数学家、物理学家,解析几何学奠基人之一.1596 年 3 月 31 日生于图伦,1650 年 2 月 11 日卒于斯德哥尔摩.他出生于一个贵族家庭,早年就读于拉弗莱什公学时,因孱弱多病,被允许早晨在床上读书,养成了喜欢安静,善于思考的习惯.1612 年去普瓦捷大学攻读法学,四年后获博士学位.旋即去巴黎.1618 年从军,到过荷兰、丹麦、德国.1621 年回国,正值法国内乱,又去荷兰、瑞士、意大利旅行.1625 年返回巴黎.1628 年移居荷兰,从事哲学、数学、天文学、物理学、化学和生理学等领域

的研究,并通过数学家 M.梅森神父与欧洲主要学者保持
密切联系.他的著作几乎全都是在荷兰完成的.1628 年写
出《指导哲理之原则》,1634 年完成以哥白尼学说为基础
的《论世界》(因伽利略受到教会迫害而未出版).此后又
出版了《形而上学的沉思》、《哲学原理》(1644 年)等重要
著作.1649 年冬,他应邀去为瑞典女王授课,1650 年初患
肺炎,同年 2 月病逝.

瑞典女王克里斯蒂娜与笛卡儿

　　笛卡儿生活在资产阶级与封建领主、科学与神学进
行激烈斗争的时代.早在读书时,他就对统治欧洲思想界
的经院哲学表示怀疑和不满.多年的游历,同社会各阶层人士的交往,多方面的科学研究以
及不断地自我反省和思考,使他坚信必须抛弃经院哲学,探求正确的思想方法,创立为实践
服务的哲学,"才能成为自然的主人和统治者".他认为数学是其他一切科学的理想和模型,
提出了以数学为基础的、以演绎法为核心的方法论,对后世的哲学、数学和自然科学的发展
起了巨大作用.

　　《几何学》确定了笛卡儿在数学史上的地位.《几何学》提出了解析几何学的主要思想和
方法,标志着解析几何学的诞生.恩格斯把它称为数学的转折点.此后,人类进入变量数学
阶段.

　　笛卡儿生活道路的转变是非常奇特的.1619 年 11 月 10 日,圣马丁之夜,在多瑙河畔扎
营的时候,他做了三个生动的梦.他宣称,这些梦改变了他的全部生活进程.他说,这些梦向
他揭示了"一门了不起的科学"和"一项惊人的发现".但笛卡儿从未向人说明过,这门了不起
的科学是什么,一项惊人的发现是什么.但人们通常认为,这正是将代数应用于几何,即解析
几何.更一般地说,就是运用数学来探索自然现象的奥秘.

　　笛卡儿最著名的著作是《方法谈》,出版于 1637 年,其中有一个百余页的附录,题目是
《几何学》.笛卡儿对几何学的贡献就出现在这个附录中.这部著作对数学做出了开创性的
贡献.

学好微积分

1. 现代人的基本素养

300 年前,受天文学方面问题的启发,牛顿和莱布尼茨发明了微积分.微积分是人类智力的伟大结晶.它给出一整套的科学方法,开创了科学的新纪元,并因此加强与加深了数学的作用.恩格斯说:

"在一切理论成就中,未必再有什么像 17 世纪下半叶微积分的发现那样被看做人类精神的最高胜利了.如果在某个地方我们看到人类精神的纯粹的和唯一的功绩,那就正是在这里."

微积分或者数学分析使人类第一次有了如此强大的工具,它使得局部与整体,微观与宏观,过程与状态,瞬间与阶段的联系更加明确.有了微积分,人类才有能力把握运动和过程.有了微积分,就有了工业革命,有了大工业生产,也就有了现代化的社会.航天飞机,宇宙飞船等探索宇宙的现代化交通工具都是微积分的直接成果.数学一下子走到了前台.

微积分已成为现代人的基本素养之一.它具有将复杂问题化归为简单规律和算法的能力,微积分将教会你在运动和变化中把握世界.

2. 基本内容

微积分又称数学分析,它是在微积分趋于成熟时通用的名字.其主要内容包括实数理论,极限论,连续函数,微分学,积分学和无穷级数等部分.微分学和积分学是以极限论作为基础的,而极限论又以实数理论为基础.所以,我们的讲述从实数理论开始.

微积分包含两个部分:微分学,积分学.

微分学——"正在成为"的科学.它研究的是瞬间发生的事,如瞬时速度,瞬时变化率.微分学是研究局部性质的学问.它起源于求瞬时速度,求曲线的切线等问题,解决了初等数学中"除"所不能解决的问题.

积分学——"已经成为"的科学.它研究的是整体性质,如求体积、面积、质量和转动惯量等.积分学是研究整体性质的学问.它起源于求积问题,解决了初等数学中"乘"所不能解决的问题.

解决实际问题需将微分学与积分学结合在一起.常常是这样,通过瞬间列出微分方程,然后借助积分求解,回到整体.

微积分处理的主要矛盾有:有限与无限;连续与间断;常量与变量;局部与整体;具体与一般;现实世界与理想世界.

学习微积分应注意下面几个问题.

3. 四大任务

学好微积分面临四大任务:正确地掌握概念,深刻地理解定理,熟练的计算和应用理论解决实际问题.

在历史上,概念的发展比技术的发展困难得多,慢得多.学习时也是这样,理解概念比理解定理更困难,而且更基本.概念不清就无法前进.

理解一个概念要从两个方面入手.一是概念的内涵,一是概念的外延.概念的内涵就是概念的基本属性.概念的外延就是概念所概括的一切对象.微积分的最基本概念有:实数,函数,极限,连续性,导数,微分,不定积分和定积分.如果我们能了解一些概念的发展史,那是很有益的.

数学是解决问题的艺术.与其他科学家不同的是,数学家有一个专门名词来表达他们对某个问题的解决——那就是定理.如何学好定理?我们提出五个怎样:怎样发现定理;怎样证明定理;怎样理解定理;怎样应用定理;怎样推广定理.如果你能够从这五方面考察一个定理,你就会对定理有一个较为全面和深入的理解.

微积分最基础的运算是,函数的四则运算、函数的复合运算与极限运算.函数的复合运算是新运算,从基本初等函数出发,借助复合运算与四则运算产生全部初等函数.极限运算引申出求导、求微分和求积分的运算.极限运算是初等数学与高等数学的分水岭,它使得求导运算和积分运算回归到四则运算.

4. 几何意义与物理意义

几何与物理是微积分的两大起源,又是两大归宿.掌握好这两大意义对学好微积分极为重要.阿基米德认为,要获得对数学问题的洞察力,首先需根据力学或物理学的观点来考虑问题.

5. 记忆与思考

学习任何学科都会碰到记忆与思考的问题,学习微积分也不例外.记忆的功能在于积累基本知识,思考的功能在于将知识系统化,并由此作出新的发现,两者是相辅相成的.应当在思考的基础上记基本的.

6. 不断回顾

要想一页一页地、毫不费力地通过学习一本微积分的书来精通这一学科,可能会遭到失败.只有首先选择一些捷径,再反复地回来钻研同样一些问题和难点,才能从更高的观点得到较深刻的理解.

第十三章 实数理论

> 数学史最令人惊奇的事实之一是,实数系的逻辑基础竟迟至 19 世纪后叶才建立起来.在那时以前,即使正负有理数与无理数的最简单的性质也还没有.
>
> M. 克莱因

一切整数与分数(正的,负的和零)组成有理数的集合.在初等数学中,这些数的性质和运算已经详细讨论过了.但是这些数是否已经够用来测量一切我们对自然界的研究中所碰到量呢? 这个问题对数学和精确的自然科学来说是有很大的意义的.

古希腊人对无理数的发现告诉我们,客观现实本身不容许我们只限于有理数的集合,而迫使我们增加一类新数——无理数.有理数与无理数合在一起构成实数系,有了实数系,我们就能描述度量的连续变化,因而我们也称实数系为数的连续统.但是,直到 19 世纪,数学家才为实数系找到可靠的逻辑基础.

本章的任务是扩张有理数的数域,把具有新的性质的数——无理数加到数域中来,并给出实数的构造理论.而这一切都是为了给微积分奠定严密的基础.

顺便指出,实数理论是数学中最美丽的理论之一,堪与欧氏几何学媲美.

§1 有 理 数

我们从有理数出发建立实数理论.用 Q 表示全体有理数的集合.在数轴上,以有理数为坐标的点叫做有理点.数集 Q 与数轴上的有理点是一一对应的,所以我们也可以用 Q 表示有理点.分析学上习惯地将"点"和"数"混用不分.

1.1 有序性

如果一个集合 S 中的任意元素 m,n,对下面三个关系
$$m = n, \quad m < n, \quad m > n$$
中有且仅有一个关系成立,我们就称集合 S 是**有序的**.

有理数系满足上面的三个关系,因而是一个有序集合.

1.2 有理数的稠密性

有理数很重要,是人们实际使用的数,是测量长度、面积、体积、温度、质量等各种量的工具.当把测量工具的刻度逐渐加细时,有理点密密麻麻到处都有.这是有理数的一个重要的

基本事实,称为**有理数的稠密性**.

　　定义(稠密性)　一个数集在数轴上是稠密的指的是,在数轴上,每一个不管处于什么位置,也不论是多么小的区间(a,b)中都存在着该数集中的点.

　　定理 1　有理点在数轴上是稠密的.

　　证　根据数集稠密性的定义,要证有理点在数轴上是稠密的,只要证,不管多么小的区间(a,b),也不管它落在数轴的什么位置上,总有有理数落在(a,b)中.

　　若$b-a>1$,则区间(a,b)的长度大于两整数间的间距.因而,不管(a,b)位于数轴的什么地方,总会有一个整数落在(a,b)中.这样一来,可以假定$b-a<1$.我们又可假定(a,b)不含任何整数,否则定理已真.这样(a,b)就落在某个区间$[n,n+1]$中.

　　不难看出,我们只需证明有理数在$[0,1]$中稠密就行了.因为加上一个整数n就可以把这一结果推广到任一区间$[n,n+1]$上去了.有理数在$[0,1]$内的稠密性是容易证明的:

　　若$b-a>0.1$,则必有$k/10\in(a,b)$,$k=1,2,\cdots,9$.

　　若$b-a>0.01$,则必有$k/100\in(a,b)$,$k=1,2,\cdots,99$.

　　$\cdots\cdots\cdots\cdots\cdots\cdots\cdots\cdots$

　　在一般情况下,把n取得足够大,使得$1/n$小于区间(a,b)的长度就可以了;这时总有一个有理数m/n落在(a,b)区间上.

　　Q的稠密性的另一种表示法是,给定一个有理数r,总存在有理点列r_n以r为极限,即$\lim\limits_{n\to\infty}r_n=r$.这表明有理点列间的距离可以缩为 0.由此可知,有理点之间不可能存在大于 0 的最小间距.也就是任何有理数r附近不存在与r最近而又异于r的有理数.

　　有理数的稠密性保证了我们的测量可以达到任意高的精确度.就实用而言,有理数是完全够用的.

1.3　对四则运算的封闭性

　　对任何两个有理数作四则运算其结果仍是有理数(0 不作除数),我们称之为对四则运算的**封闭性**.对四则运算封闭的数集合叫做一个**数域**.有理数集合是一个数域.

　　有理数集是我们遇到的第一个比较完美的数系.但是,有理数系仍然存在严重的缺陷.

1.4　有理数系对极限运算不封闭

　　首先,有理点并没有填满整个数轴.我们早就证明了$\sqrt{2}$就不是有理点,而且知道,有理点间的空隙非常之多.从几何上看,这是不完美的.如果不把它们填补起来,就连平面几何中"截取交点"这件事都会遇到麻烦.从代数上看,有理数系对开方运算不封闭,即有理数的开方可能不再是有理数.这个问题不解决,进一步的代数运算将遇到麻烦.

　　其次,当我们从变量的角度考查问题时,就会发现,有理数系在极限运算下不封闭,即由有理数组成的序列,其极限可能不再是有理数.有理数的这种不完备性,是一个本质上的缺陷.它使得有理数系不能成为微积分学立论的基础.

例　考查有理数序列$\{S_n\}$,其中

$$S_n = 1 + \frac{1}{1!} + \frac{1}{2!} + \cdots + \frac{1}{n!} \quad (n = 1, 2, \cdots).$$

这个例子是读者熟悉的,序列 S_n 的极限是数 e. 这个数是数学分析中使用最广泛的常数之一. 现在我们来证明它不是有理数.

对于任何 $n > m$,我们有

$$\begin{aligned}
S_n &= S_m + \frac{1}{(m+1)!} + \frac{1}{(m+2)!} + \cdots + \frac{1}{n!} \\
&< S_m + \frac{1}{(m+1)!}\left[1 + \frac{1}{m+2} + \frac{1}{(m+2)(m+3)} + \cdots \right] \\
&< S_m + \frac{1}{(m+1)!}\left[1 + \frac{1}{m+1} + \frac{1}{(m+1)^2} + \cdots \right] \\
&\leqslant S_m + \frac{1}{(m+1)!} \cdot \frac{1}{1 - \frac{1}{m+1}} \\
&= S_m + \frac{1}{m} \cdot \frac{1}{m!}.
\end{aligned}$$

因此,当 $n > m$ 时,

$$S_m < S_n < S_m + \frac{1}{m} \cdot \frac{1}{m!}.$$

令 n 无限增大,而 m 保持不变,我们得到

$$S_m < e \leqslant S_m + \frac{1}{m} \cdot \frac{1}{m!}.$$

因此,e 同 S_m 的差最大是 $\frac{1}{m} \cdot \frac{1}{m!}$. 注意到,$m!$ 随 m 增大而极其迅速地增大,所以对于适当小的 m,数 S_m 已经是 e 的很好的近似值. 例如,S_{10} 同 e 的差小于 10^{-7}. 用这种方法我们可以求出 e = 2.718281⋯.

现在我们来证明 e 是无理数. 假定 e 是有理数,并将它写为 $e = \frac{p}{m}$,$m > 1$. 因为 e 位于 2 与 3 之间,所以它不是整数. 根据前面的论证,我们有

$$S_m < \frac{p}{m} \leqslant S_m + \frac{1}{m} \cdot \frac{1}{m!},$$

上式两端乘以 $m!$,得到

$$m!S_m < p(m-1)! \leqslant m!S_m + \frac{1}{m} < m!S_m + 1.$$

但是

$$m!S_m = m! + m! + \frac{m!}{2!} + \frac{m!}{3!} + \cdots + \frac{m!}{m!}$$

是一个整数,因为等式右端和式中的每一项都是整数.这样一来,如果 e 是有理数,则整数 $p(m-1)!$ 将位于两个相继的整数之间,而这是不可能的.这样,我们就证明了 e 是无理数.

这个例子说明,有理数系在极限运算下不是封闭的.

总之,如果不引进实数的概念,那么从几何上看,数轴是不完备的,存在许多空隙;从代数上看,开方运算不封闭;从分析上看,极限运算不封闭.

有理数和无理数合在一起构成了实数系,而实数系填满了这些空隙.这就是实数系在分析学中能起基础作用的主要原因.

§2 实 数 理 论

18 世纪末和 19 世纪初,数学方面兴起了批评的潮流,提出了微积分的基本概念要有正确的定义,它的基本定理要有严格的证明这种要求也就很快地使得建立实数的理论成为必要.

2.1 微积分立论的基础

微积分是关于函数的学问.一元微积分中的任何函数都含有两个变量,一个是自变量,一个是因变量.不管是自变量,还是因变量都取实数值.因而,微积分是建立在实数论的基础上的,而且它涉及一切形式的实数:整数、有理数与无理数等.所以,人们必须弄清实数的结构和性质,才能放心大胆地使用它们.这就是说,对微积分而言,建立实数理论是必要的.但历史上不是先有实数理论,再有微积分,数学家们先是糊里糊涂地使用实数,直到出了问题才想到去建立实数理论.实数理论是在 19 世纪后期建立的,有了实数论,微积分就有了严密的基础.大家知道,由有理数构成的序列,它的极限不一定是有理数.人们自然会问,由实数组成的序列,它的极限一定是实数吗?这就是实数论所研究的一个重要问题.答案是,实数序列的极限一定是实数.这件事为什么重要?理由是明显的.导数和定积分都是用实数的极限定义的,这些极限存在吗?它们是实数吗?如果它们的极限不存在,或者存在而不是实数,微积分不就变成空中楼阁了吗?所以这个问题是至关重要的问题.

正是有理数的这些缺陷,引出了康托尔、戴德金、外尔斯特拉斯等人对无理数本质的深刻研究,并奠定了实数的构造理论.

关于实数的构造,已有三种不同的方法,也就是有三派理论,即戴德金的"分划",康托尔-海涅的"基本序列"和外尔斯特拉斯的"有界单调序列".这三种构造方法有一个共同点:都是利用有理数的某些集合来定义无理数.并且,这三种定义在逻辑上是等价的.一旦证明了它们的等价性,我们就可以从任一定义出发去定义实数.我们采用戴德金的"分划"来定义实数.

我们采用戴德金的"分划"法,是因为这种构造法的直观性强,而且不依赖于极限概念,也是多数教科书采用的方法.但是必须指出,无论哪种构造都采用了公理化的方法,都具有一定的抽象性,读起来要花一些心思.

2.2 戴德金分划

戴德金引出分划概念的想法,是从如何定义 $\sqrt{2}$ 得来的. 我们知道, $\sqrt{2} \notin \mathbf{Q}$. 根据有理数的稠密性,不难找到有理点列 r_n, r_n' 满足条件

$$\lim_{n \to \infty}(r_n' - r_n) = 0, \quad r_n < \sqrt{2} < r_n'.$$

从直观上看, $\sqrt{2}$ 恰好是两个有理点列 $\{r_n\}$ 和 $\{r_n'\}$ 的分划点. 但是,我们还不知道 $\sqrt{2}$ 为何物,又如何选取有理点列 $\{r_n\}$ 使它与 $\sqrt{2}$ 作比较呢? 这个问题倒不难回答,因为我们总可以选取 $r_n \in \mathbf{Q}$,使得 $r_n^2 < 2$. 同理,可以选取 $r_n' \in \mathbf{Q}, (r_n')^2 > 2$.

满足上面条件的点列显然是非常多的. 为了避免特殊性和不确定性,我们把点集 $\mathbf{Q}$ 分为两类 A 和 A',其中

A 类: 一切使 $r^2 < 2$ 的正有理数 r,0 及一切负有理数;

A' 类: 一切使 $r^2 > 2$ 的正有理数 r.

这个分划具有这样三条性质:

(1) 集 A 和集 A' 都是非空的;

(2) $A \cup A' = \mathbf{Q}$,即没有漏掉一个有理数;

(3) 集 A 中的每一个数都小于集 A' 中的每一个数.

用一句话来描述分划的这三条性质就是:不空,不漏,不乱.

下面我们引入戴德金关于分划的定义:

定义 1(分划) 把全体有理数的集合分成两个集合 A 和 A',满足下面三个条件:

(1) 集合 A 和 A' 都是非空的(不空);

(2) 每一个有理数在而且只在 A 与 A' 两个集合的一个之中(不漏);

(3) 集合 A 中的每一个数 a 都小于集合 A' 中的每一个数 a'(不乱),

则称上述分法为一个**分划**,把集合 A 叫做分划的**下类**,集合 A' 叫做分划的**上类**. 用 $A|A'$ 表示这一**分划**.

由分划的定义可知,凡小于下类中的数 a 的有理数也属于下类. 同样,凡大于上类中数 a' 的有理数也属于上类.

例 1 把 A 定义为一切满足不等式 $a < 1$ 的有理数 a 的集合,而把满足 $a' \geqslant 1$ 的一切有理数 a' 归入集合 A'.

不难验证,我们确实得到了一个满足定义的分划,即满足分划的三个条件. 特别地,数 1 属于集合 A',并且它是 A' 中的最小的数. 另一方面,A 类中没有最大的数. 因为,不论我们在 A 中取怎样的数 a,我们总可以在 a 和 1 之间找出一个有理数 $a_1, a_1 > a$,且属于 A 类.

例 2 把 A 定义为一切满足不等式 $a \leqslant 1$ 的有理数 a 的集合,而把 $a' > 1$ 的一切有理数 a' 归入集合 A'.

这也是一个分划,并且在上类中没有最小数,而在下类中有最大数.

例 3 由 $\sqrt{2}$ 所产生的分划.

定义如前所述,这也是一个分划,并且在上类中没有最小数,在下类中没有最大数.更精确地说,对于 A 类中的每一个 p,都能在 A 中找到一个有理数 q,而 $p<q$.对于 A' 类中的每一个 p,都能在 A' 中找到一个有理数 q,而 $q<p$.

为了证明这一事实,我们对每一个有理数 $p>0$,配置一个数 q:

$$q = p - \frac{p^2 - 2}{p + 2} = \frac{2p + 2}{p + 2}. \tag{13-1}$$

于是

$$q^2 - 2 = \frac{2(p^2 - 2)}{(p + 2)^2}. \tag{13-2}$$

如果 p 在 A 中,那么 $p^2 - 2 < 0$,(13-1)式指出 $q > p$,而(13-2)式说明 $q^2 < 2$,因而 q 在 A 中.

如果 p 在 A' 中,那么 $p^2 - 2 > 0$,(13-1)式指出 $0 < q < p$.而(13-2)式说明 $q^2 > 2$,因而 q 在 A' 中.

命题 不存在这样的分划 $A|A'$,A 中有最大数,A' 中有最小数(自证).

可见,分划只能有三种类型:

(1) 在上类中没有最小数,而在下类中有最大数 r;

(2) 在上类中有最小数 r,而在下类中没有最大数;

(3) 在上类中没有最小数,在下类中也没有最大数.

在前两种情形下,我们说,这个分划由有理数产生,或者说,这个分划定义了有理数 r.在例 1 和例 2 中这样的数 r 是 1,它是两类集合的界数.

在第三种情形下界数不存在,分划不能定义任何有理数.现在需要引进一类新数——无理数.下面我们给出它的定义.

定义 2(无理数) 任何属于类型(3)的分划定义了一个无理数 α.

这个新数 α 就代表着缺少了的界数,我们把它插在类 A 和类 A' 之间.例 3 就是 $\sqrt{2}$ 的定义.

有理数与无理数统称为**实数**.实数的概念不仅是数学分析的一个基本概念,而且也是整个数学的基本概念.

对于每一个有理数 r,存在两个定义它的分划.在两个分划中都是数 $a<r$ 归入下类,数 $a'>r$ 属于上类,而数 r 本身可以在上类,也可以在下类.为了确定起见,我们规定:凡说到有理数的分划时,总是把这个数归入上类.这样一来,下类 A 中没有最大数.

2.3 实数的性质

有了实数的严格定义之后,我们的下一个任务就是在此定义的基础上研究实数的性质.

实数有哪些基本性质呢？我们说,实数有三种基本性质.

（1）**实数的有序性**. 这就是说,实数集是一个有序集合,任何两个实数可以比较大小. 这样一来有理数系的有序性扩充到了实数系. 我们知道,这一性质不能扩充到复数系. 这说明,有序性是实数系所具有的一个重要性质,而不是任何数系都具有的性质.

（2）**实数的连续性**或**实数的完备性**. 2.2 小节中的例子告诉我们,在有理数之间有空隙,它们没有把数轴填满. 实数之间有没有空隙呢？给定一个满足上面三条性质的实数的分划,这个分划还会有空隙吗？例如,给定一个正实数,它的平方根是实数吗？会不会出现正实数的平方根超出实数域的例外情形呢？再如,给定一个实数序列,这个序列的极限一定是实数吗？会不会又像有理数那样,出现实数序列的极限不是实数呢？下面将证明不会出现这种情况,实数系是完备的. 实数系的这个性质属于拓扑性质.

（3）**实数的代数结构**. 我们都很熟悉,有理数系可进行四则运算,并且这些运算遵从分配律、交换律、结合律等运算规律. 这些运算规律对实数仍成立,但需要给予严格证明.

下面我们分别来研究这三条基本性质.

2.4　实数集合的有序化

现在我们利用有理数集的有序性来建立实数集合的有序性. 这需要给出两个实数相等的定义,并在实数集合中给出大小的概念.

定义 3　由分划 $A|A'$ 和 $B|B'$ 分别定义的两个实数 α 和 β,当且仅当这两个分划相同时 α 和 β 才相等.

按照上面的规定,只要分划的两个下类 A 和 B 相同即可,因为这时两个上类 A' 和 B' 也必然相同. 这个定义对 α 和 β 是有理数自然也成立.

现在我们来建立关于实数的"大于"或"小于"的概念. 对于有理数来说,这个概念从中学课本中已经知道了. 对于有理数 r 与无理数 α 来说,在分划的定义中实际上已经包含了. 如果 α 是由分划 $A|A'$ 定义的,我们就算作 α 大于所有 A 类中的数,而小于所有 A' 类中的数；r 一定在 A 中或在 A' 中,它或者小于 α,或者大于 α.

现在设有两个无理数 α 和 β,α 由分划 $A|A'$ 确定,β 由分划 $B|B'$ 确定. 我们把具有较大的下类的那个数算作较大的. 确切地说,给出下述定义：

定义 4　若 A 类完全包含 B 类,且不与 B 类相同,则称 $\alpha>\beta$,或 $\beta<\alpha$.

不难验证,这个定义在 α 和 β 两数中有一个数是有理数,或两个都是有理数时也成立.

注意,我们这里是用集合的包含关系来定义实数的大小的,所以要换一种思想方法来考虑问题.

由上面的定义立刻可得到下面的命题.

定理 2　任何两个实数 α 和 β 之间必有下列三种关系之一：
$$\alpha = \beta, \quad \alpha > \beta, \quad \alpha < \beta.$$
其次,由 $\alpha>\beta,\beta>\gamma$ 可推出 $\alpha>\gamma$.

这个定理建立了实数集合的序关系：任何两个实数都可以比较大小，并且大小关系可以传递.

为了以后证明上的方便，我们建立下面的引理.

引理 1　设 α,β 是两个任意的实数. 若 $\alpha>\beta$，则总可以找到有理数 r，使之介于 α 和 β 之间：$\beta<r<\alpha$.

证　因为 $\alpha>\beta$，所以定义 α 的分划的下类 A 完全包含了定义 β 的下类 B，并且 A 与 B 不相同. 这样一来，存在有理数 r' 满足：$r'\in A,r'\notin B$. 因而 r' 属于 B'. 从而 $\beta\leqslant r'<\alpha$（等式只有在 β 是有理数时才可能成立）. 但因在 A 中没有最大数，所以我们一定可以取到有理数 r，使得
$$\beta<r<\alpha.$$

引理 2　设 α,β 是两个给定的实数. 如果对无论怎样小的有理数 $e>0$，总能使 α 与 β 夹在两个同样的有理数 s 和 s' 中间：
$$s\leqslant\alpha\leqslant s',\quad s\leqslant\beta\leqslant s',$$
其中 $s'-s<e$，则数 α 与 β 一定相等.

证　反证法. 假定 $\alpha\neq\beta$. 不失一般性，可假定 $\alpha>\beta$. 由引理 1，在数 α 与 β 之间可以插入两个有理数 r 与 $r'>r$：
$$\beta<r<r'<\alpha.$$
对任意满足引理条件的 s 与 s'，易见，
$$s<r<r'<s'\implies s'-s>r'-r>0.$$
可见差 $s'-s$ 不能任意小，与引理的条件相矛盾. 证毕.

2.5　实数集合的连续性

现在我们转过来讨论全体实数集合的一个极为重要的性质，这个性质把它和有理数集合从本质上区别开来. 这个性质就是实数的完备性，或连续性. 在考虑有理数集合的分划时，有时有这样一种分划存在，在这种分划中没有产生分划的界数. 正是在有理数的集合中留有这种空隙，使有理数集失去了完备性，而为引进新的数——无理数提供了根据. 现在我们来讨论全体实数集合中的分划.

把全体实数的集合分成两个集合 A 和 A'，满足下面三个条件：

(1) 集合 A 和 A' 都是非空的（不空）；

(2) 每一个实数在而且只在 A 与 A' 两个集合的一个之中（不漏）；

(3) 集合 A 中的每一个数 a 都小于集合 A' 中的每一个数 a'（不乱）.

集合 A 叫做分划的下类，集合 A' 叫做分划的上类. 仍用 $A\,|\,A'$ 表示这一分划.

于是出现这样一个问题：对这种分划来说，在实数集合中总能找到产生分划的界数，还是在实数集合中仍有空隙？

下面的定理指出，空隙不复存在，实数集合是完备的.

定理 3(戴德金)　对实数集合的任何分划 $A\,|\,A'$，都存在产生这个分划的实数 α，这个数

α 具有性质：(1) 或者是下类 A 中的最大数；(2) 或者是上类 A' 中的最小数.

注　实数集合的这个性质叫做实数集合的**完备性**或**连续性**.

证　用 A_1 表示所有属于 A 的有理数集合,用 A_1' 表示所有属于 A' 的有理数集合.易见,A_1 和 A_1' 作成全部有理数集合的一个分划.

分划 $A_1 \mid A_1'$ 定义了某个实数 α,它应该落在 A,A' 两类之一.假定它落在下类 A 中.这时我们来证明 α 是 A 中的最大数.假如不然,则可以找到另一个大于 α 的数 $\alpha_1 \in A$.根据引理 1,我们可在 α 和 α_1 之间插入一个有理数 r: $\alpha < r < \alpha_1$. r 属于类 A,因而也属于 A_1 类.于是我们就得出了矛盾：在定义数 α 的分划的下类中会有有理数比 α 这个数更大！这样我们就证明了,α 是 A 中的最大数.

同理可证,如果 α 落在上类 A' 中,则 α 是 A 中的最小数.

不会出现 A 类中有最大数,而 A' 类中也有最小数的情形.

α 就是产生分划 $A \mid A'$ 的数.证毕.

这个定理是实数理论的第一个重要定理,其他定理将以此定理为基础,我们把它叫做**戴德金基本定理**.直观讲,在数轴上随便砍一刀,不会落在空隙中,一定会落在某一实数上.数轴是连绵不断的.这就是连续性与完备性的直观含义.数轴上的点与实数集合可以建立一一对应,实现了几何与代数的完全统一.

2.6　确界定理

现在我们利用戴德金定理来建立分析学中起重要作用的一个概念.

考虑实数的集合 A.如果存在一个数 M,对于每一个 A 的元素 x,都有 $x \leqslant M$,则称 M 是这个集合的一个**上界**.

类似地,如果存在一个数 M,对于每一个 A 的元素 x,都有 $x \geqslant M$,则称 M 是这个集合的一个**下界**.

如果一个集合 A 是有上界的集合,那么它一定有无穷多个上界.在所有的上界中,特别重要的是最小的一个,我们称它为**上确界**,记做 $\sup\{A\}$.同样,如果一个集合 A 是有下界的,我们就称下界中最大的一个为它的**下确界**,记做 $\inf\{A\}$.我们有下面的重要定理.

定理 4(确界存在定理)　如果集合 B 是有上(下)界的集合,则它有上(下)确界.

证　今就上确界的情况进行证明.考虑下面两种情况.

(1) 如果集合 B 中有最大元素 α,则 α 就是集合 B 的上确界.

(2) 今设集合 B 中无最大元素.我们用下述方法对全体实数作分划.把集合 B 的一切上界归入 A',把其余一切实数归入 A.在这个分划之下,集合 B 的一切元素都落在 A 类.根据戴德金基本定理,一定有一个作成这个分划的实数 α 存在. α 就是所求的上确界.

第十四章 极 限 论

极限的理论是讨论函数的基础,换言之,它是数学分析的基础.

乌瓦连柯夫

在实数理论的基础上,我们研究一些极限论中更深入的性质.

历史说明. 虽然极限是微积分的基本工具,但在微积分诞生之初并不明确.极限概念的定义首次出现在沃利斯(1616—1703)的《无穷量的算术》中.牛顿在《自然哲学的数学原理》发表了最初比与最后比的方法,从中可以看到极限论的萌芽.可是 18 世纪的大数学家都没有想到用极限论来论证新的计算方法,以及用极限论来回答新计算方法所受到的正确批评.

柯西的《分析教程》(1821)以及他后来的著作是极限概念的转折点.在这些著作中,极限论得到了首次发展,并成为微积分的基本工具.

极限这个概念贯穿整个数学分析,并且在数学的其他领域中也起着重要的作用.通过极限论我们要学习些什么呢? 本章的内容主要有两个:一是描述极限的语言,即"$\varepsilon\text{-}N$"语言和"$\varepsilon\text{-}\delta$"语言;二是与极限相关的重要性质

§1　极限定义及运算

1.1　序列的极限

在柯西以及柯西以前的时代,极限概念是用直观语言描述的.例如,对序列

$$\frac{1}{2},\ \frac{2}{3},\ \frac{3}{4},\ \cdots,\ \frac{n-1}{n},\ \cdots$$

他们是这样描述的:当 n 无限增大时,序列 $a_n=\dfrac{n-1}{n}$ 趋向于 1,或者序列与常数 1 的差是任意小.

极限的本质已经表达出来了,可是什么是"任意小",什么是"无限增大"? 仍然是模糊的.最自然的办法是,从对极限概念的定性描述过渡到对极限概念的定量描述.这是德国数学家外尔斯特拉斯的功绩.这就引出了序列极限的下述定义.

定义　设 $\{a_n\}$ 是实数序列,a 为有限数.如果对每一个任意小的正数 ε,都存在一个正整数 N,使得对于 $n>N$ 的一切 a_n,不等式

$$|a_n-a|<\varepsilon \tag{14-1}$$

成立,则称序列 a_n 以有限数 a 为极限. 常数 a 叫做序列 a_n 当 $n \to +\infty$ 时的**极限**,记做

$$\lim_{n \to \infty} a_n = a \quad \text{或} \quad a_n \to a(n \to \infty).$$

序列 a_n 以有限数 a 为极限也称为序列 a_n **收敛**到 a.

注 (1) 此定义是精确的,基本上一字不能动.

(2) "不等式(14-1)"要求对一切 $\varepsilon > 0$ 都能找到 N,使它成立,不能只对某些 ε 找到 N.

(3) 对指定的 $\varepsilon > 0$,不等式(14-1)对一切 $n > N$ 都成立,不能只对一部分 n 成立.

极限的这一定义采用了电影的手法:以"常"刻画"变",以"静"描述"动". 把无限过程化为不同的时刻. 极限定义体现了辨证思想:它是有限与无限,近似与精确,常量与变量的对立统一.

1.2 序列极限的四则运算

极限运算包含了无限过程,通过下面的定理,可以将它回归到四则运算. 而借助四则运算,可大大简化极限的计算.

定理 1 如果 $\lim_{n \to \infty} a_n$ 和 $\lim_{n \to \infty} b_n$ 存在,则

(1) $\lim_{n \to \infty} (a_n \pm b_n) = \lim_{n \to \infty} a_n \pm \lim_{n \to \infty} b_n$;

(2) $\lim_{n \to \infty} (a_n \cdot b_n) = \lim_{n \to \infty} a_n \cdot \lim_{n \to \infty} b_n$;

(3) $\lim_{n \to \infty} \dfrac{a_n}{b_n} = \dfrac{\lim\limits_{n \to \infty} a_n}{\lim\limits_{n \to \infty} b_n}$ $(\lim_{n \to \infty} b_n \neq 0)$.

证 只证(2),(1)和(3)留给读者.

设 $\lim_{n \to \infty} a_n = a$, $\lim_{n \to \infty} b_n = b$,要证 $\lim_{n \to \infty} (a_n \cdot b_n) = ab$.

不难看出,有极限的序列一定是有界的,所以存在 $M > 0$,使得 $|b_n| < M$[①] 对一切 n 成立. 由此有

$$\begin{aligned}
|a_n b_n - ab| &= |a_n b_n - ab_n + ab_n - ab| \\
&\leqslant |a_n b_n - ab_n| + |ab_n - ab| \\
&\leqslant |b_n||a_n - a| + |a||b_n - b| \\
&\leqslant M|a_n - a| + |a||b_n - b|.
\end{aligned}$$

当 $a \neq 0$ 时,任给 $\varepsilon > 0$,都存在 $N > 0$,使得当 $n > N$ 时,

$$|a_n - a| < \frac{\varepsilon}{2M} \quad \text{和} \quad |b_n - b| < \frac{\varepsilon}{2|a|}.$$

---

① 设 $\lim_{n \to \infty} a_n = a(\neq 0)$,则对任意小的正数 ε,存在 N,当 $n > N$ 时,$|a_n - a| < \varepsilon$,特别取 $\varepsilon_0 = 1$,则存在 N_1,当 $n > N_1$ 时,有 $|a_n - a| < 1$,即有 $|a_n| \leqslant 1 + |a|(n > N_1)$. 取
$$M = \max\{a_1, a_2, \cdots, a_{N_1}, 1 + |a|\}.$$

由此立刻得到

$$|a_n b_n - ab| < \varepsilon.$$

当 $a=0$ 时,即 $\lim\limits_{n \to \infty} a_n = 0$ 时,对任给的 $\varepsilon > 0$,都存在 $N > 0$,使得当 $n > N$ 时,

$$|a_n| < \frac{\varepsilon}{M},$$

从而

$$|a_n b_n - 0| = |a_n| \, |b_n| < \frac{\varepsilon}{M} \cdot M = \varepsilon.$$

总之,总有 $\lim\limits_{n \to \infty} [a_n \cdot b_n] = ab$. 证毕.

§2 两个重要定理

实数连续性的建立对数学分析的严格的逻辑构造起着奠基的作用. 由此我们可以引出许多深刻的结论,这些结论更完全更细致地刻画了实数集合的结构. 本节给出与实数论有关的两个定理,它们对积分存在性的证明是至关重要的.

2.1 区间套定理

区间套定理是一个很有用的定理,并且具有直观的优点.

定理 2(区间套定理) 设有一个套着一个的区间的无穷序列

$$[a_1, b_1], \ [a_2, b_2], \ \cdots, \ [a_n, b_n], \ \cdots,$$

后面的每一个都包含在其前面的一个之内,并且当 $n \to \infty$ 时,

$$\lim_{n \to \infty} (b_n - a_n) = 0,$$

则区间的端点 a_n, b_n 趋向于公共的极限 c:

$$\lim_{n \to \infty} a_n = \lim_{n \to \infty} b_n = c. \tag{14-2}$$

证 对一切 n 都有 $a_n < b_1$,从而,变量 a_n 是有上界的,因而它有唯一的上确界 c,并且

$$\lim_{n \to \infty} a_n = c.$$

对于下降的变量 b_n 来说,

$$b_n > a_1,$$

因而,它也有唯一的下确界 c':

$$\lim_{n \to \infty} b_n = c'.$$

两极限的差

$$c - c' = \lim_{n \to \infty} (a_n - b_n) = 0.$$

即(14-2)式成立.

2.2 有限覆盖定理

我们来考查闭区间 $[a, b]$ 和一个由开区间所成的系 $\Sigma = \{\sigma\}$,其中开区间的个数可以是

有限的,也可以是无限的. 若对于闭区间 $[a,b]$ 内的每一个点必有 Σ 内的区间 σ 包含它,就说开区间系 Σ 覆盖闭区间 $[a,b]$.

定理 3(有限覆盖定理) 若闭区间 $[a,b]$ 被一个开区间的无穷系 $\Sigma=\{\sigma\}$ 所覆盖,则总能从 $\Sigma=\{\sigma\}$ 中选出有限子系

$$\Sigma^* = \{\sigma_1,\sigma_2,\cdots,\sigma_n\},$$

它同样能覆盖闭区间 $[a,b]$.

证 用反证法. 假定区间 $[a,b]$ 不能被 Σ 中的有限个区间所覆盖. 把区间 $[a,b]$ 分为两半. 在两半中至少有一个不能被 Σ 中的有限个区间所覆盖. 用 $[a_1,b_1]$ 表示这个区间. 再把这个区间分为两半,并用 $[a_2,b_2]$ 表示不能被 Σ 中的有限个区间所覆盖的那半个区间. 继续不断进行这种步骤,我们得到一个无穷区间列

$$[a_n,b_n], \quad n = 1,2,3,\cdots,$$

其中每一个区间都是前一区间的一半. 所有这些区间都是这样选取的,它们之中没有一个能被 Σ 中的有限个区间所覆盖. 由区间套定理,它们有一个公共点 c:

$$\lim_{n\to\infty} a_n = \lim_{n\to\infty} b_n = c.$$

这个点 c 必在某个区间 $\sigma_0=(\alpha,\beta)$ 内,于是,$\alpha<c<\beta$. 易见,从某个 n 开始,区间 $[a_n,b_n]$ 将落在区间 $\sigma_0=(\alpha,\beta)$ 内. 这样,一个区间就可将它们全部盖住. 这与区间 $[a_n,b_n]$ 的选法矛盾. 这就证明了定理.

§3 收 敛 原 理

给定一个序列 $\{a_n\}$,如何判断它有没有极限呢?

3.1 子序列

设已给一个序列

$$a_1, a_2, \cdots, a_n, \cdots. \tag{14-3}$$

除它以外,我们考虑任何一个属于它的部分序列

$$a_{n_1}, a_{n_2}, \cdots, a_{n_k}, \cdots, \tag{14-4}$$

我们也称 (14-4) 是 (14-3) 的子序列.

易见,原序列 (14-3) 收敛,则子序列 (14-4) 也收敛,而反过来不一定成立.

当序列 (14-3) 是有界序列时,下面的波尔查诺-外尔斯特拉斯的预备定理成立.

定理 4(波尔查诺-外尔斯特拉斯预备定理) 从任何的有界序列 $\{a_n\}$ 中,总可以选出收敛于有限数的子序列.

证 设全部的数 a_n 都落在区间 $[c,d]$ 内. 把 $[c,d]$ 分为两半,至少有一半包含序列中的无穷多个元素,把这一半记为 $[c_1,d_1]$. 再把 $[c_1,d_1]$ 分为两半,至少有一半包含序列中的无穷多个元素,把这一半记为 $[c_2,d_2]$. 继续这种步骤,第 k 次分得的区间记为 $[c_k,d_k]$,同样包

含序列中的无穷多个元素.如此无限地继续进行下去.

在这些区间中,每一个都是前一个的一半,并且包含在前一个之中.第 k 个区间的长度等于

$$d_k - c_k = \frac{d-c}{2^k}, \quad k = 1, 2, \cdots.$$

当 $k \to \infty$ 时,$(d_k - c_k) \to 0$. 由区间套定理,c_k, d_k 趋向于一个共同极限 a.

现在我们可以用归纳的方法把子序列 $\{a_{n_k}\}$ 造出来. 在序列元素 a_n 中任取包含在 $[c_1, d_1]$ 内一个作为 a_{n_1}. 在 a_{n_1} 后面的各元素 a_n 中任取一个包含在 $[c_2, d_2]$ 内作为 a_{n_2},$\cdots$. 在 $a_{n_1}, a_{n_2}, \cdots, a_{n_{k-1}}$ 后面的各元素 a_n 中任取一个包含在 $[c_k, d_k]$ 内作为 a_{n_k}.

因为 $c_k \leqslant a_{n_k} \leqslant d_k$,而

$$\lim_{k \to \infty} c_k = \lim_{k \to \infty} d_k = a,$$

所以 $\lim\limits_{k \to \infty} a_{n_k} = a$. 证毕.

3.2   收敛原理

柯西和波尔查诺给出了下面的定理,通常称之为收敛原理.

定理 5(收敛原理)   序列 a_n 有有限极限的充分必要条件是:对任意给定的 $\varepsilon > 0$,都存在这样的序号 N,使得当 $m, n > N$ 时,不等式

$$|a_n - a_m| < \varepsilon \tag{14-5}$$

恒成立.

证   **必要性**   设序列 a_n 有有限极限 a,即 $\lim\limits_{n \to \infty} a_n = a$. 于是,对任给的 $\varepsilon > 0$,都存在 N,使得当 $m, n > N$ 时,不等式

$$|a_n - a| < \frac{\varepsilon}{2} \quad \text{和} \quad |a_m - a| < \frac{\varepsilon}{2}$$

恒成立.因此

$$|a_n - a_m| = |a_n - a + a - a_m| \leqslant |a_n - a| + |a - a_m| < \frac{\varepsilon}{2} + \frac{\varepsilon}{2} = \varepsilon.$$

充分性   我们用波尔查诺-外尔斯特拉斯预备定理来证明充分性.

假定条件已经满足,要证明序列 a_n 有有限极限 a 存在.

先证明序列 a_n 是有界集合.由(14-5)式,任给 $\varepsilon > 0$,存在 N,当 $m, n > N$ 时,有

$$a_m - \varepsilon < a_n < a_m + \varepsilon.$$

对固定的 m,变量 a_m 是个有界量,当 $n > N$ 时,a_n 是有界的.不难放宽这两个界限,使得前 N 个值也包含在它们中间,或者令 $M = \max\{a_1, a_2, \cdots, a_N, a_m + \varepsilon\}$,则有 $|a_n| < M$. 于是,由波尔查诺-外尔斯特拉斯预备定理,存在子序列 $\{a_{n_k}\}$,它收敛于有限极限 a:

$$\lim_{k \to \infty} a_{n_k} = a.$$

我们来证明,序列 a_n 也收敛于 a. 选择 k,使 $n_k > N$(我们可以假定这里的 N 与(14-5)

式的 N 是相同的,否则我们取大的一个作为共同的 N),使得

$$|a_{n_k} - a| < \varepsilon.$$

因此在(14-5)中可以取 $m = n_k$ 而得到

$$|a_n - a_{n_k}| < \varepsilon.$$

合并两个不等式,最后得到

$$|a_n - a| < 2\varepsilon.$$

这就证明了定理.

　　收敛原理通常称为**柯西准则**.这个准则对于理论的建立是非常有用的,但较少用来确定具体情形下的极限的存在.它的独特性在于,它只是根据序列自身的结构来判断极限的存在性.但柯西和波尔查诺并没有给出定理的正确证明.

第十五章 函数及其连续性

函数概念是近代数学思想之花.

汤姆士·麦克阔马克

每一个数学函数,无论多复杂,总可以表示为某些简单的基本的函数之和.

傅里叶

自 17 世纪近代数学产生以来,函数概念一直处于数学思想的真正核心地位.尽管函数概念的重要意义远远超出了数学领域,我们还是将注意力集中在数学意义下的函数.整个微积分都是研究函数性质的.这些性质分成三个层次:初等性质;借助极限证明的性质;借助微积分证明的性质.

§1 基 本 概 念

1.1 函数定义

自然界的现象不是孤立的,而是相互联系的.数学科学的目的是探索、揭示它们之间的联系和规律.

定义 设 x, y 是两个变量,分别在实数集合 D, G 内取值.若依某一法则 f,对每一个值 $x \in D$,都有一个唯一确定的值 $y \in G$ 与之对应,则称变量 y 是变量 x 的函数,记做

$$y = f(x),$$

其中,x 称为**自变量**,y 称为**因变量**,D 叫做函数的**定义域**,G 叫做函数的**值域**.

函数定义中包含三个要素:定义域,值域和对应关系.

1.2 单调函数

定义在区间 $[a, b]$ 上的函数 $f(x)$ 称为**递增的**,若 $x_1 < x_2$,则 $f(x_1) < f(x_2)$(图 15-1).

说函数 $f(x)$ 在区间 $[a, b]$ 上是**递减的**,若 $x_1 < x_2$,则 $f(x_1) > f(x_2)$(图 15-2).

递减函数、递增函数合在一起统称为**单调函数**.

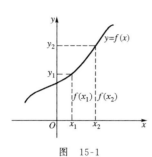 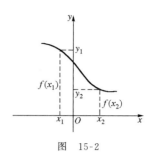

图 15-1   图 15-2

1.3 反函数

设函数 $y=f(x)$ 是定义在区间 $[a,b]$ 上的一个单调函数,并设它的值域是区间 $[c,d]$. 由单调性知,

$$x_1 \neq x_2 \implies f(x_1) \neq f(x_2),$$

因此,对于区间 $[c,d]$ 上的每一个 y,恰有一个数 $x\in[a,b]$,使得 $f(x)=y$. 我们把这个 x 记为 $f^{-1}(y)$. 这样一来,我们定义了一个函数 f^{-1},它以 $[c,d]$ 为定义域,以 $[a,b]$ 为值域:

(1) $f^{-1}(y)=x, y\in[c,d]$ 等价于

(2) $f(x)=y, x\in[a,b]$(见图 15-3). f 和 f^{-1} 的关系可用下述方式描述:在(1)中令 $y=f(x)$,可得

图 15-3

(3) $f^{-1}(f(x))=x, x\in[a,b]$;

在(2)中令 $x=f^{-1}(y)$,可得

(4) $f(f^{-1}(y))=y, y\in[c,d]$.

函数 f 和 f^{-1} 被称做**互为反函数**.

函数 $y=f(x)$ 的反函数常采用另外的符号来表示:$x=\psi(y)$,用以替代 $x=f^{-1}(y)$. 又,在习惯上常用字母 x 表示自变量,而用字母 y 表示因变量,这样 $y=f(x)$ 的反函数就写为

$$y = \psi(x).$$

例 设函数为

$$y = ax + b, \quad y = x^2, \quad y = x^3,$$

则反函数分别为

$$x = \frac{y-b}{a}, \quad x = \sqrt{y}(或 -\sqrt{y}), \quad x = \sqrt[3]{y}.$$

改变自变量与因变量的记号,则反函数分别是

$$y = \frac{x-b}{a}, \quad y = \sqrt{x}(或 -\sqrt{x}), \quad y = \sqrt[3]{x}.$$

函数与反函数之间有密切的联系,知道了函数的性质就可引出反函数的性质,反之亦然.

今来研究反函数的图形. 设函数 $y=f(x)$ 有反函数, 易见, 若 (a,b) 是 f 的图形上的一点, 则 (b,a) 就是 f^{-1} 的图形上的一点. 而点 (a,b) 与 (b,a) 关于直线 $y=x$ 对称. 由此我们得出:

反函数 $y=\psi(x)$ 的图形与函数 $y=f(x)$ 的图形关于直线 $y=x$ 对称(见图 15-4).

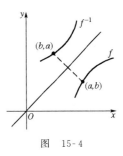

图　15-4

注　反函数的概念为我们提供了构造新函数的第一个方法. 反三角函数就是借助反函数的概念从三角函数中构造出来的, 而对数函数是指数函数的反函数.

§2　初　等　函　数

从理论上讲微积分是研究连续函数的. 从实用角度看, 它研究的就是初等函数. 弄清楚初等函数的性质及图形对学好微积分至关重要.

2.1　基本初等函数

常数函数　函数 $y=f(x)=c$ 称为**常数函数**(图 15-5).

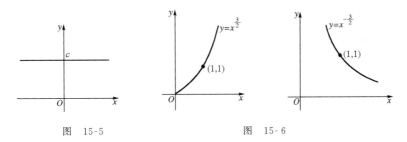

图　15-5　　　　　　　　图　15-6

幂函数　函数 $y=x^{\alpha}$(α 是实数)称为**幂函数**. 当 α 取不同的值时, 幂函数的定义域是不同的. 它们共同的定义域是 $(0,+\infty)$(图 15-6).

指数函数　函数
$$y=a^x \quad (a \text{ 是不等于 } 1 \text{ 的正常数})$$
叫做**指数函数**. 它的定义域是全体实数. 因为无论 x 如何, 总有 $a^x>0$, 又 $a^0=1$, 所以指数函数的图形, 总在 x 轴上方, 且通过点 $(0,1)$.

若 $a>1$, 函数是单调增加的;

若 $0<a<1$, 则情形相反, 函数是单调减少的(图 15-7).

$y=\mathrm{e}^x$ 是最常用的指数函数.

对数函数　指数函数 $y=a^x$ 的反函数叫做以 a 为底的**对数**

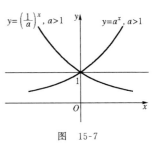

图　15-7

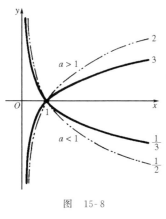

图 15-8

函数：$y=\log_a x$，这里 a 是不等于 1 的正常数. 对数函数的图形,可以从它所对应的指数函数 $y=a^x$ 的图形按反函数作图法一般规则求出. 这就是关于第一和第三象限的平分线作对称于 $y=a^x$ 的曲线,就得到 $y=\log_a x$ 的曲线. 对数函数的定义域是区间 $(0,+\infty)$,且 1 的对数是 0,所以它的图形在 y 轴右方且通过点 $(1,0)$. 当 $a>1$ 时,在区间 $(0,+\infty)$ 内函数单调增加,在开区间 $(0,1)$ 内函数值为负,而在区间 $(1,+\infty)$ 内函数值为正;当 $a<1$ 时,在区间 $(0,+\infty)$ 内函数单调减少,在开区间 $(0,1)$ 内函数值为正,而在区间 $(1,+\infty)$ 内函数值为负 (图 15-8).

$y=\ln x$ 是最常用的对数函数.

三角函数 共有 6 个函数：$\sin x,\cos x,\tan x,\cot x,\sec x,\csc x$,其中前 4 个是基本的. 因为 $\sec x=\dfrac{1}{\cos x}$, $\csc x=\dfrac{1}{\sin x}$,所以我们只讲述前 4 个函数.

函数 $y=\sin x$ 的定义域是区间 $(-\infty,+\infty)$,它是奇函数,图形对称于原点;又因为 $\sin x=\sin(x+2\pi)$,所以称它是周期函数,周期是 2π. 因此只要先将它在区间 $[0,\pi]$ 上的图形做出,其次根据它是对称于原点的这一性质再将它在区间 $[-\pi,0]$ 上的图形做出,最后根据它的周期性,整个图形就不难绘出(图 15-9).

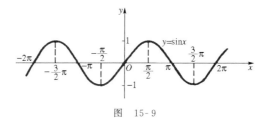

图 15-9

函数 $y=\cos x$ 的定义域是区间 $(-\infty,+\infty)$,图形对称于 y 轴,它也是周期函数,周期是 2π. 利用公式 $\cos x=\sin(x+\pi/2)$,不难看出把正弦曲线 $y=\sin x$ 沿着 x 轴向左移动一段距离 $\pi/2$,就获得余弦曲线 $y=\cos x$(图 15-10).

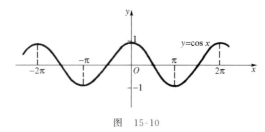

图 15-10

函数 $y=\tan x$ 在点 $x=(2k+1)\dfrac{\pi}{2}$(k 是整数)处无定义. 它是奇函数,又是周期函数,周期是 π. 图 15-11 表示函数 $y=\tan x$ 的图形,它对称于原点,且由无穷多支所组成,每支都是单调增加的. 仿此,可以讨论函数 $y=\cot x$ 并绘出其图形(图 15-12).

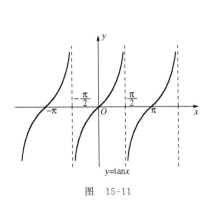

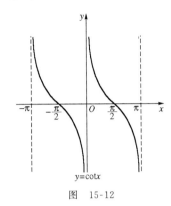

图　15-11　　　　　　　　　图　15-12

反三角函数　三角函数

$$\sin x,\ \cos x,\ \tan x,\ \cot x$$

的反函数,分别记做

$$\text{Arcsin}x,\ \text{Arccos}x,\ \text{Arctan}x,\ \text{Arccot}x,$$

叫做**反三角函数**. 这些函数都表示角度(以弧度为单位),而这些角度的正弦、余弦、正切、余切就等于 x. 按反函数作图法的一般规则,不难求出它们的图形. 但是这些函数都是多值函数. 在微积分中我们只研究单值函数,因而需要从多值函数中取出它的单值分支. 先看反正弦函数.

函数 $y=\text{Arcsin}x$ 的图形(图 15-13)介于两条直线 $x=-1$ 与 $x=1$ 之间,它的定义域是闭区间 $[-1,1]$. $y=\text{Arcsin}x$ 等价于 $\sin y=x$. 对于给定的 x 值有无穷多 y 值与之对应. 从图形上看,在闭区间 $[-1,1]$ 内作垂直于 x 轴的直线,这直线与图形交于无穷多个点,这些点的纵坐标是 y.

为了取到这个函数的单值分支,通常我们选择位于函数值的闭区间 $[-\pi/2,\pi/2]$ 上的一段曲线(在图 15-13 上用粗线所画出的弧 AB). 这样所限定的函数值,叫做 $\text{Arcsin}x$ 的**主值**,记做 $\arcsin x$,从而

$$-\frac{\pi}{2}\leqslant \arcsin x \leqslant \frac{\pi}{2}.$$

于是,$y=\arcsin x$ 是定义在闭区间 $[-1,1]$ 上的单值、单调增加函数.

简而言之,我们这样选取单值分支:$y=\sin x$ 在 $[-\pi/2,\pi/2]$ 上是单调递增的,其值域

是[−1,1],图形如图 15-14 所示.

$y=\sin x$ 的反函数是 $y=\arcsin x$,在区间[−1,1]上递增,其值域是[−π/2,π/2]. 图形如图 15-15 所示.

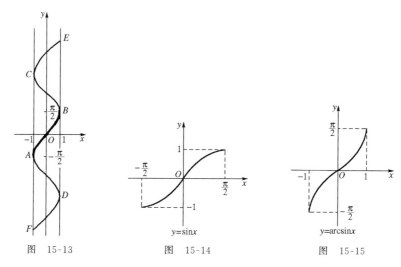

图 15-13　　　　　　图 15-14　　　　　　图 15-15

类似地,$y=\cos x$ 在区间[0,π]上是单调递降的,其值域是[−1,1]. 图 15-16 是它的图形. $y=\cos x$ 的反函数是 $y=\arccos x$,它在区间[−1,1]上是递降的,值域是区间[0,π]. 图 15-17 是它的图形,称为 Arccos$x$ 的主值.

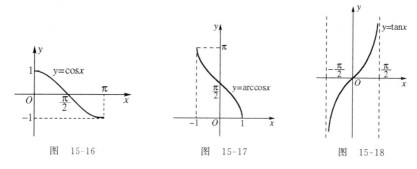

图 15-16　　　　　　图 15-17　　　　　　图 15-18

$y=\tan x$ 在区间(−π/2,π/2)内是单调递增的,其值域是(−∞,+∞). 图 15-18 是它的图形. $y=\tan x$ 的反函数是 $y=\arctan x$,它在区间(−∞,+∞)上是单调递增的,它的值域是(−π/2,π/2). 图 15-19 是它的图形,并称为 Arctan$x$ 的主值.

$y=\cot x$ 在区间(0,π)内是单调递降的,其值域是(−∞,+∞). 图 15-20 是它的图形. $y=\cot x$ 的反函数是 $y=\text{arccot}x$,它在区间(−∞,+∞)上是递减的,它的值域是(0,π). 图 15-21 是它的图形,并称为 Arccot$x$ 的主值.

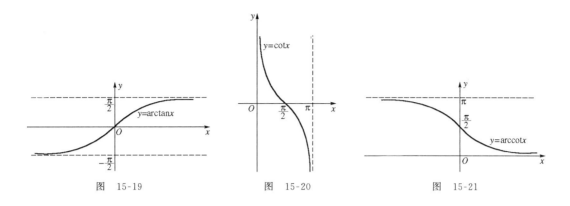

图 15-19   图 15-20   图 15-21

2.2　复合函数与初等函数

在有些问题中,两个变量的联系不是直接的,而是通过另一个变量联系起来的,这就引出了复合函数的概念.

定义 1　设 y 是 z 的函数:$y=f(z)$,而 z 又是 x 的函数:$z=\psi(x)$.以 X 表示 $\psi(x)$ 的定义域.如果对于 x 在 X 上取值时所对应的 z 值,函数 $y=f(z)$ 是有定义的,则 y 成为 x 的函数,记为

$$y=f(\psi(x)).$$

这个函数叫做由函数 $y=f(z)$ 及 $z=\psi(x)$ 复合而成的**复合函数**,它的定义域为 X,z 叫做中间变量.

复合函数是产生新函数的第二种办法.比借助反函数产生的函数还要丰富多彩.借助复合运算可以产生大量的新函数.从逻辑上讲,它不是基本的概念,但从运算上讲,它非常重要,特别对微积分而言.

下面我们给出初等函数的定义.

定义 2　由基本初等函数经过有限次四则运算、乘方、开方和复合运算而得到的函数叫**初等函数**.

2.3　函数概念发展史

近代数学的主体主要是围绕着函数和极限概念展开的.函数概念最早出现在格雷戈里的文章《论圆和双曲线的求积》中.他定义函数是这样一个量:它是从一些其他量经过一系列代数运算而得到的,或者经过任何其他可以想象到的运算得到的.自从牛顿于 1665 年开始微积分的工作后,他一直使用"流量"一词来表示变量间的关系.莱布尼茨(1646—1716)1673 年在一篇手稿里使用了"函数"这一概念.后来,莱布尼茨又引进"常量"、"变量"和"参变量"的概念.在数学史上,这是一大进步,它使得人们可以从数量上描述运动了.当时的函数指的是可以用解析式子表示的函数,但这种概念对数学和科学的进一步发展来说是太狭

窄了.

用符号"ϕx"表示一般函数的是瑞士数学家约翰·伯努利(1667—1748),他在 1718 年使用了这一表示.这是函数概念从解析表达式走向抽象表示的第一步.1734 年欧拉用 $f(x)$ 作为函数的记号.$f(x)$ 中的 f 是 function 的第一个字母.历史上第一个给出函数一般定义的是狄利克雷(1805—1859).他给出了下面的著名函数(1829):

$$f(x) = \begin{cases} 0, & x \text{ 是无理数,} \\ 1, & x \text{ 是有理数.} \end{cases}$$

这个函数具有两个特点:

(1) 没有公式;函数定义从解析式子中解放了出来.

(2) 没有图形;函数定义从几何直观中解放了出来.

这个进步相当于从具体数字到字母表示.进而,在 1837 年他给出了函数的如下定义:

如果对于给定区间上的每一个 x 值,都有唯一的 y 值与它对应,那么 y 是 x 的函数.

函数概念的现代定义依赖于集合论.直到 19 世纪集合论诞生后,才出现现在的函数定义.

狄利克雷是现代数学的始祖.他是头一位在数学中重视概念,并有意识地"以概念代替计算"的人.这是数学从研究"算"到研究"概念、性质和结构"的转变.

§3 函数的连续性

微积分主要是研究连续函数的,因而对连续函数的性质需要有一个清楚的理解.我们将集中力量考查连续函数在闭区间上的两个性质:这就是最大值、最小值定理和中间值定理.由于连续函数是在函数极限的基础上定义的,为此我们先讲述函数的极限.

3.1 函数的极限

有了 §1 中序列极限的定义,不难给出函数极限的定义.但函数极限要分为两种基本情况来讨论:其一,自变量趋于无穷的过程:$x \to +\infty$;$x \to -\infty$;$|x| \to +\infty$;其二,自变量趋于有限数的过程:$x \to a$.因而我们有下面的定义:

定义 1 设函数 $f(x)$ 在 $x > a (a > 0)$ 时有定义.如果对任一个预先指定的任意小的数 $\varepsilon > 0$,总存在一个 $X > 0$,使得当 $x > X$ 时,不等式 $|f(x) - A| < \varepsilon$ 成立,则称当 $x \to +\infty$ 时,$f(x)$ 以 A 为**极限**,记做

$$\lim_{x \to +\infty} f(x) = A \quad \text{或} \quad f(x) \to A \ (x \to +\infty).$$

另外两种极限过程 $x \to -\infty$ 和 $|x| \to +\infty$,可类似定义.

定义 2 设函数 $f(x)$ 在点 a 的某邻域内有定义(在 a 点可以没有定义).如果对任一个预先指定的任意小的数 $\varepsilon > 0$,总存在一个 $\delta > 0$,使得对于满足条件 $0 < |x - a| < \delta$ 的一切 x,都有

$$|f(x)-A|<\varepsilon,$$

则称当 $x\to a$ 时，$f(x)$ 以 A 为极限，记做

$$\lim_{x\to a}f(x)=A \quad \text{或} \quad f(x)\to A\ (x\to a).$$

注 $0<|x-a|<\delta$ 表示 x 在 a 的空心邻域中，而 $x\neq a$，因为极限过程与函数 $f(x)$ 在 a 点是否有定义以及在 a 点的取值无关. 以后我们常用 $\delta_a=(a-\delta<x<a+\delta)$ 表示以 a 为心的邻域.

函数极限 $\lim\limits_{x\to a}f(x)=A$ 的几何意义. 任给 $\varepsilon>0$，用平行于 x 轴的直线 $y=A-\varepsilon$ 和 $y=A+\varepsilon$ 作一长条带域. 由定义 2，存在 $\delta>0$，使得当 $0<|x-a|<\delta$ 时，有 $|f(x)-A|<\varepsilon$. 这就是说，在 x 轴上可以找到一个以 a 为中心的开区间 $(a-\delta,a+\delta)$，使当 $x\in(a-\delta,a+\delta)$ 且 $x\neq a$ 时，点 $P(x,f(x))$ 就必然落在所述的长条阴影带内（见图 15-22）.

函数极限 $\lim\limits_{x\to+\infty}f(x)=A$ 的几何意义可参见图 15-23.

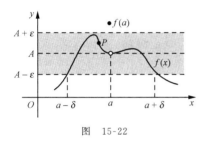
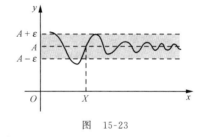

图 15-22   图 15-23

函数极限仍然满足极限的四则运算.

3.2 单边极限

在函数极限的定义中，当 $x\to a$ 时，x 既可在 a 的左侧，又可在 a 的右侧. 但有时所讨论的 x 值只能在 a 的左侧（即 $x\leqslant a$），或者只能在 a 的右侧（即 $x\geqslant a$），此时我们就有如下的左极限、右极限的概念：

当 x 从左侧趋于 a 时，如果函数 $f(x)$ 的极限存在，这个极限就叫做函数 $f(x)$ 当 $x\to a$ 时的**左极限**，记做 $\lim\limits_{x\to a^-}f(x)$.

当 x 从右侧趋于 a 时，如果函数 $f(x)$ 的极限存在，这个极限就叫做函数 $f(x)$ 当 $x\to a$ 时的**右极限**，记做 $\lim\limits_{x\to a^+}f(x)$.

根据左极限与右极限的定义不难看出：函数 $f(x)$ 当 $x\to a$ 时极限存在的充分必要条件是，左极限与右极限各自存在且相等，即 $\lim\limits_{x\to a^-}f(x)=\lim\limits_{x\to a^+}f(x)$. 因此，即使 $\lim\limits_{x\to a^-}f(x)$ 和 $\lim\limits_{x\to a^+}f(x)$ 都存在，但不相等，则 $\lim\limits_{x\to a}f(x)$ 不存在.

3.3 连续函数

定义 3 设函数 $f(x)$ 在点 x_0 的某邻域 δ_{x_0} 内有定义. 如果

$$\lim_{x \to x_0} f(x) = f(x_0),$$

则称函数 $f(x)$ 在点 x_0 处是**连续**的; 否则, 称函数 $f(x)$ 在点 x_0 处是**间断**的.

这个定义告诉我们, 一个函数在一点连续要满足三个条件:

(1) $f(x_0)$ 存在;

(2) 极限 $\lim\limits_{x \to x_0} f(x)$ 存在;

(3) $\lim\limits_{x \to x_0} f(x) = f(x_0)$.

三个条件中有一个不满足, 函数就在点 x_0 处是间断的.

3.4 连续函数的最大值、最小值定理

引理 1 设函数 $f(x)$ 定义在闭区间 $[a, b]$ 上, 并且是连续的, 又在区间的两端点处取异号的数值, 则必有一点 c 存在, $a < c < b$, 使得

$$f(c) = 0.$$

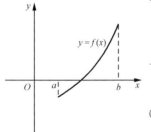

图 15-24

这个引理有简单的几何意义: 连续曲线从 x 轴的一侧走到另一侧必与 x 轴相交 (图 15-24).

证明 我们用区间套定理来证明它. 为确定起见, 设 $f(a) < 0, f(b) > 0$. 用分点 $\dfrac{a+b}{2}$ 把 $[a, b]$ 分成两部分. 若在此分点处 $f(x) = 0$, 则令 $c = \dfrac{a+b}{2}$, 定理就已证明. 若 $f\left(\dfrac{a+b}{2}\right) \neq 0$, 则函数必在区间 $\left[a, \dfrac{a+b}{2}\right]$ 或 $\left[\dfrac{a+b}{2}, b\right]$ 的端点处取异号的数值, 并且负的在左端, 正的在右端. 用 $[a_1, b_1]$ 表示这个区间. 我们有

$$f(a_1) < 0, \quad f(b_1) > 0.$$

把 $[a_1, b_1]$ 再分成两半, 并除去 $f(x)$ 在分点 $\dfrac{a_1+b_1}{2}$ 为 0 的情况, 因为在这种情况下, 引理已经被证明. 用 $[a_2, b_2]$ 表示使

$$f(a_2) < 0, \quad f(b_2) > 0$$

的那半个区间.

继续进行这种构造区间的过程. 这时, 或者在有限多个步骤以后, 我们会遇到一个分点, 在这点函数值为 0, 这时引理的证明已经完成; 或者我们得到一个无穷的区间套 $[a_n, b_n]$ ($n = 1, 2, \cdots$), 我们有

$$f(a_n) < 0, \quad f(b_n) > 0.$$

并且它们的长度等于

$$b_n - a_n = \frac{b-a}{2^n} \to 0, \quad n \to \infty.$$

所以 a_n, b_n 具有相同的极限 c:

$$\lim_{n \to \infty} a_n = \lim_{n \to \infty} b_n = c.$$

c 显然属于 $[a, b]$. 我们来证明, $f(c) = 0$. 事实上,

$$f(c) = \lim_{n \to \infty} f(a_n) \leqslant 0 \quad \text{与} \quad f(c) = \lim_{n \to \infty} f(b_n) \geqslant 0,$$

所以必有 $f(c) = 0$. 引理证毕.

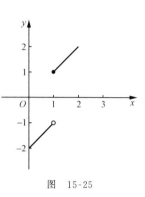

图　15-25

我们要注意, 函数在闭区间上的连续性要求是极为重要的; 因为, 即使是只具有一个间断点的函数也能够由负值变到正值而不变为 0.

例 1　函数

$$f(x) = \begin{cases} x - 2, & 0 \leqslant x < 1, \\ x, & 1 \leqslant x \leqslant 2 \end{cases}$$

在区间 $[0, 2]$ 上不取 0 值 (图 15-25).

引理 1 在求解代数方程的根时十分有用, 今举一例.

例 2　证明奇数次实系数代数方程

$$f(x) = x^{2n+1} + a_1 x^{2n} + \cdots + a_{2n} x + a_{2n+1} = 0$$

至少有一个实根.

解　考虑绝对值充分大的 x. 此时对取定的 x, 多项式的符号将与 x 的符号相同. 当 $x > 0$ 时, 多项式的符号为正; 当 $x < 0$ 时, 多项式的符号为负. 因为多项式是连续函数, 所以它必然变号, 必在区间的某一点处取 0 值. 所以奇数次实系数代数方程至少有一个实根.

将引理 1 稍加推广, 我们就得到连续函数的中间值定理. 事实上, 一个连续的, 因而就不存在 "跳跃" 的函数, 如果不经过所有的中间值, 就不能从一个值变到另一个值, 这一点在直观上是没有疑问的.

定理 1 (中间值定理)　设函数 $f(x)$ 定义在闭区间 $[a, b]$ 上, 并且是连续的, 又在区间的两端点处取不同的数值

$$f(a) = A, \quad f(b) = B,$$

则不论 C 是 A 与 B 之间的怎样的数, 必有一点 c 存在, $a < c < b$, 使得 $f(c) = C$.

证　为确定起见, 设 $A < B$, 从而 $A < C < B$. 作辅助函数 $g(x) = f(x) - C$. 这个函数在这区间上是连续的, 并且在它的两个端点处取不同的符号:

$$g(a) = f(a) - C = A - C < 0, \quad g(b) = f(b) - C = B - C > 0.$$

由引理 1, 在 a 与 b 之间可以找到一点 c, 使得 $g(c) = 0$, 即

$$f(c) - C = 0 \Longleftrightarrow f(c) = C.$$

下面研究连续函数在闭区间上的最大值、最小值定理.

引理 2　在闭区间 $[a,b]$ 上连续的函数 $f(x)$ 一定在该区间有界.

证　设 α 是区间 $[a,b]$ 上的任意一点. 由函数 $f(x)$ 的连续性, 存在以 α 为中心的小区间 δ_α, 使得当 $x \in \delta_\alpha$ 时, $|f(x)-f(\alpha)|<1$, 于是

$$|f(x)| < |f(\alpha)| + 1.$$

对区间 $[a,b]$ 内的每一点 α 都有小区间 δ_α. 所有这些小区间构成开区间组 $\{S\}$, 根据有限覆盖定理, 从开区间组 $\{S\}$ 中一定可以选出有限个开区间 $\Delta_1, \Delta_2, \cdots, \Delta_n$ 盖住区间 $[a,b]$.

对于区间 Δ_k 中的任意点 x, 我们有

$$|f(x)| < |f(\alpha_k)| + 1.$$

如果我们把 $|f(\alpha_1)|, |f(\alpha_2)|, \cdots, |f(\alpha_n)|$ 最大的记为 M, 则对区间 $[a,b]$ 内的每一点 x 都有

$$|f(x)| < M + 1.$$

这就证明了函数 $f(x)$ 在区间 $[a,b]$ 上是有界的.

定理 2　在闭区间 $[a,b]$ 上连续的函数 $f(x)$ 一定在该区间取到它的最大值和最小值.

证　根据引理 2, 函数 $f(x)$ 在区间 $[a,b]$ 上是有界的. 因而 $f(x)$ 有上确界 β 和下确界 α. 下面证明一定存在点 x_1, x_2, 使 $f(x_1)=\beta, f(x_2)=\alpha$.

我们只对上确界 β 进行讨论, 因为下确界的讨论是类似的. 用反证法. 假定 $f(x)$ 在区间 $[a,b]$ 上的任意点 x 都有 $f(x)<\beta$, 我们来推出矛盾. 易见, 函数 $\beta-f(x)$ 在区间 $[a,b]$ 上是连续的, 从而, 函数 $\dfrac{1}{\beta-f(x)}$ 在区间 $[a,b]$ 上也是连续的. 由引理 2, 函数 $\dfrac{1}{\beta-f(x)}$ 在区间 $[a,b]$ 上是有界的, 所以存在数 $C \neq 0$, 使得

$$\frac{1}{\beta-f(x)} < C \quad (a \leqslant x \leqslant b),$$

即

$$f(x) < \beta - \frac{1}{C} \quad (a \leqslant x \leqslant b).$$

这与 β 是上确界相矛盾. 定理得证.

3.5　函数的一致连续性

设函数 $f(x)$ 在某个区间 $[a,b]$ 上有定义, 并且在 $x \in [a,b]$ 是连续的, 则

$$\lim_{x \to x_0} f(x) = f(x_0).$$

或者, 对于任意选取的 $\varepsilon>0$, 一定能找到另一个数 $\delta>0$, 使得当 $|x-x_0|<\delta$ 时,

$$|f(x) - f(x_0)| < \varepsilon. \tag{15-1}$$

现在假定函数 $f(x)$ 在整个区间 $[a,b]$ 上是连续的, 即在这个区间的每一点处都是连续的. 于是对于 $[a,b]$ 内的每一点 x, 依照给定的 $\varepsilon>0$, 都可求得一个相应的 δ 使得 (15-1) 成

立. 对给定的 ε, 当 x 在 $[a,b]$ 内变化时, δ 是要改变的. 从图 15-26 可看出, 在函数变化缓慢的地方比在函数变化很快的地方所需的 δ 要大得多. 这就是说, 数 δ 不仅依赖于 ε, 而且也依赖于 x.

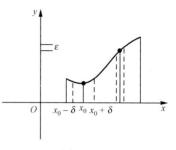

图 15-26

对给定的 ε, 如果只涉及 x 的有限多个值, 则由有限多个对应的 δ 的数值中, 自然可以取到最小的一个, 而这个 δ 自然同时适用于所考虑的全部点.

可是对包含在区间 $[a,b]$ 内的无穷多个 x 来说, 却不能这样去推断. 与无穷多个 x 相对应的是无穷多个 δ, 在这些数值中可能有要多小就多小的数值. 于是发生这样的问题, 当 ε 已知时, 能否选一个 δ, 它对于集合 $[a,b]$ 上的一切 x 都适用?

定义 4(一致连续) 若对预先给定的 $\varepsilon > 0$, 能找到另一个数 $\delta > 0$, 使同时对于区间 $[a,b]$ 上的一切 x_0, 使得当 $|x-x_0| < \delta$ 时,

$$|f(x) - f(x_0)| < \varepsilon,$$

则称函数 $f(x)$ 在区间 $[a,b]$ 上是**一致连续的**.

换言之, 称函数 $f(x)$ 在区间 $[a,b]$ 上是一致连续的, 如果对于任意选取的 $\varepsilon > 0$, 一定能找到一个数 $\delta > 0$, 使得当 $|x_1 - x_2| < \delta$ 时,

$$|f(x_1) - f(x_2)| < \varepsilon,$$

这里, $x_1, x_2 \in [a,b]$.

例 3 函数 $f(x) = x^2$ 在区间 $[0,1]$ 上是一致连续的.

证 对任一点 $x_0 \in [0,1]$, 我们有

$$|f(x) - f(x_0)| = |x^2 - x_0^2| = |x - x_0||x + x_0| \leqslant 2|x - x_0|.$$

现在, 对于给定的 ε, 取 $\delta = \dfrac{\varepsilon}{2}$, 当 $|x - x_0| < \delta = \dfrac{\varepsilon}{2}$ 时, 不等式

$$|f(x) - f(x_0)| < \varepsilon$$

成立. 这样一来, $f(x) = x^2$ 在区间 $[0,1]$ 上是一致连续的.

例 4 函数 $\varphi(x) = \dfrac{1}{x}$ 在半开区间 $(0,1]$ 上不一致连续.

证 取 $x_1 = \dfrac{1}{n}$, $x_2 = \dfrac{1}{2n}$. 于是有

$$|x_1 - x_2| = \frac{1}{2n},$$

它可以小于任意小的 δ. 但是

$$|\varphi(x_1) - \varphi(x_2)| = |n - 2n| = n \geqslant 1.$$

$\varphi(x)$ 在半开区间 $(0,1]$ 上不一致连续是明显的.

极可注意的是, 闭区间 $[a,b]$ 上的连续函数不再有类似于例 4 的情况. 我们有下面的

定理.

定理 3　若函数 $f(x)$ 在闭区间 $[a,b]$ 上是连续的,则它在其上一致连续.

证　设 α 是区间 $[a,b]$ 上的任意一点.任给 $\varepsilon>0$,由于 $f(x)$ 在闭区间 $[a,b]$ 上是连续的,所以存在 $\delta_\alpha>0$,使得只要 x 在区间 $(\alpha-\delta_\alpha,\alpha+\delta_\alpha)$ 内,就有

$$|f(x)-f(\alpha)|<\varepsilon/2.$$

因此,当 x_1,x_2 在区间 $(\alpha-\delta_\alpha,\alpha+\delta_\alpha)$ 内时,有

$$|f(x_1)-f(x_2)|<\varepsilon.$$

对区间 $[a,b]$ 上的每一点都这样做,并且把区间 $(\alpha-\delta_\alpha,\alpha+\delta_\alpha)$ 缩减一半,而得到区间 $(\alpha-\delta_\alpha/2,\alpha+\delta_\alpha/2)$.这些区间盖住了区间 $[a,b]$.由有限覆盖定理,从中可以选出有限个区间 $\Delta_1,\Delta_2,\cdots,\Delta_n$ 把区间 $[a,b]$ 盖住.把这些区间中最小的区间长的一半记做 δ.

现在设 $x_1,x_2\in[a,b]$,并且 $|x_1-x_2|<\delta$.x_1 必在某一个 Δ_k 中,从而对其中心 α,有

$$|x_1-\alpha|\leqslant\frac{\delta_\alpha}{2}.$$

但另一方面,

$$|x_2-x_1|<\delta\leqslant\frac{\delta_\alpha}{2}.$$

这说明 $|x_2-\alpha|<\delta_\alpha$,所以

$$|f(x_1)-f(x_2)|<\varepsilon.$$

证毕.

这个证明只是在 19 世纪后半叶发展了的实数理论的基础上才有了应有的严格性.

3.6　反函数的连续性

定理 4　若函数 $f(x)$ 在区间 $[a,b]$ 上是单调(上升、下降)连续函数,其值域是 $[c,d]$,则它的反函数 $x=\varphi(y)$ 存在,并且反函数也是单调(上升、下降)连续函数.

证　不妨设函数 $f(x)$ 在区间 $[a,b]$ 上是单调上升的.易见,反函数 $x=\varphi(y)$ 也是单调上升的.我们来证明 $x=\varphi(y)$ 的连续性.

设 γ 是 $[c,d]$ 的一个内点.令 $\varphi(\gamma)=\alpha$,于是 $a<\alpha<b$.并且 $f(\alpha)=\gamma$.取 $\varepsilon>0$,使得 $\alpha-\varepsilon$ 和 $\alpha+\varepsilon$ 都属于 $[a,b]$.令

$$f(\alpha-\varepsilon)=\gamma_1,\quad f(\alpha+\varepsilon)=\gamma_2,$$

于是,$\gamma_1<\gamma<\gamma_2$.用 δ 来记 $\gamma-\gamma_1$ 及 $\gamma_2-\gamma$ 中较小的一个.

现在假定 $|y-\gamma|<\delta$,于是,显然有 $\gamma_1<y<\gamma_2$.因而

$$\varphi(\gamma_1)<\varphi(y)<\varphi(\gamma_2),$$

但 $\varphi(\gamma_1)=\alpha-\varepsilon,\varphi(\gamma_2)=\alpha+\varepsilon$,所以

$$\alpha-\varepsilon<\varphi(y)<\alpha+\varepsilon,\quad 即\quad |\varphi(y)-\alpha|=|\varphi(y)-\varphi(\gamma)|<\varepsilon.$$

这就证明了 $\varphi(y)$ 在点 γ 处连续.

第十六章 微 分 学

只有微分学才能使自然科学有可能用数学来不仅仅表明状态,并且也表明过程:运动.

恩格斯

导数和定积分是微积分学中两种基本的极限过程.这两种过程的特殊情况,甚至在古代就已经有人考虑过了,然而微积分的系统发展只是在 17 世纪才开始.

导数有着直觉的起源,并且是不难掌握的.然而这一概念却打开了通向数学知识与真理的巨大宝库之门.

本章包含两个主要部分:导数与微分.

§1 导数的引入

导数概念的产生是许多世纪努力的结果.努力的目的是解决作曲线的切线和求变速运动的速度.

1.1 切线斜率

早在 16 世纪,由于要解决几何学、力学和光学中产生的各种问题,其中包括最优化问题,即极大值和极小值问题,就引出了计算切线方向的问题,或"导数"的问题.

几何定义 为了与朴素的直观相一致,我们首先通过几何上的求极限过程来定义给定曲线 $y=f(x)$ 在其一点 P 处的切线(图 16-1).取曲线上点 P 附近的另一点 P_1.通过两点 P,P_1 作曲线的割线.现在,让点 P_1 沿曲线向点 P 移动,可以料到这条割线将达到极限位置.这条割线的极限位置就是切线 PT.

分析表示法 因为我们所考虑的曲线是通过函数 $y=f(x)$ 来表示的,我们还必须针对 $f(x)$ 用分析方法来表述这一几何上的极限过程.设 α_1 是割线 PP_1 同 x 轴正向的夹角,α 是切线同 x 轴正向的夹角.于是,

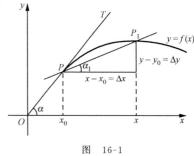

图 16-1

$$\lim_{P_1 \to P} \alpha_1 = \alpha. \tag{16-1}$$

设 P, P_1 的坐标分别是 $(x_0, y_0), (x, y)$(图 16-1). 记

$$\Delta x = x - x_0, \quad \Delta y = f(x_0 + \Delta x) - f(x_0),$$

则割线的斜率

$$\bar{k} = \tan\alpha_1 = \frac{\Delta y}{\Delta x} = \frac{f(x_0 + \Delta x) - f(x_0)}{x - x_0}.$$

(16-1)式的极限过程可由下式表示:

$$k = \tan\alpha = \lim_{\Delta x \to 0} \frac{\Delta y}{\Delta x} = \lim_{\Delta x \to 0} \frac{f(x_0 + \Delta x) - f(x_0)}{x - x_0}.$$

1.2 瞬时速度

速度的直觉概念需要由精确的定义来代替,这将导致与曲线的斜率完全相同的极限过程.

下面的例子都假定物体沿直线运动. 取定坐标原点,动点与原点的距离是时间 t 的函数 $s = s(t)$.

先看匀速运动的例子. 如果这个函数是线性函数 $s(t) = ct + b$,我们就说这是速度为 c 的匀速运动. 这时,对于每一对不同的值 t_0 和 t,我们用此时间间隔 $\Delta t = t - t_0$ 中通过的距离 $\Delta s = s(t) - s(t_0)$ 除以时间间隔的长度,便得到平均速度:

$$\frac{\Delta s}{\Delta t} = \frac{s(t) - s(t_0)}{t - t_0} = \frac{ct + b - (ct_0 + b)}{t - t_0} = c.$$

所以,速度 c 是函数 $ct + b$ 的差商,这个差商与我们选定的一对特殊时刻无关.

但是,如果运动不是匀速的,那么我们将时刻 t 的瞬时速度理解成什么呢?

为了回答这个问题,我们考查平均速度,即差商

$$\bar{v} = \frac{s(t_0 + \Delta t) - s(t_0)}{\Delta t}.$$

现在让 t 趋近于 t_0,如果平均速度趋向于确定的极限:

$$v(t_0) = \lim_{\Delta t \to 0} \frac{s(t_0 + \Delta t) - s(t_0)}{\Delta t},$$

我们就将这个极限定义为运动物体在时刻 t_0 的**瞬时速度**.

这样,我们就建立了瞬时速度的定义,同时也给出了计算它的方法.

切线斜率的定义和瞬时速度的定义引出了在数学上相同结构的极限. 这正是我们研究的出发点. 下面,我们对此作数学上的提升.

1.3 导数概念

我们给出一个与几何直观和物理背景完全无关的分析定义,这一点是极为重要的.

定义 设函数 $y = f(x)$ 在点 x_0 的某邻域内有定义,给 x 以改变量 Δx,则函数的相应改变量为 $\Delta y = f(x_0 + \Delta x) - f(x_0)$. 如果当 $\Delta x \to 0$ 时,两个改变量比的极限:

$$\lim_{\Delta x \to 0} \frac{\Delta y}{\Delta x} = \lim_{\Delta x \to 0} \frac{f(x_0 + \Delta x) - f(x_0)}{\Delta x}$$

存在,则称这个极限值为函数 $f(x)$ 在点 x_0 的**导数**或**微商**,并称函数 $f(x)$ 在 x_0 可导或具有导数,记为 $f'(x_0), y'|_{x=x_0}$ 或 $\dfrac{\mathrm{d}y}{\mathrm{d}x}\Big|_{x=x_0}$.

如果这个极限不存在,就称函数在点 x_0 没有导数或导数不存在.如果极限为无穷大,那么导数是不存在的,但有时为方便起见,也称函数在点 x_0 的导数为无穷大.

设对于在区间 (a,b) 中的每一值 x,函数 $y=f(x)$ 都有导数,那么对应于 (a,b) 中的每一 x 值就有一个导数值,这样便定义出一个新的函数,叫做函数 $y=f(x)$ 的**导函数**,记做

$$f'(x), \quad y' \quad \text{或} \quad \frac{\mathrm{d}y}{\mathrm{d}x}.$$

在导数概念的引进过程中,我们已经熟悉了下面提到的四点:

(1)导数的物理意义是瞬时速度.详细说,若 $s=f(t)$ 是一个函数.如果将 s 视为运动质点在 t 时刻的路程,则

$$\frac{\mathrm{d}s}{\mathrm{d}t} = f'(t)$$

就表示运动质点在 t 时刻的瞬时速度.

(2)导数的几何意义是曲线在一点处切线的斜率.

(3)导数的第三种解释是变化率.设 x, y 是某一变化过程中的两个变量,并由函数关系 $y=f(x)$ 联系着.变量 y 关于变量 x 的瞬时变化率是

$$\frac{\mathrm{d}y}{\mathrm{d}x} = f'(x).$$

(4)导数定义的双重作用.它既给出了瞬时速度、切线斜率和变化率的精确定义,又给出了它们的计算方法.

1.4 可导与连续

可导的函数是连续的,证明是容易的.

若 $y=f(x)$ 在点 x 处 $f'(x)$ 存在,则当 $\Delta x \to 0$ 时,

$$f(x+\Delta x) - f(x) = \frac{f(x+\Delta x) - f(x)}{\Delta x} \cdot \Delta x \to f'(x) \cdot 0 = 0.$$

但是,逆命题不真,一个连续函数不一定可导.

例 函数

$$y = |x| = \begin{cases} x, & x \geqslant 0, \\ -x, & x < 0 \end{cases}$$

在 $x=0$ 处是连续的,但右极限

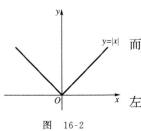

图 16-2

$$\lim_{\Delta x \to 0^+} \frac{\Delta y}{\Delta x} = \lim_{\Delta x \to 0^+} \frac{x}{x} = 1,$$

而

$$\lim_{\Delta x \to 0^-} \frac{\Delta y}{\Delta x} = \lim_{\Delta x \to 0^+} \frac{-x}{x} = -1.$$

左右极限不相等,故函数在 $x=0$ 处不可导(图 16-2).

事实上,只要观察在原点 O 左右两侧的切线(即直线)斜率,就会发现两侧的切线斜率不相等,故 $y=|x|$ 在 $x=0$ 处导数不存在.

§2 导数的计算

2.1 导数的四则运算

借助极限的四则运算,不难证明:

定理 1 若函数 $u(x)$ 和 $v(x)$ 都是可导的,则

(1) $[cu(x)]' = cu'(x)$ (c 为常数);

(2) $[u(x) \pm v(x)]' = u'(x) \pm v'(x)$;

(3) $[u(x) \cdot v(x)]' = u'(x)v(x) + u(x)v'(x)$;

(4) $\left[\dfrac{u(x)}{v(x)}\right]' = \dfrac{u'(x)v(x) - u(x)v'(x)}{v^2(x)}$ ($v(x) \neq 0$).

2.2 链锁法则

链锁法则是解决复合函数的求导问题的.

定理 2 设函数 $y = f(u), u = g(x)$,即 y 是 x 的复合函数 $y = f(g(x))$. 如果 $u = g(x)$ 在点 x 有导数,$y = f(u)$ 在相应点 u 有导数,则 $y = f(g(x))$ 在 x 也有导数,并且它等于导数 $f'(u)$ 与导数 $g'(x)$ 的乘积:

$$\frac{\mathrm{d}}{\mathrm{d}x} f(g(x)) = f'(g(x)) \cdot g'(x)$$

或

$$\frac{\mathrm{d}y}{\mathrm{d}x} = \frac{\mathrm{d}y}{\mathrm{d}u} \frac{\mathrm{d}u}{\mathrm{d}x}.$$

2.3 高阶导数

前面我们提到过,函数 $y = f(x)$ 的导数 $f'(x)$ 仍然是 x 的函数,叫做导函数. 若 $f'(x)$ 仍可对 x 求导数,它的导数称为 f 的二阶导数,记为 $f''(x)$,这一过程还可继续,我们可以求出三阶导数 $f^{(3)}(x)$,四阶导数 $f^{(4)}(x), \cdots$,只要这些导数存在.

物理意义. 考虑函数 $s=f(t)$,并以 t 表示时间,以 s 表示质点运动的路程,则一阶导数表示质点运动的速度,二阶导数是质点运动的加速度.

2.4 基本初等函数求导公式

$$(C)' = 0; \qquad\qquad (\log_a x)' = \frac{1}{x \ln a} \ (a > 0, a \neq 1);$$

$$(\ln x)' = \frac{1}{x}; \qquad\qquad (x^a)' = \alpha x^{a-1};$$

$$(a^x)' = a^x \ln a \ (a > 0); \qquad\qquad (e^x)' = e^x;$$

$$(\sin x)' = \cos x; \qquad\qquad (\cos x)' = -\sin x;$$

$$(\tan x)' = \frac{1}{\cos^2 x}; \qquad\qquad (\cot x)' = -\frac{1}{\sin^2 x};$$

$$(\arcsin x)' = \frac{1}{\sqrt{1-x^2}}, \quad -1 < x < 1;$$

$$(\arccos x)' = -\frac{1}{\sqrt{1-x^2}}, \quad -1 < x < 1;$$

$$(\arctan x)' = \frac{1}{1+x^2}, \quad -\infty < x < +\infty;$$

$$(\operatorname{arccot} x)' = -\frac{1}{1+x^2}, \quad -\infty < x < +\infty.$$

§3　基　本　定　理

上一节我们主要解决了导数的计算问题.本节我们来研究微分学的一些更深刻的性质,这些性质是微分学的理论基础.

3.1 函数的局部极值

先给出局部极值的定义.

定义　设函数 $f(x)$ 在点 x_0 的邻域 $(x_0-\delta, x_0+\delta)$ 内有定义.若对任意的 $x \in (x_0-\delta, x_0+\delta)$,有

$$f(x) \leqslant f(x_0) \quad (或 (f(x_0) \geqslant f(x))),$$

则称 $f(x_0)$ 为函数 $f(x)$ 的**极大值**(或**极小值**).这时称 x_0 为**极大值点**(或**极小值点**).

函数的极大值与极小值统称为函数的**极值**;函数的极大值点与极小值点统称为函数的**极值点**.

使 $f'(x)$ 等于 0 的点称为函数 $f(x)$ 的**稳定点**,或**驻点**.

定理 3(费马定理)　若函数 $f(x)$ 在 $(x_0-\delta, x_0+\delta)$ 内有导数,且在 x_0 处 $f(x)$ 取得极

值,则 $f'(x_0) = 0$.

证 不妨设当 $x \in (x_0 - \delta, x_0 + \delta)$ 时,$f(x) \leqslant f(x_0)$(如果 $f(x) \geqslant f(x_0)$,则证明相同).对于 $x_0 + \Delta x \in (x_0 - \delta, x_0 + \delta)$,我们有

$$f(x_0 + \Delta x) - f(x_0) \leqslant 0,$$

从而,当 $\Delta x > 0$ 时,

$$\frac{f(x_0 + \Delta x) - f(x_0)}{\Delta x} \leqslant 0,$$

所以

$$f'(x_0) = \lim_{\Delta x \to 0} \frac{f(x_0 + \Delta x) - f(x_0)}{\Delta x} \leqslant 0;$$

当 $\Delta x < 0$ 时,

$$\frac{f(x_0 + \Delta x) - f(x_0)}{\Delta x} \geqslant 0,$$

从而

$$f'(x_0) = \lim_{\Delta x \to 0} \frac{f(x_0 + \Delta x) - f(x_0)}{\Delta x} \geqslant 0.$$

因此,必然有

$$f'(x_0) = 0.$$

注 费马定理的几何解释为:若函数 $f(x)$ 在 x_0 处达到极值,则曲线 $y = f(x)$ 在点 $(x_0, f(x_0))$ 处有水平切线(见图 16-3).

还要注意,费马定理只给出了极值的必要条件,而不是充分条件.换言之,函数 $f(x)$ 的稳定点可能不是极值.

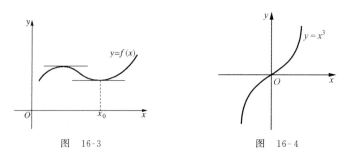

图 16-3　　　　　　　　图 16-4

例 函数 $f(x) = x^3$ 的导数是 $f'(x) = 3x^2$.易见,$f'(0) = 0$.所以 $x = 0$ 是函数 $f(x) = x^3$ 的一个稳定点,但不是极值点(见图 16-4).

费马定理指出,在函数 $f(x)$ 可微的情况下,$f(x)$ 的一切极值点都包含在方程

$$f'(x) = 0$$

的根中,要找 $f(x)$ 的极值点就到方程 $f'(x) = 0$ 的根中去找.

3.2 拉格朗日中值定理

导数概念是研究函数局部性质的概念.但是这并不妨碍我们通过它来研究函数的某些整体性质.函数在每一点的局部特性清楚了,函数的整体性质自然也就容易把握了.拉格朗日中值定理就是借助函数的局部性质探索函数的整体性质的一个重要工具.拉格朗日中值定理有明显的几何意义,容易理解,证明也不困难.

定理 4(罗尔定理) 若 $f(x)$ 在闭区间 $[a,b]$ 上连续,在开区间 (a,b) 内有导数,且 $f(a)=f(b)$,则存在一点 $\xi\in(a,b)$,使 $f'(\xi)=0$.

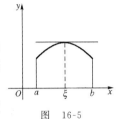

图 16-5

注 罗尔定理的几何解释是,在两个同样高度的点间的连续曲线上(图 16-5),总可以找到一点,曲线在这一点的切线是水平的;这里还假定在给定的曲线上,每一点都有切线.

证 因为 $f(x)$ 在闭区间 $[a,b]$ 上连续,所以 $f(x)$ 在 $[a,b]$ 上一定取到最大值 M 和最小值 m.

(1) 若 $M=m$,则 $f(x)$ 在 $[a,b]$ 上是常数:
$$f(x) = M, \quad x \in [a,b].$$
从而 $f'(x)=0$.因此,任取 $\xi\in(a,b)$ 都有
$$f'(\xi) = 0.$$

(2) 若 $M\neq m$,则 M,m 中至少有一个不等于 $f(a)$,不妨设 $f(a)\neq M$.因此,函数 $f(x)$ 在 (a,b) 内某一点 ξ 处取到最大值 $f(\xi)=M$.根据费马定理,$f'(\xi)=0$.

这就证明了本定理.

下面我们进入微分中值定理的讨论.函数的差商
$$\frac{f(x_2) - f(x_1)}{x_2 - x_1} = \frac{\Delta y}{\Delta x}$$
反映函数在"大范围"的性质,而导数
$$\frac{\mathrm{d}y}{\mathrm{d}x} = f'(x)$$
反映的是函数在一点 x 的局部性质,或"小范围"的性质.我们常常需要从函数的导数所给出的局部性质去推出整体的或"大范围"的性质.为此,我们研究差商和导数之间的基本关系式.

定理 5(拉格朗日中值定理) 若函数 $f(x)$ 在 $[a,b]$ 上连续,在 (a,b) 内的每一点可导,则在区间 (a,b) 内至少有一点 ξ 存在,使
$$f(b) - f(a) = f'(\xi)(b-a).$$

注 从几何上看,定理说,$f'(\xi)$ 是连接点 $A=(a,f(a))$ 和 $B=(b,f(b))$ 的直线 L 的斜率(图 16-6):

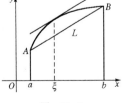

图 16-6

$$f'(\xi) = \frac{f(b) - f(a)}{b-a} = AB \text{ 的斜率}.$$

即在曲线 $f(x)$ 上存在一点，在该点处的切线平行于直线 L.

  证 设 $f(a) \neq f(b)$；否则见罗尔定理. 设过 A, B 的直线的方程是 $g(x)$，定义

$$h(x) = f(x) - g(x).$$

那么函数 $h(x)$ 在 $[a, b]$ 上连续，在 (a, b) 上可导，而

$$h(a) = f(a) - g(a) = 0,$$
$$h(b) = f(b) - g(b) = 0.$$

根据罗尔定理，存在 $\xi \in (a, b)$，使 $h'(\xi) = 0$，即

$$f'(\xi) - g'(\xi) = 0,$$
$$f'(\xi) = g'(\xi) = \frac{f(b) - f(a)}{b - a}.$$

证毕.

  我们曾把函数的导数定义为，函数在某区间上的差商当区间的端点相互趋近时的极限. 拉格朗日中值定理建立了可微函数的差商同导数之间的联系. 每一个差商都等于一个适当的中间点 ξ 处的导数.

  系 1 若在区间 (a, b) 内，函数 $f(x)$ 的导数 $f'(x)$ 恒为零，则 $f(x)$ 是一常数.

  证 任取 $x_1, x_2 \in (a, b)$，由拉格朗日中值定理

$$f(x_2) - f(x_1) = f'(\xi)(x_2 - x_1) = 0,$$

即
$$f(x_2) = f(x_1).$$

这表明 $f(x)$ 在任意两点的函数值都相等，所以 $f(x)$ 是常数.

  注 我们已经知道，常数函数的导数是 0，现在又证明了，导数为 0 的函数是常数. 这说明，导数等于 0 是常数函数的特征.

  系 2 若在区间 (a, b) 内，$f'(x) = g'(x)$，则

$$f(x) = g(x) + C,$$

其中 C 为常数（自证）.

§4 微 分

  恩格斯说，高等数学的主要基础之一是这样一个矛盾，即在一定条件下，直线与曲线应当是一回事. 微分是微分学中除了导数之外的另一个基本概念. 它与导数概念密切相关. 微分概念是在解决直与曲的矛盾中产生的. 具体说来，在微小局部可以用直线去近似替代曲线，这从下面要讲的微分的几何意义中可清楚地看出来. 一个直接应用就是函数的线性化.

  微分具有双重意义：它表示一个微小的量，同时又表示一种与求导密切相关的运算. 微分是从微分学转向积分学的一个关键概念. 下一章讲述的不定积分是微分运算的逆运算. 熟练掌握微分运算又有助于掌握好积分运算.

4.1 微分定义

微分概念曾困扰了 17、18 世纪的著名数学家达一个多世纪. 微分是什么？是"消失为 0 的量"？ 直到柯西, 微分概念才得到澄清, 有了现在的定义.

设 $y=f(x)$ 是 x 的可导函数. 函数 $y=f(x)$ 在点 x 处有导数, 是指

$$\lim_{\Delta x \to 0} \frac{\Delta y}{\Delta x} = f'(x).$$

这个式子可改写为

$$\frac{\Delta y}{\Delta x} = f'(x) + \alpha,$$

其中 α(当 $\Delta x \to 0$ 时)是无穷小量(即 $\lim\limits_{\Delta x \to 0}\alpha = 0$). 用 Δx 乘上式两边, 有

$$\Delta y = f'(x)\Delta x + \alpha \Delta x.$$

当 $|\Delta x|$ 很小时, 上式中第二项 $\alpha \Delta x$ 要比 Δx 小得多, 这样一来, 上式中的第一项起主导作用, 我们称它为主要项. 略去 $\alpha \Delta x$ 不计, 可得近似公式

$$\Delta y \approx f'(x)\Delta x.$$

定义 设 $y=f(x)$ 在点 x 处可导, 则 $f'(x)\Delta x$ 称为函数 $y=f(x)$ 在点 x 处的**微分**, 记做 dy, 即

$$dy = f'(x)\Delta x. \tag{16-2}$$

若函数 $f(x)$ 在点 x 处微分存在, 则称 $f(x)$ 在 x 处**可微**.

微分 dy 是 Δx 的线性函数, 又是函数改变量 Δy 的主要部分, 因而称为函数改变量的线性主要部分.

现在看自变量的微分. 设 $y=x$, 则

$$dx = dy = (x)'\Delta x = \Delta x.$$

所以自变量 x 的微分就是改变量自身: $dx = \Delta x$. 由此(16-2)式可改写为

$$dy = f'(x)dx.$$

于是, 我们在上式两边除以 dx, 又可得到

$$\frac{dy}{dx} = f'(x).$$

在最初引进符号 $\dfrac{dy}{dx}$ 的时候, 是作为一个不可分割的整体去理解的, 现在可以把导数看做分数了: 自变量微分与函数微分之商. 导数也可叫微商就是这个原因.

4.2 微分公式

求函数微分的方法与求函数的导数的方法实质上是一样的, 统称为微分法.

定理 6 设函数 $u(x), v(x)$ 均在点 x 处可微, 则

(1) $d(u \pm v) = du \pm dv$;

(2) d$(cu)=c$du，c 是常数；

(3) d$(uv)=u$d$v+v$du；

(4) d$\left(\dfrac{v}{u}\right)=\dfrac{u\mathrm{d}v-v\mathrm{d}u}{u^2}$ $(u\neq 0)$.

证明是容易的，我们把它留给读者．下面研究复合函数的微分法则．

定理 7 设函数 $u=\psi(x)$ 在点 x 处可微，$y=f(u)$ 在对应点 u 处可微，则复合函数 $y=f(\psi(x))$ 在点 x 处可微，且

$$\mathrm{d}y = f'(u)\mathrm{d}u,$$

其中 d$u=\psi'(x)$dx.

证 由微分定义及复合函数求导公式，

$$\mathrm{d}y = (f(\psi(x)))'_x\mathrm{d}x = f'(u)\psi'(x)\mathrm{d}x = f'(u)\mathrm{d}u.$$

上式表明，不管 u 是自变量还是中间变量，函数 $y=f(u)$ 的微分都有相同的形式．这个性质称为**一阶微分形式的不变性**．在进行微分计算时，我们可以不必分辨 u 是自变量，还是因变量，这就减轻了在记忆公式时的思想负担，而增加了灵活性．

4.3 基本初等函数微分表

$$\mathrm{d}(C) = 0; \qquad\qquad \mathrm{d}u^{\alpha} = \alpha u^{\alpha-1}\mathrm{d}u;$$

$$\mathrm{d}(\sin u) = \cos u\mathrm{d}u; \qquad \mathrm{d}\cos u = -\sin u\mathrm{d}u;$$

$$\mathrm{d}\tan u = \frac{1}{\cos^2 u}\mathrm{d}u; \qquad \mathrm{d}\cot u = -\frac{1}{\sin^2 u}\mathrm{d}u;$$

$$\mathrm{d}\log_a u = \frac{1}{u\ln a}\mathrm{d}u; \qquad \mathrm{d}(\ln u) = \frac{1}{u}\mathrm{d}u;$$

$$\mathrm{d}a^u = a^u\ln a\mathrm{d}u; \qquad \mathrm{d}e^u = e^u\mathrm{d}u;$$

$$\mathrm{d}\arcsin u = \frac{1}{\sqrt{1-u^2}}\mathrm{d}u; \quad \mathrm{d}\arccos u = -\frac{1}{\sqrt{1-u^2}}\mathrm{d}u;$$

$$\mathrm{d}\arctan u = \frac{1}{1+u^2}\mathrm{d}u; \quad \mathrm{d}\mathrm{arccot} u = -\frac{1}{1+u^2}\mathrm{d}u.$$

4.4 微分的应用

1. 微分的几何意义

如图 16-7 所示，MT 是曲线 $y=f(x)$ 上的点 M 处的切线．由导数的几何意义，

$$\frac{\mathrm{d}y}{\mathrm{d}x} = f'(x) = \tan\alpha,$$

其中 α 是切线 MT 与 x 轴的夹角．设自变量 x 有一个增量 d$x=MQ$，则

$$\mathrm{d}y = f'(x)\mathrm{d}x = \tan\alpha\mathrm{d}x = TQ.$$

这个式子说明，当自变量从 x 变到 $x+$dx 时，曲线 $y=f(x)$ 在点 $M(x,f(x))$ 处的切线的改

变量是 $TQ=\mathrm{d}y$. 这就是**微分的几何意义**.

由图 16-7 易见,当 $\mathrm{d}x$ 很小时,

$$\Delta y = NQ \approx \mathrm{d}y = TQ.$$

这就是说"曲线"$y=f(x)$ 的改变量 Δy,可以用"直线"(即切线)的改变量来近似代替. 换言之,这就是局部上的"以直代曲".

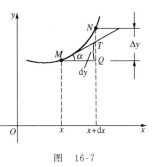

图 16-7

局部上的以直代曲还有另一种具有深刻意义的理解. 当 $\mathrm{d}x$ 很小时,$\triangle MQT$ 的斜边的长度 MT 与弧 MN 的长度近似相等,即

$$MN \approx MT.$$

我们称 MT 为曲线在点 M 的**弧微分**,记为 $\mathrm{d}s$. $\triangle MQT$ 称为**微分三角形**,它的两直角边分别是 $\mathrm{d}x$ 和 $\mathrm{d}y$,斜边为 $\mathrm{d}s$. 所以由商高定理,

$$(\mathrm{d}s)^2 = (\mathrm{d}x)^2 + (\mathrm{d}y)^2 \quad \text{或} \quad \mathrm{d}s = \sqrt{(\mathrm{d}x)^2 + (\mathrm{d}y)^2}.$$

这个公式很重要,它是求曲线弧长的基础.

2. 函数的线性化

我们知道,平面上直线的方程是 x 和 y 的一次函数,通常称这种函数为线性函数. 线性函数是最简单、最容易处理的函数. 除此之外的函数就比较复杂,难于处理了. 对于这种复杂的函数,数学上常采用线性化的办法将它简化,而微分是函数线性化的一个得力工具. 现在我们就来着手研究这个问题.

设函数 $y=f(x)$ 定义在区间 (a,b) 上,是 x 的可微函数. 前面已经指出,

$$\Delta y \approx \mathrm{d}y.$$

记 $x=x_0+\Delta x$,我们有

$$\Delta y = f(x_0 + \Delta x) - f(x_0) \approx \mathrm{d}y = f'(x_0)\mathrm{d}x = f'(x_0)(x - x_0),$$

即

$$f(x) \approx f(x_0) + f'(x_0)(x - x_0). \tag{16-3}$$

特别地,当 $x_0=0$ 时,

$$f(x) \approx f(0) + f'(0)x. \tag{16-4}$$

例 当 $|x|$ 很小时,导出近似公式

$$\mathrm{e}^x \approx 1 + x.$$

解 取 $f(x)=\mathrm{e}^x$,$x_0=0$. $f(0)=\mathrm{e}^0=1$. 又 $f'(x)=\mathrm{e}^x$,$f'(0)=\mathrm{e}^0=1$. 由公式(16.4)得

$$\mathrm{e}^x \approx 1 + x.$$

近似公式在实际应用中很有用途. 我们把几个重要的公式列在下面:

$$\mathrm{e}^x \approx 1 + x, \quad \ln(1+x) \approx x, \quad (1+x)^a \approx 1 + ax, \quad \sin x \approx x.$$

关于上式的证明留给读者.

4.5 论导数与微分

微分学包含两个系统:概念系统和算法系统. 在微分学部分,概念系统中最重要的概念

是导数和微分.在算法系统中包含求导运算与微分运算.

导数是微积分的第一个基本概念,它来源于求曲线在一点处的切线和沿直线运动的物体在某时刻的瞬时速度.因而,导数的几何意义是切线斜率;导数的物理意义是瞬时速度.切勿忽视这两点,因为这是培养微积分直觉能力的出发点.当我们研究微积分的理论和应用遇到问题时,要不断回顾这两个起源.

微分概念依赖于导数概念,但它具有独立的意义,它是函数的局部线性化.在数学上最容易处理的函数是线性函数,借助微分可将一大批非线性函数在局部转化为线性函数,使我们在处理问题时达到简单、方便、高效的目的.

对求导运算而言,复合函数是一个基本而重要的概念.借助函数的复合运算,导数运算就化为两个函数的乘法运算了.

微分运算依附于导数运算.复合函数的求导运算到这里转化为一阶微分形式的不变性.而一阶微分形式的不变性是积分学中换元法的基础.

微分中值定理建立了函数的局部性质与整体性质的联系,建立了微积分理论联系实际的桥梁.微分中值定理中最重要的是拉格朗日中值定理.

第十七章 积 分 学

> 数学的首创性在于数学科学展示了事物之间的联系,如果没有人的推理作用,这种联系就不明显.
>
> 怀特海

在数学中必须考虑的运算分为两类:正的运算和逆的运算.例如,对应于加法的逆运算是减法,对应于乘法的逆运算是除法,对应于正整数次乘方的逆运算就是开正整数次方.

关于逆运算我们至少有两条经验:一是逆运算一般来说比正运算困难;二是逆运算常常引出新的结果.例如,减法引出了负数,除法引出了有理数,正数开方引出无理数,负数开方引出虚数.这两条经验具有普遍意义,也就是说,任何逆运算都会带来新的困难,都会引出新的结果.因而,数学内部的基本矛盾也是推动数学向前发展的动力之一.

积分学分为两部分:不定积分;定积分.

§1 不 定 积 分

本节研究微分运算的逆运算——不定积分.从概念上讲是简单的,但从计算上讲是较为繁杂的.这里只论述基本初等函数的不定积分公式和最基本的不定积分法则,对于较复杂的不定积分公式可通过查积分表而求得.

1.1 基本概念

定义 1 若函数 $F(x)$ 与 $f(x)$ 定义在同一区间 (a,b) 内,并且处处都有
$$F'(x) = f(x) \text{ 或 } dF(x) = f(x)dx,$$
则 $F(x)$ 就叫做 $f(x)$ 的一个**原函数**.

那么,同一个函数的原函数有多少个呢?

定理 1 设 $F(x),f(x)$ 定义在同一区间 (a,b) 内.若 $F(x)$ 是 $f(x)$ 的一个原函数,则 $F(x)+C$ 也是 $f(x)$ 的原函数,这里 C 是任意常数;而且 $F(x)+C$ 包括了 $f(x)$ 的全部原函数.

证 因为
$$(F(x)+C)' = F'(x) = f(x),$$
所以 $F(x)+C$ 是 $f(x)$ 的原函数.

下面证明 $F(x)+C$ 包含了 $f(x)$ 的一切原函数.这只需证明,$f(x)$ 的任一原函数 $G(x)$

必然有 $F(x)+C$ 的形式. 事实上, 根据假设,

$$G'(x) = f(x), \quad F'(x) = f(x),$$

从而

$$0 = G'(x) - F'(x) = (G(x) - F(x))'.$$

根据拉格朗日中值定理的系 2,

$$G(x) - F(x) = C.$$

即

$$G(x) = F(x) + C.$$

定义 2 函数 $f(x)$ 的原函数的全体称为 $f(x)$ 的**不定积分**, 记做

$$\int f(x)\mathrm{d}x,$$

其中 $\int$ 称为**积分号**, x 称为**积分变量**, $f(x)$ 称为**被积函数**.

由定理 1 可知, 如果知道了 $f(x)$ 的一个原函数 $F(x)$, 则 $F(x)+C$ 就是 $f(x)$ 的全体原函数, 因而有

$$\int f(x)\mathrm{d}x = F(x) + C,$$

其中 C 是一个任意常数, 称为**积分常数**.

从不定积分的概念可知, "求不定积分" 与 "求导数"、"求微分" 互为逆运算:

$$\left(\int f(x)\mathrm{d}x\right)' = f(x) \ \text{或} \ \mathrm{d}\int f(x)\mathrm{d}x = f(x)\mathrm{d}x.$$

反过来,

$$\int F'(x)\mathrm{d}x = F(x) + C \ \text{或} \ \int \mathrm{d}F(x) = F(x) + C.$$

这就是说, 若先积分后微分, 则两者的作用互相抵消; 若先微分后积分, 则抵消后差一常数.

1.2 不定积分的运算法则

(1) 常数 $k(\neq 0)$ 可以提到积分号外, 即

$$\int kf(x)\mathrm{d}x = k\int f(x)\mathrm{d}x.$$

证 要证明此等式, 只要证明等式两边的导数相等就行了.

(2) 两个函数和 (或差) 的积分, 等于两个函数积分的和 (或差), 即

$$\int [f(x) \pm g(x)]\mathrm{d}x = \int f(x)\mathrm{d}x \pm \int g(x)\mathrm{d}x.$$

证 由于

$$\left[\int [f(x) \pm g(x)]\mathrm{d}x\right]' = f(x) \pm g(x),$$

而

$$\left[\int f(x)\mathrm{d}x \pm \int g(x)\mathrm{d}x\right]' = \left[\int f(x)\mathrm{d}x\right]' \pm \left[\int g(x)\mathrm{d}x\right]' = f(x) \pm g(x),$$

所以所证等式成立.

这个结论可以推广到任意有限多个函数之和(或差)的情况,即

$$\int [f_1(x) \pm f_2(x) \pm \cdots \pm f_n(x)]\mathrm{d}x = \int f_1(x)\mathrm{d}x \pm \int f_2(x)\mathrm{d}x \pm \cdots \pm \int f_n(x)\mathrm{d}x.$$

注　所证公式中都没有加任意常数,我们默认任意常数已包含在不定积分中.

1.3　基本初等函数的不定积分表

把基本初等函数的导数公式表反过去,便得到基本初等函数的不定积分表:

$$(C)' = 0; \qquad\qquad \int 0\mathrm{d}x = C;$$

$$(x^{\alpha+1})' = (\alpha+1)x^{\alpha}; \qquad \int x^{\alpha}\mathrm{d}x = \frac{1}{\alpha+1}x^{\alpha+1} + C;$$

$$(\ln|x|)' = \frac{1}{x}; \qquad\qquad \int \frac{1}{x}\mathrm{d}x = \ln|x| + C;$$

$$(\sin x)' = \cos x; \qquad\qquad \int \cos x\mathrm{d}x = \sin x + C;$$

$$(\cos x)' = -\sin x; \qquad\qquad \int \sin x\mathrm{d}x = -\cos x + C;$$

$$(\tan x)' = \frac{1}{\cos^2 x}; \qquad\qquad \int \frac{1}{\cos^2 x}\mathrm{d}x = \tan x + C;$$

$$(\cot x)' = -\frac{1}{\sin^2 x}. \qquad\qquad \int \frac{1}{\sin^2 x}\mathrm{d}x = -\cot x + C;$$

$$(\mathrm{e}^x)' = \mathrm{e}^x; \qquad\qquad \int \mathrm{e}^x\mathrm{d}x = \mathrm{e}^x + C;$$

$$(\arcsin x)' = \frac{1}{\sqrt{1-x^2}}; \quad \int \frac{1}{\sqrt{1-x^2}}\mathrm{d}x = \arcsin x + C;$$

$$(\arctan x)' = \frac{1}{1+x^2}; \quad \int \frac{1}{1+x^2}\mathrm{d}x = \arctan x + C.$$

这些公式是计算不定积分的基础,应该牢牢将它们记住.

1.4　第一换元积分法

根据一阶微分形式的不变性,若

$$\mathrm{d}F(u) = f(u)\mathrm{d}u,$$

则

$$\mathrm{d}F(u(x)) = f(u(x))\mathrm{d}u(x).$$

利用不定积分与微分的互逆关系,可以把它转化为不定积分的换元公式:

$$\int f(u(x))\,\mathrm{d}u(x) \xrightarrow[\hspace{1cm}]{\diamondsuit\ u(x)=u} \int f(u)\,\mathrm{d}u$$

$$\xrightarrow[\hspace{1cm}]{\text{求积分}} F(u)+C$$

$$\xrightarrow[\hspace{1cm}]{\diamondsuit\ u=u(x)} F(u(x))+C.$$

例 1 求不定积分 $\displaystyle\int \cos 2x\,\mathrm{d}x$.

解 $\displaystyle\int \cos 2x\,\mathrm{d}x = \frac{1}{2}\int \cos 2x\,\mathrm{d}2x \xrightarrow[\hspace{1cm}]{\diamondsuit\ 2x=u} \frac{1}{2}\int \cos u\,\mathrm{d}u$

$$= \frac{1}{2}\sin u + C \xrightarrow[\hspace{1cm}]{\diamondsuit\ u=2x} \frac{1}{2}\sin 2x + C.$$

例 2 求不定积分 $\displaystyle\int \frac{1}{1+x}\,\mathrm{d}x$.

解 $\displaystyle\int \frac{1}{1+x}\,\mathrm{d}x = \int \frac{1}{1+x}\,\mathrm{d}(1+x) \xrightarrow[\hspace{1cm}]{\diamondsuit\ 1+x=u} \int \frac{1}{u}\,\mathrm{d}u$

$$\xrightarrow[\hspace{1cm}]{\text{求积分}} \ln|u| + C \xrightarrow[\hspace{1cm}]{\diamondsuit\ u=1+x} \ln|1+x| + C.$$

求积分时,下面两个微分的性质经常用到:

(1) $\mathrm{d}[au(x)] = a\,\mathrm{d}u(x)$,即常数可从微分号 d 内移进,移出;

(2) $\mathrm{d}[u(x)+b] = \mathrm{d}u(x)$,即微分号 d 内的函数可加减一任意常数.

1.5 第二换元积分法

前面我们得到了换元积分公式

$$\int f(u(x))u'(x)\,\mathrm{d}x = \int f(u)\,\mathrm{d}u.$$

第一换元积分法是将上式中左端的积分变成右端的积分. 第二换元积分法是倒过来用这个公式,因为有时可通过适当地选取 $u=u(x)$,使左端的积分容易计算,具体过程是

$$\int f(x)\,\mathrm{d}x \xrightarrow[\hspace{1cm}]{\diamondsuit\ x=x(u)} \int f(x(u))x'(u)\,\mathrm{d}u$$

$$\xrightarrow[\hspace{1cm}]{\text{求积分}} G(u)+C$$

$$\xrightarrow[\hspace{1cm}]{\diamondsuit\ u=u(x)} G(u(x))+C,$$

这里 $x(u)$ 与 $u(x)$ 互为反函数.

例 3 求不定积分 $\displaystyle\int \frac{1}{1+\sqrt{x}}\,\mathrm{d}x$.

解 令 $\sqrt{x}=t$,则 $x=t^2$,从而 $\mathrm{d}x=2t\,\mathrm{d}t$. 于是

$$\int \frac{1}{1+\sqrt{x}}\,\mathrm{d}x = \int \frac{2t}{1+t}\,\mathrm{d}t = 2\int \frac{1+t-1}{1+t}\,\mathrm{d}t = 2\left(\int \mathrm{d}t - \int \frac{1}{1+t}\,\mathrm{d}t\right)$$

$$= 2(t - \ln|1+t|) + C = 2(\sqrt{x} - \ln|1+\sqrt{x}|) + C.$$

例 4 求不定积分 $\int \sqrt{a^2 - x^2}\,\mathrm{d}x.$

解 为了去掉根号,可作变换 $x = a\sin u.$ 这时 $\sqrt{a^2 - x^2} = a\cos u,\,\mathrm{d}x = a\cos u\mathrm{d}u,$因此

$$\int \sqrt{a^2 - x^2}\,\mathrm{d}x = \int a^2\cos^2 u\mathrm{d}u = a^2\int \frac{1+\cos 2u}{2}\mathrm{d}u$$

$$= \frac{a^2}{2}u + \frac{a^2}{4}\sin 2u + C = \frac{a^2}{2}u + \frac{a^2}{2}\sin u\cos u + C.$$

还需要把变量 u 变换成原变量 x,这一步可采取如下办法实现:作一直角
三角形,如图 17-1 所示,由直角三角形可看出

$$\sin u = \frac{x}{a}, \quad \cos u = \frac{\sqrt{a^2 - x^2}}{a},$$

代入上式,即得

$$\int \sqrt{a^2 - x^2}\,\mathrm{d}x = \frac{a^2}{2}\arcsin\frac{x}{a} + \frac{1}{2}x\,\sqrt{a^2 - x^2} + C.$$

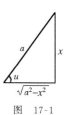

图 17-1

1.6 分部积分法

微分法中,函数乘积的微分公式可转化为积分公式.
设 $u(x),v(x)$ 都是 x 的可微函数,由

$$\mathrm{d}(uv) = u\mathrm{d}v + v\mathrm{d}u$$

可得

$$u\mathrm{d}v = \mathrm{d}(uv) - v\mathrm{d}u,$$

两边积分得

$$\int u\mathrm{d}v = uv - \int v\mathrm{d}u.$$

这个公式叫做不定积分的**分部积分公式**.

分部积分公式将积分 $\int u\mathrm{d}v$ 的计算转化为积分 $\int v\mathrm{d}u$ 的计算,在某些情况下,这是一个有
效的方法.

例 5 求不定积分 $\int\ln x\mathrm{d}x.$

解 $\int\ln x\mathrm{d}x = \ln x \cdot x - \int x\mathrm{d}\ln x = x\ln x - \int x \cdot \frac{1}{x}\mathrm{d}x = x\ln x - \int \mathrm{d}x$

$$= x\ln x - x + C.$$

例 6 求不定积分 $\int x\cos x\mathrm{d}x.$

解 用分部积分公式,先要化成 $\int u\mathrm{d}v$ 的形式,也就是被积函数的一部分与 $\mathrm{d}x$ 配成微

分 dv. 因此

$$\int x\cos x\,dx = \int x\,d\sin x = x\sin x - \int \sin x\,dx$$
$$= x\sin x + \cos x + C.$$

从这些例子可以看出,应用分部积分法求积分一般分为四步:

(1) 配微分. 把被积函数的一部分和 dx 配成 dv, 使积分变成 $\int u\,dv$ 的形式.

(2) 用公式.

(3) 微出来. 把第二项中的 u 微出来, 即 $du = u'\,dx$.

(4) 算积分. 把 $\int vu'\,dx$ 积出来.

§2　定　积　分

导数和定积分是微积分的基本概念. 导数是对于变化率的一种度量, 通过微分学部分我们已经理解了它的本质, 并认识到它的部分威力. 此外, 由导数概念又引出了求导运算, 或微商运算. 而微商运算的逆运算是求不定积分, 这是我们前面所讨论的.

定积分是对连续变化过程总效果的度量, 求曲边形区域的面积是定积分概念的最直接的起源. 面积的直觉观念在积分过程中得到了它的精确的数学表述. 几何学与物理学中许多其他有关的概念也需要积分.

微积分系统发展的关键在于认识到, 过去一直是分别研究的微分和积分这两种过程是彼此互逆地联系着的, 这就是微积分基本定理的意义.

2.1　面积问题

只是经过长期发展以后, 系统的积分法和微分法才给出了在几何学和自然科学中产生的直觉概念所需要的精确的数学描述. 几何学和自然科学中的许多有关概念都需要积分. 本节我们从计算曲线所围成的平面区域的面积问题来引出积分的概念.

关于面积, 我们都有一种直觉: 包含在一条封闭曲线中的区域有一个面积, 它是由曲线内部正方形单位的数目来计算的. 面积的基本性质有四个:

(1) 面积是一个正数(与长度单位的选择有关);

(2) 对于全等的图形, 这个数是相同的;

(3) 对一切矩形来说, 这个数是两相邻边长的乘积;

(4) 整个区域的面积等于各个部分的面积之和.

对于面积的度量, 怎样才能用精确的术语来描述呢? 回答这一问题, 需要一系列的数学步骤.

2.2　作为和的极限的面积

当我们将面积与函数联系起来时,便产生了定积分的分析概念.让我们来考虑这样的一个区域:左、右两边以垂直线 $x=a$ 和 $x=b$ 为界,上边以正的连续曲线 $y=f(x)$ 为界,下边以 x 轴为界.这个图形称为**曲边梯形**(图 17-2).

我们现在有两个问题需要解决,一个是给出面积的定义,一个是找出计算面积的方法.微积分的巨大功绩就在于,用干净利落的方法同时解决了这两个问题.并由此引出了定积分的概念.

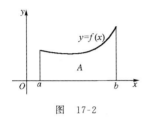

图　17-2

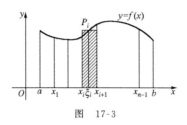

图　17-3

求曲边梯形的面积的方法是这样的:

把区间 $[a,b]$ 分成 n 个小区间,分点为

$$a = x_0 < x_1 < \cdots < x_{n-1} < x_n = b,$$

小区间的长度分别为

$$\Delta x_0 = x_1 - x_0, \ \Delta x_1 = x_2 - x_1, \cdots,$$

$$\Delta x_i = x_{i+1} - x_i, \cdots, \Delta x_{n-1} = x_n - x_{n-1}.$$

如图 17-3,过各分点作平行于 y 轴的直线,这些直线把曲边梯形分成 n 个小曲边梯形,设第 i 个小曲边梯形的面积为 $\Delta A_i (i=0,1,2,\cdots,n-1)$.

在每个小区间 $[x_i, x_{i+1}]$ 上,任取一点 ξ_i,即 $x_i \leqslant \xi_i \leqslant x_{i+1}$.过点 ξ_i 引平行于 y 轴的直线,交曲线 $y=f(x)$ 于点 P_i,点 P_i 的纵坐标为 $f(\xi_i)$.过 P_i 作平行于 x 轴的直线,与直线 $x = x_i, x=x_{i+1}$ 交成一个小矩形,如图 17-3 中的阴影部分所示,这个小矩形的面积是 $f(\xi_i)\Delta x_i$.易见,

$$\Delta A_i \approx f(\xi_i)\Delta x_i.$$

把 n 个小矩形的面积加起来,就得到曲边梯形面积 A 的一个近似值:

$$A \approx f(\xi_0)\Delta x_0 + f(\xi_1)\Delta x_1 + \cdots + f(\xi_{n-1})\Delta x_{n-1} = \sum_{i=0}^{n-1} f(\xi_i)\Delta x_i.$$

令

$$A_n = \sum_{i=0}^{n-1} f(\xi_i)\Delta x_i.$$

当分点无限增多,即 n 无限增大,而小区间的长度 Δx_i 无限缩小时,如果和 A_n 的极限存在,我们就很自然地定义曲边梯形的面积 A 为和 A_n 的极限:

$$A = \lim_{\Delta x_i \to 0} \sum_{i=0}^{n-1} f(\xi_i) \Delta x_i. \tag{17-1}$$

由此我们提出的双重任务也就解决了,因为我们已经建立了曲边梯形面积的一般定义,并且给出了计算面积的原则方法.不过在实际问题里,(17-1)式所提供的方法是不能令人满意的.但是在古代这个方法确实解决过个别问题,例如古希腊就用这个方法解决了由抛物线所围成的面积问题.

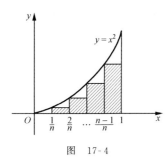

图 17-4

例 计算由抛物线 $y = x^2$,x 轴以及直线 $x = 1$ 所围成的区域的面积 S(图 17-4).

解 用分点

$$0, \frac{1}{n}, \frac{2}{n}, \cdots, \frac{n-1}{n}, 1$$

把线段 $[0,1]$ 分成 n 个相等的小段.在每个小段上作一个小矩形,使矩形的左端点碰到抛物线.这些左端点的高分别为

$$0, \left(\frac{1}{n}\right)^2, \left(\frac{2}{n}\right)^2, \cdots, \left(\frac{n-1}{n}\right)^2,$$

矩形的底边长都是 $\frac{1}{n}$.所有这些矩形面积的总和(如图 17-4 中阴影部分所示)S_n 等于:

$$S_n = 0 \cdot \frac{1}{n} + \left(\frac{1}{n}\right)^2 \cdot \frac{1}{n} + \cdots + \left(\frac{n-1}{n}\right)^2 \cdot \frac{1}{n}$$

$$= \frac{1^2 + 2^2 + \cdots + (n-1)^2}{n^3} = \frac{(n-1)n(2n-1)}{6n^3}$$

$$= \frac{1}{3} + \left(\frac{1}{6n^2} - \frac{1}{2n}\right) = \frac{1}{3} + \alpha_n,$$

其中 $\alpha_n = \frac{1}{6n^2} - \frac{1}{2n}$.易见,$\lim\limits_{n \to \infty} \alpha_n = 0$.所以

$$\lim_{n \to \infty} S_n = \frac{1}{3}.$$

这样我们就求出了面积 S 的值是 $\frac{1}{3}$.

2.3 定积分的定义

前面我们分析了求曲边梯形面积的例子,其实,我们的目的更高远,因为面积问题只是一个具体问题,仅是一般问题的一个导引.求和式

$$S_n = \sum_{i=0}^{n-1} f(\xi_i) \Delta x_i \tag{17-2}$$

的极限,在自然科学与工程技术中,有许多问题的解决都需要这种数学处理方法,因此有必要把这种方法加以总结和研究,这就引出了定积分的概念.

定义 设函数 $f(x)$ 在区间 $[a,b]$ 上连续.用分点

$$a = x_0 < x_1 < x_2 < \cdots < x_{n-1} < x_n = b$$

把区间 $[a,b]$ 分为 n 个小区间 $[x_i,x_{i+1}]$,其长度为

$$\Delta x_i = x_{i+1} - x_i \quad (i = 0,1,2,\cdots,n-1).$$

在每个小区间 $[x_i,x_{i+1}]$ 上任取一点 $\xi_i: x_i \leqslant \xi_i \leqslant x_{i+1}$,并作函数值 $f(\xi_i)$ 与小区间长度 Δx_i 乘积 $f(\xi_i)\Delta x_i$ 的积分和

$$S_n = \sum_{i=0}^{n-1} f(\xi_i)\Delta x_i.$$

记 $\lambda = \max\limits_{0 \leqslant i \leqslant n-1}\{\Delta x_i\}$,当 $\lambda \to 0$ 时,若积分和 S_n 有极限 I,并且值 I 与区间 $[a,b]$ 的分法无关,与中间值 $\xi_i(i=0,1,2,\cdots,n-1)$ 的取法无关,则称此极限值 I 为 $f(x)$ 在 $[a,b]$ 上的**定积分**,记做

$$I = \int_a^b f(x)\mathrm{d}x. \tag{17-3}$$

简单说来,就是

$$\lim_{\lambda \to 0} \sum_{i=0}^{n-1} f(\xi_i)\Delta x_i = \int_a^b f(x)\mathrm{d}x,$$

其中,数 a 叫做**积分下限**,数 b 叫**积分上限**,其余名称与不定积分相同.

2.4 定积分的几何意义

若函数 $f(x) \geqslant 0$,则定积分 $\int_a^b f(x)\mathrm{d}x$ 表示由曲线 $y=f(x)$,直线 $x=a,x=b$ 以及 x 轴所围成的曲边梯形的面积(图 17-5).

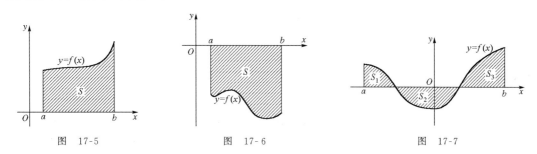

图 17-5   图 17-6   图 17-7

若 $f(x) \leqslant 0$,则定积分 $\int_a^b f(x)\mathrm{d}x$ 在几何上代表曲边梯形面积的负值(图 17-6).

由上述两种特殊情况又不难推得,对于一般的有正有负的函数 $y=f(x)$,定积分 $\int_a^b f(x)\mathrm{d}x$ 在几何上表示:由曲线 $y=f(x)$,直线 $x=a,x=b$ 及 x 轴所围成的几块曲边梯形中,在 x 轴上方的各图形面积之和,减去在 x 轴下方的各图形面积之和. 例如,对于图 17-7 中所表示的函数 $f(x)$,就有

$$\int_a^b f(x)\mathrm{d}x = S_1 - S_2 + S_3.$$

§3 定积分的性质

3.1 定积分的简单性质

假定 $f(x)$ 和 $g(x)$ 都是闭区间 $[a,b]$ 上的连续函数,则以下结论成立:

(1) 常数 $k(\neq 0)$ 可以提到积分号外,即

$$\int_a^b kf(x)\mathrm{d}x = k\int_a^b f(x)\mathrm{d}x.$$

证 $\displaystyle\int_a^b kf(x)\mathrm{d}x = \lim_{\lambda\to 0}\sum_{i=0}^{n-1}kf(\xi_i)\Delta x_i = k\lim_{\lambda\to 0}\sum_{i=0}^{n-1}f(\xi_i)\Delta x_i = k\int_a^b f(x)\mathrm{d}x.$

(2) 两个函数和(或差)的积分等于两个函数积分的和(或差),即

$$\int_a^b \left[f(x) \pm g(x)\right]\mathrm{d}x = \int_a^b f(x)\mathrm{d}x \pm \int_a^b g(x)\mathrm{d}x.$$

证 由定积分的定义,有

$$\int_a^b \left[f(x) \pm g(x)\right]\mathrm{d}x = \lim_{\lambda\to 0}\sum_{i=0}^{n-1} \left(f(\xi_i) \pm g(\xi_i)\right)\Delta x_i$$

$$= \lim_{\lambda\to 0}\sum_{i=0}^{n-1} f(\xi_i)\Delta x_i \pm \lim_{\lambda\to 0}\sum_{i=0}^{n-1} g(\xi_i)\Delta x_i = \int_a^b f(x)\mathrm{d}x \pm \int_a^b g(x)\mathrm{d}x.$$

(3) 交换积分上、下限,其积分值差一负号,即

$$\int_a^b f(x)\mathrm{d}x = -\int_b^a f(x)\mathrm{d}x.$$

证 由定积分定义:$\displaystyle\int_a^b f(x)\mathrm{d}x = \lim_{\lambda\to 0}\sum_{i=0}^{n-1}f(\xi_i)\Delta x_i$,此时要求 $a<b$. 今设 $a>b$,则此时分割区间 $[b,a]$ 的分点为

$$a = x_0 > x_1 > \cdots > x_{n-1} > x_n = b,$$

所有差 $\Delta x_i = x_{i+1} - x_i$ 都是负的. 若交换积分的上、下限,则分点 $x_0, x_1, x_2, \cdots, x_n$ 就要取相反的顺序,而积分和中所有的差 $(x_{i+1} - x_i)$ 就要变号,由此取极限而得结论.

(4) $\displaystyle\int_a^a f(x)\mathrm{d}x = 0.$

(5) 若把 $[a,b]$ 分为两部分 $[a,c]$ 和 $[c,b]$,则

$$\int_a^b f(x)\mathrm{d}x = \int_a^c f(x)\mathrm{d}x + \int_c^b f(x)\mathrm{d}x.$$

证 因为作积分和时,无论将 $[a,b]$ 作如何的分割,积分和的极限总是不变的,所以我们在分割区间时,可以让 c 永远是个分点. 所以

$$\sum_{[a,b]} f(\xi_i)\Delta x_i = \sum_{[a,c]} f(\xi_i)\Delta x_i + \sum_{[c,b]} f(\xi_i)\Delta x_i.$$

取极限可得

$$\int_a^b f(x)\mathrm{d}x = \int_a^c f(x)\mathrm{d}x + \int_c^b f(x)\mathrm{d}x.$$

这个性质表示,定积分对于区间有可加性.

（6）如果在$[a,b]$上,$f(x)=1$,那么

$$\int_a^b \mathrm{d}x = \int_a^b 1\mathrm{d}x = b-a.$$

证　因为

$$\int_a^b \mathrm{d}x = \lim_{\lambda\to 0}\sum_{i=0}^{n-1}\Delta x_i = b-a,$$

故所给结论成立.

（7）如果在$[a,b]$上,$f(x)\leqslant g(x)$,那么

$$\int_a^b f(x)\mathrm{d}x \leqslant \int_a^b g(x)\mathrm{d}x.$$

证　因为

$$\sum_{i=0}^{n-1} f(\xi_i)\Delta x_i \leqslant \sum_{i=0}^{n-1} g(\xi_i)\Delta x_i,$$

取极限就得到所要的不等式.

（8）设M,m分别是$f(x)$在$[a,b]$上的最大值与最小值,那么

$$m(b-a) \leqslant \int_a^b f(x)\mathrm{d}x \leqslant M(b-a).$$

证　因为$m\leqslant f(x)\leqslant M$,所以由性质（7）,

$$\int_a^b m\mathrm{d}x \leqslant \int_a^b f(x)\mathrm{d}x \leqslant \int_a^b M\mathrm{d}x,$$

再用（1）,（6）即得结论.

3.2　定积分中值定理

定理 2（定积分中值定理）　若函数$f(x)$在闭区间$[a,b]$上连续,则在$[a,b]$上至少存在一点ξ,使得

$$\int_a^b f(x)\mathrm{d}x = f(\xi)(b-a), \quad a\leqslant \xi\leqslant b,$$

或

$$\frac{1}{b-a}\int_a^b f(x)\mathrm{d}x = f(\xi).$$

证　在 3.1 小节性质（8）中给出的不等式两边各除以$(b-a)$,得

$$m \leqslant \frac{1}{b-a} \int_a^b f(x) \mathrm{d}x \leqslant M.$$

这个不等式指出,数值 $\dfrac{1}{b-a}\displaystyle\int_a^b f(x)\mathrm{d}x$ 是介于 $f(x)$ 在闭区间 $[a,b]$ 上的最大值 M 和最小值

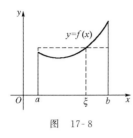

m 之间的,根据闭区间上的连续函数的中间值定理,在 $[a,b]$ 上必有一点 ξ 使

$$\frac{1}{b-a} \int_a^b f(x) \mathrm{d}x = f(\xi).$$

这就是**定积分中值定理**.

这个公式的几何意义是:以区间 $[a,b]$ 为底边,以曲线 $y=f(x)$ 为曲边的曲边梯形,它的面积等于同一底而高为 $f(\xi)$ 的一个矩形的

图 17-8

面积(图 17-8).

§4 可积性研究

4.1 可积性的必要条件

首先指出,只有区间上的有界函数才可能是可积的.

如果函数 $f(x)$ 在区间 $[a,b]$ 上是无界的,则对任何一种分法,至少有一个区间 $[x_k, x_{k+1}]$,函数 $f(x)$ 在它上面是无界的,从而我们可以在这个区间上取到这样的点 ξ_k,使得 $f(\xi_k)$ 任意大,因而也就使得和

$$S_n = \sum_{i=0}^{n-1} f(\xi_i) \Delta x_i$$

任意大.这样一来,积分和不可能趋于任何有限极限.

因此,函数在已知区间上的有界性是它在这个区间上可积的必要条件.所以,在研究函数的可积性时,我们总假定函数 $f(x)$ 在它定义的区间上是有界的.但是,必须指出,这个条件不是充分的.换言之,一个函数在一个区间上有界,它可以在这个区间上不可积.

4.2 达布和

我们用下面定义的达布和作为辅助工具来研究函数的可积性.

我们用 m_i 和 M_i 表示函数 $f(x)$ 在区间 $[x_i, x_{i+1}]$ 上的下确界和上确界,并作出和

$$s = \sum_{i=0}^{n-1} m_i \Delta x_i, \quad S = \sum_{i=0}^{n-1} M_i \Delta x_i,$$

这两个和分别称为**达布下和**与**达布上和**,简称**下和**与**上和**.由上下确界的定义,我们有

$$m_i \leqslant f(\xi_i) \leqslant M_i.$$

将上面的不等式逐项乘以 Δx_i,并求和,得到

$$s \leqslant S_n \leqslant S.$$

因为 ξ_i 是任意选择的数，所以，它可以使 $f(\xi_i)$ 任意接近 m_i，又可以任意接近 M_i. 这就是说，在给定的分割之下，达布和 s 和 S 可以作为积分和 S_n 的下确界和上确界.

4.3 达布和的简单性质

达布和具有下列简单性质：

性质 1 如果在一组现有的分点上添上一些新分点，则达布下和有增无减，达布上和有减无增.

证 要证明这个性质，只要在现有分点中增加一个分点就够了. 设此点 x' 落在 x_k 与 x_{k+1} 之间：

$$x_k < x' < x_{k+1}.$$

在旧和 S 中，相应于区间 $[x_k, x_{k+1}]$ 的一项是

$$M_k(x_{k+1} - x_k).$$

而在新和 S' 中，相应于该区间的有两项：

$$M_k'(x' - x_k) + M_k''(x_{k+1} - x').$$

但是，$M_k' \leqslant M_k, M_k'' \leqslant M_k$，从而

$$M_k'(x' - x_k) + M_k''(x_{k+1} - x') \leqslant M_k(x_{k+1} - x_k).$$

由此推出，$S' \leqslant S$.

对于下和，证明与此相似.

性质 2 无论分法怎样，每个达布下和都不大于每个达布上和.

证 考虑两个独立的分划. 它们的达布和分别是 s_1, S_1 和 s_2, S_2. 我们来证明

$$s_1 \leqslant S_2.$$

为此，我们把两个分划的分点并在一起，形成第三个分划，它的达布和是 s_3, S_3. 由于这第三个分划是由第一个添加新分点得出的，所以，由达布和的性质 1，

$$s_1 \leqslant s_3.$$

现在对比第二个和第三个分划，可得

$$S_3 \leqslant S_2.$$

但 $s_3 \leqslant S_3$. 由上面的不等式立刻有

$$s_1 \leqslant S_2.$$

这就是要证明的.

由性质 2 知，全体下和的集合 $\{s\}$ 是有上界的，因而它有上确界

$$I_* = \sup\{s\}.$$

全体上和的集合 $\{S\}$ 是有下界的，因而它有下确界

$$I^* = \inf\{S\}.$$

显然，对任何达布下和与达布上和都有

$$s \leqslant I_* \leqslant I^* \leqslant S. \tag{17-4}$$

4.4   积分存在的条件

定理 3   设函数 $f(x)$ 定义在区间 $[a,b]$ 上,则定积分存在的充分必要条件是

$$\lim_{\lambda \to 0}(S - s) = 0. \tag{17-5}$$

证   **必要性**   假定积分(17-3)存在. 于是,对任意给定的 $\varepsilon > 0$,都存在 $\delta > 0$,使得当所有 $\Delta x_i < \delta$ 时,有

$$|S_n - I| < \varepsilon \quad 或 \quad I - \varepsilon < S_n < I + \varepsilon,$$

不论 ξ_i 如何选取. 从而有

$$I - \varepsilon \leqslant s \leqslant S \leqslant I + \varepsilon.$$

所以

$$\lim_{\lambda \to 0} s = \lim_{\lambda \to 0} S = I.$$

这就证了(17-5)式成立.

充分性   假定(17-5)成立,由(17-4)式,显然有 $I_* = I^*$. 用 I 表示它们的公共值,则

$$s \leqslant I \leqslant S. \tag{17-6}$$

由(17-5)知,对任意给定的 $\varepsilon > 0$,都存在 $\delta > 0$,当对 $[a,b]$ 的分划的最大区间长度 $\lambda < \delta$ 时,就有

$$|S - s| < \varepsilon.$$

如果把 S_n 理解为与 s 和 S 相应于同一分划的积分和之一,则

$$s \leqslant S_n \leqslant S.$$

与(17-6)式比较,立刻得到

$$|S_n - I| \leqslant |S - s| < \varepsilon.$$

因此 I 是 S_n 的极限,即是函数 $f(x)$ 的定积分.

如果用 ω_i 表示函数在第 i 个分区间的振幅 $M_i - m_i$,那么我们有

$$S - s = \sum_{i=0}^{n-1} (M_i - m_i)\Delta x_i = \sum_{i=0}^{n-1} \omega_i \Delta x_i.$$

于是,积分存在的充分必要条件可以写成

$$\lim_{\lambda \to 0} \sum_{i=0}^{n-1} \omega_i \Delta x_i = 0. \tag{17-7}$$

4.5   定积分存在定理

这个定理的意义是十分明显的. 因为,如果积分不存在,那么以下的研究就没有意义了. 定积分存在定理保证了由连续曲线围成的区域,它的面积永远存在.

我们来证明,函数 $f(x)$ 在区间 $[a,b]$ 上是连续的,则它在区间 $[a,b]$ 上的定积分存在. 其证明主要是根据函数 $f(x)$ 在区间 $[a,b]$ 上是一致连续的.

定理 4(积分存在定理) 若函数 $f(x)$ 在区间 $[a,b]$ 上连续,则该函数在区间 $[a,b]$ 上必可积分.

证 函数 $f(x)$ 在区间 $[a,b]$ 上连续,则它在该区间一致连续.对任意给定的 $\varepsilon>0$,存在 $\delta>0$,当 $\Delta x_i<\delta$ 时,$\omega_i<\varepsilon$,由此,

$$\sum_{i=0}^{n-1}\omega_i\Delta x_i<\varepsilon\sum_{i=0}^{n-1}\Delta x_i=\varepsilon(b-a),$$

即 $\lim\limits_{\lambda\to 0}\sum\limits_{I=0}^{n-1}\omega_i\Delta x_i=0$. 条件(17-7)已经实现,故积分存在.

§5 微积分基本定理

积分学要解决两个基本问题:第一是原函数的求法问题;第二是定积分的计算问题.原函数的概念与定积分的概念是作为完全不相干的两个概念引进来的.本节的目的在于建立它们之间的联系,通过这个联系,定积分的计算问题也获得圆满解决.

微积分基本定理的发现,也就是原函数与定积分间的简单而重要的联系的发现,是人类科学史上的一个重要的里程碑.其重要作用如何高估都不会过分.可以这样说,微积分基本定理是整个高等数学中最重要的一个定理.

设函数 $f(x)$ 在区间 $[a,b]$ 上连续,$x\in[a,b]$,今考虑定积分

$$\int_a^x f(x)\mathrm{d}x.$$

这时变量 x 有两种不同的意义:一方面它表示定积分的上限,另一方面又表示积分变量.为明确起见,将积分变量换成 t,于是上面的定积分可写为

$$\int_a^x f(t)\mathrm{d}t.$$

今让 x 在区间 $[a,b]$ 上任意变动,对于 x 的每一个值定积分有一个唯一确定的值与之对应,这样在该区间上就定义了一个函数,记做 $\Phi(x)$(图 17-9):

$$\Phi(x)=\int_a^x f(t)\mathrm{d}t \quad (a\leqslant x\leqslant b).$$

关于这个函数的导数,我们有定理

定理 5(原函数存在定理) 若函数 $f(x)$ 在 $[a,b]$ 上连续,则变上限的定积分

$$\Phi(x)=\int_a^x f(t)\mathrm{d}t$$

就是 $f(x)$ 的一个原函数,即

$$\Phi'(x)=\frac{\mathrm{d}}{\mathrm{d}x}\int_a^x f(t)\mathrm{d}t=f(x).$$

证 给 x 以增量 Δx,则

$$\Phi(x + \Delta x) = \int_a^{x+\Delta x} f(t)\,dt.$$

因此

$$\Delta\Phi = \Phi(x + \Delta x) - \Phi(x) = \int_a^{x+\Delta x} f(t)\,dt - \int_a^x f(t)\,dt = \int_x^{x+\Delta x} f(t)\,dt.$$

应用定积分中值定理,则有等式

$$\Delta\Phi = f(\xi)\Delta x, \quad x \leqslant \xi \leqslant x + \Delta x.$$

从而

$$\Phi'(x) = \lim_{\Delta x \to 0} \frac{\Delta\Phi}{\Delta x} = \lim_{\Delta x \to 0} f(\xi) = f(x).$$

这就完成了定理 5 的证明.

从定理 5 我们知道,$\Phi(x)$ 是 $f(x)$ 的一个原函数. 这个定理的价值在于肯定了连续函数的原函数一定存在. 但是,我们并不利用定积分去求原函数,有了这个定理立刻就有下面的定理.

定理 6(微积分基本定理) 若 $F(x)$ 是连续函数 $f(x)$ 在区间 $[a,b]$ 上的一个原函数,则

$$\int_a^b f(x)\,dx = F(b) - F(a). \tag{17-8}$$

证 已给 $F(x)$ 是函数 $f(x)$ 的一个原函数. 由定理 5,

$$\Phi(x) = \int_a^x f(t)\,dt$$

也是 $f(x)$ 的原函数. 我们知道,两个原函数的差是一个常数,因此有等式

$$F(x) = \Phi(x) + C.$$

令 $x=a$,因 $\Phi(a)=0$,所以 $F(a)=C$. 再令 $x=b$,得到

$$F(b) = \Phi(b) + C = \Phi(b) + F(a),$$

即

$$F(b) = \int_a^b f(t)\,dt + F(a),$$

移项得

$$\int_a^b f(t)\,dt = \int_a^b f(x)\,dx = F(b) - F(a).$$

证毕.

公式(17-8)也可写成

$$\int_a^b f(x)\,dx = F(x)\Big|_a^b.$$

公式(17-8)叫做**牛顿-莱布尼茨公式**. 它建立了定积分与不定积分的联系,把计算定积分的问题转化为计算不定积分的问题,为计算定积分提供了简捷方法.

例 1 求由图 17-10 所示图形的面积 S.

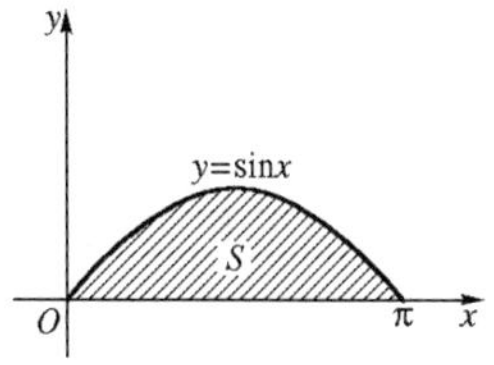

解 由定积分的几何意义，

$$S = \int_0^\pi \sin x \, dx.$$

图 17-10

$\sin x$ 的一个原函数是 $(-\cos x)$，由微积分基本定理，

$$S = \int_0^\pi \sin x \, dx = (-\cos x)\Big|_0^\pi = 2.$$

有了牛顿-莱布尼茨公式，面积 S 很容易求出. 但是在牛顿和莱布尼茨之前，只有个别数学家能算出这个积分.

例 2 设 $y = \int_1^x \sqrt{1+t^2} \, dt$，求 $\dfrac{dy}{dx}$.

解 由定理 5，

$$\frac{dy}{dx} = \frac{d}{dx} \int_1^x \sqrt{1+t^2} \, dt = \sqrt{1+x^2}.$$

§6 定积分的换元积分法与分部积分法

微积分基本定理建立了定积分与不定积分的联系，因而会求不定积分就会求定积分，这就是说，定积分的计算问题本质上已经解决. 但是为什么还要研究定积分的积分法呢？这只是为了使计算更为简单.

6.1 换元积分法

定理 7 定积分的换元公式为

$$\int_a^b f(x) \, dx = \int_\alpha^\beta f(\psi(t)) \psi'(t) \, dt,$$

其中 $x = \psi(t)$ 满足下面三个条件：

(1) $\psi(\alpha) = a, \psi(\beta) = b$；

(2) $\psi'(t)$ 在 $[\alpha, \beta]$ 上连续；

(3) 当 t 在 $[\alpha, \beta]$ 变化时，$\psi(t)$ 的值在 $[a, b]$ 上变化.

证 若 $F(x)$ 是 $f(x)$ 的原函数：$F'(x) = f(x)$，则 $F(\psi(t))$ 是 $f(\psi(t))\psi'(t)$ 的原函数：

$$\frac{d}{dt} F(\psi(t)) = F'(\psi(t)) \psi'(t).$$

因此

$$\int_a^b f(x) \, dx = F(b) - F(a) = F(\psi(\beta)) - F(\psi(\alpha)).$$

而

$$\int_\alpha^\beta f(\psi(t)) \psi'(t) \, dt = F(\psi(t))\Big|_\alpha^\beta = F(\psi(\beta)) - F(\psi(\alpha)),$$

于是有

$$\int_a^b f(x)\mathrm{d}x = \int_\alpha^\beta f(\psi(t))\psi'(t)\mathrm{d}t.$$

这就证明了积分换元公式.

定积分换元公式从左到右用,相当于不定积分的第二换元法;从右到左用,相当于不定积分的第一换元法.

例 1 求 $\displaystyle\int_0^1 2x\,\sqrt{1+x^2}\mathrm{d}x$.

解 令 $t=1+x^2$,则 $x=0,t=1;x=1,t=2;\mathrm{d}t=2x\mathrm{d}x$. 从而

$$\int_0^1 2x\,\sqrt{1+x^2}\mathrm{d}x = \int_1^2\sqrt{t}\mathrm{d}t = \frac{1}{1/2+1}t^{\frac{3}{2}}\Big|_1^2 = \frac{2}{3}(2^{\frac{3}{2}}-1).$$

用定积分的换元积分法计算定积分,由于在换元时要相应地换积分限,因此在求出原函数后,直接代入积分限就可算出积分值,而不必像不定积分那样换回到原变量.

6.2 分部积分法

对微分恒等式

$$u(x)\mathrm{d}v(x) = \mathrm{d}[u(x)v(x)] - v(x)\mathrm{d}u(x)$$

从 a 到 b 关于 x 积分,得到

$$\int_a^b u(x)\mathrm{d}v(x) = \int_a^b \mathrm{d}[u(x)v(x)] - \int_a^b v(x)\mathrm{d}u(x).$$

对右边第一项运用牛顿-莱布尼茨公式,我们得到定积分的分部积分公式

$$\int_a^b u(x)\mathrm{d}v(x) = [u(x)v(x)]\Big|_a^b - \int_a^b v(x)\mathrm{d}u(x).$$

例 2 求 $\displaystyle\int_0^1 \arctan x\mathrm{d}x$.

解 令 $u=\arctan x, v=x$,则 $\mathrm{d}u=\dfrac{1}{1+x^2}\mathrm{d}x$,从而

$$\int_0^1 \arctan x\mathrm{d}x = x\cdot\arctan x\Big|_0^1 - \int_0^1 \frac{x}{1+x^2}\mathrm{d}x = \frac{\pi}{4} - \frac{1}{2}\int_0^1 \frac{1}{1+x^2}\mathrm{d}(1+x^2)$$

$$= \frac{\pi}{4} - \frac{1}{2}\ln(1+x^2)\Big|_0^1 = \frac{\pi}{4} - \frac{1}{2}\ln 2.$$

§7 再论微分学与积分学

7.1 微分学

微分学基本问题:求非均匀变化量的变化率问题.

物理模型:求运动物体的瞬时速度.

$$\text{瞬时速度} = \text{平均速度的极限}, \quad v(t) = s'(t) = \lim_{\Delta t \to 0} \frac{\Delta s}{\Delta t}.$$

几何原型：曲线在一点处的切线斜率.

$$\text{切线斜率} = \text{割线斜率的极限}, \quad f'(x) = \lim_{\Delta x \to 0} \frac{\Delta y}{\Delta x}.$$

数学模型：

$$\text{平均变化率} = \frac{\mathrm{d}y}{\Delta x}, \quad \text{导数}: \frac{\mathrm{d}y}{\mathrm{d}x} = \lim_{\Delta x \to 0} \frac{\Delta y}{\Delta x}.$$

基本运算：求导运算与求微分的运算.

微分：微分是函数改变量的主要线性部分：

$$\Delta y \approx \mathrm{d}y = y'(x)\mathrm{d}x,$$

用于将函数线性化.

7.2 积分学

积分学基本问题：非均匀变化量的求积问题.

物理原型：求变速运动的路程.

几何原型：曲边梯形的面积.

数学模型：

$$\text{积分和} = \sum_{i=0}^{n-1} f(\xi_i)\Delta x_i, \quad \text{积分} \int_a^b f(x)\mathrm{d}x = \lim_{\lambda \to 0} \sum_{i=0}^{n-1} f(\xi_i)\Delta x_i.$$

微分的无限积累得到积分：$\int_a^b f(x)\mathrm{d}x$.

基本运算：不定积分法、定积分法.

微分学与积分学的联系：微积分基本定理.

微分学的特点有两个：局部性与动态性.

积分学的特点有两个：整体性与静态性.

微分学研究的是函数的局部性态，无论是微商概念，还是微分概念，都是逐点给出的. 概念本身并不涉及函数在整个区间上的性质，但这不要误认为微分学不关心函数的整体性质. 数学家研究函数的局部性质，其目的在于从局部性质去探索整体性质. 因为整体是由局部构成的，局部性质清楚了，整体性质也就容易去把握.

此外，微分学研究的是物质运动的动态过程，它与古代数学的质的不同就体现在这里. 微分学为研究运动与过程提供了强有力的工具，由此开始，人类文明掀开了新的篇章：现代文明诞生了.

由于动态过程的复杂性，其概念也就更加微妙，这就是微分学长期以来找不到严格的理论基础的原因所在. 例如，微分的概念尽管在牛顿、莱布尼茨手中已经诞生，但是直到柯西才把它搞清楚. 这就是我们现在使用的微分的定义：函数改变量的线性主要部分. 这个概念烦恼了全世界最杰出的数学家约 150 年之久.

积分学包含定积分与不定积分两大部分.不定积分的目的是提供计算方法,与求导运算相比较不定积分的计算要困难一些.积分学所研究的问题是静态的,比较容易理解,容易把握.无穷分割的方法在古希腊和中国古代就诞生了,它所研究的是函数在一个区间上的整体性质.

论文题目

1. 微积分发展史之我见.

2. 微积分的地位和作用.

3. 微积分与近代科学.

第十八章 回顾与展望

李杜文章万口传,至今已觉不新鲜;江山代有才人出,各领风骚数百年.

清 赵翼

数学和逻辑是精密科学的两只眼睛:数学派闭上逻辑眼睛,逻辑派闭上数学眼睛,各自相信一只眼睛比两只眼睛看得更好.

乔治·萨顿

§1 第三次数学危机

1.1 对数学基础的探讨

自古希腊以来,数学的严格基础就是数学家们追求的目标.这样的追求在 20 世纪以前曾经历过两次巨大的考验,即古希腊不可公度量的发现和 17,18 世纪关于微积分基础的争论.到 19 世纪末,由于严格的微积分理论的建立,数学史上的第二次数学危机已基本解决.但事实上,严格的微积分理论是以实数理论为基础的,而严格的实数论又以集合论为基础.集合论似乎给数学家们带来了一劳永逸地摆脱基础危机的希望.尽管集合论的相容性尚未证明,但许多人认为这只是时间问题.这样,1900 年在巴黎举行的第二届国际数学家大会上,庞加莱高兴地指出:

> "我们最终达到了绝对的严密吗? 在数学发展前进的每一阶段,我们的前人都坚信他们达到了这一点.如果他们被蒙蔽了,我们是不是也像他们一样被蒙蔽了? ……如果我们不厌其烦地严格的话,就会发现只有三段论或归结为纯数的直觉是不可能欺骗我们的.今天我们可以宣称,完全的严格性已经达到了!"

那时,绝大多数数学家具有和庞加莱相同的看法,他们对数学所达到的严密性而欢欣鼓舞.但实际上,暴风雨正在酝酿.屋外云涛翻滚,山雨欲来,数学史上的一场新的危机正在降临.就在第二年,英国数学家罗素以一个简单明了的集合论悖论打破了人们的上述希望,引起关于数学基础的新争论.对数学基础的更深入的探讨,以及由此引出的数理逻辑的发展是 20 世纪纯粹数学的又一重要发展趋势.

1.2 什么是悖论?

笼统地说,悖论就是指这样的推理过程:它看上去是合理的,但结果却得出了矛盾.悖论在数学中出现是一件严重的事情. 正如著名逻辑学家 A. 塔斯基所指出的: "我们知道, 一个有矛盾的理论一定包含假命题, 而我们是不愿意把一个已被证明包含这种假命题的理论看成是可以接受的", 因此, "我相信, 每个人都同意这一点: 一旦我们在一个理论中推出了两个互相矛盾的命题, 这一理论就变成不可接受的了." 因此, 悖论在数学中的发现所造成的事实是对数学可靠性的怀疑. 如果一个悖论的涉及面比较大的话, 特别是, 当悖论出现在基础理论中时, 就会导致 "数学危机".

罗素的悖论是: 以 M 表示是它们本身的成员的集合 (如一切概念的集合仍是一个集合) 的集合, 而以 N 表示不是它们本身成员的集合 (如所有人的集合不是一个人) 的集合. 现在我们问: 集合 N 是否是它本身的成员. 如果 N 是它本身的成员, 则 N 是 M 的成员, 而不是 N 的成员, 于是 N 不是它本身的成员. 另一方面, 如果 N 不是它本身的成员, 则 N 是 N 的成员, 而不是 M 的成员, 于是 N 是它本身的成员. 悖论在于, 无论是哪一种情况, 我们都得到矛盾.

罗素悖论曾以多种形式将这一悖论通俗化. 这些形式中最著名的是罗素在 1919 年给出的, 称为理发师悖论. 某村的一个理发师宣称, 他给所有不给自己刮脸的人刮脸. 于是出现这样的困境: 理发师是否给自己刮脸呢? 如果他给自己刮脸, 那他就违背了自己的原则; 如果他不给自己刮脸, 那么, 根据他的宣称, 他就应该为自己刮脸.

罗素悖论的出现不仅否定了庞加莱关于 "完全的严格性已经达到了", 而且直接动摇了把集合论作为分析基础的信心. 著名逻辑学家兼数学家弗雷格即将完成他的巨著《算术的基本原则》第二卷时, 他接到罗素的一封信, 信中把集合论的悖论告诉了他. 弗雷格在卷二的末尾说: "一个科学家不会碰到比这更难堪的事情了, 即在工作完成的时候它的基础坍塌了. 当这部著作只等付印的时候, 罗素先生的一封信就使我处于这种境地." 现在人们把集合论悖论的出现, 和由此引起的争论称为**第三次数学危机**.

集合论悖论对数学家们的震动是巨大的. 由于集合论已成为现代数学的基础, 因此集合论悖论的威胁就不只局限于集合论, 而遍及整个数学, 甚至还包含逻辑. 这就不得不使希尔伯特感叹道: "必须承认, 在这些悖论面前, 我们目前所处的情况是不能长久忍受下去的. 试想, 在数学这个号称可靠性和真理性的典范里, 每一个人所学的、教的和应用的那些概念结构和推理方法竟会导致不合理的结果. 如果甚至数学思考也失灵的话, 那么应该到哪里去寻找可靠性和真理性呢?"

1.3　悖论与艺术

在第三章我们曾提到, 文艺复兴时期欧几里得几何如何刺激了透视画的发展, 而后绘画又如何引出了一门新的几何学. 在整个人类文明史上, 艺术和科学始终是交互促进的. 悖论的产生也为艺术家提供了创作的源泉. 艾舍尔的《瀑布》(插图 18-1) 乍看起来没有什么不对

插图　18-1　　　　　　　　　　　　　　　　插图　18-2

头. 然而仔细审查一下,就会发现有不对劲的地方: 水可以无休止地兜圈子. 另一幅画是《不可能的三角形》(插图 18-2),在三角形两边接头的地方,都很合理,但整体看却不可能. 艺术家将悖论直观化,可以使我们对悖论有更形象的了解.

§2　数　学　基　础

悖论的产生使数学家们更加自觉地认识到数学基础的重要性. 什么是数学的可靠基础呢? 它在数学的内部,还是在数学的外部? 从 20 世纪初开始数学家们就此展开了激烈地争论和不懈地探索. 按照哲学观点的不同,数学家们基本上分成了三大派: 以弗雷格和罗素为代表的逻辑主义,以布劳沃为代表的直觉主义和以希尔伯特为代表的形式主义.

2.1　逻辑主义

逻辑主义认为算术理论不能看成是全部数学的最终基础,数学的可靠基础是逻辑. 他们的规划是:

（1）从少数的逻辑概念出发去定义全部，或大部分数学概念；

（2）从少数的逻辑法则出发去演绎出全部，或大部分数学理论.

逻辑主义的企图没有实现，也不可能实现. 最重要的一点是，它隔离了数学与现实的关系. 如果数学的内容全部可以由逻辑推出，那么它怎么能用于现实世界？怎么把新的思想引入数学？罗素也承认了这一点. 他说：“我一直在寻找的数学的光辉的确定性在令人困惑的迷宫中丧失了.”

尽管如此，逻辑主义仍有它不可磨灭的功绩. 他们相当成功地把古典数学纳入了一个统一的公理系统. 虽然这个系统不是纯逻辑的，但却是公理化方法在近代发展中的一个重要起点. 他们还完成了从传统逻辑到数理逻辑的过度和演变.

2.2　直觉主义

鸟有双飞，花有并蒂. 正当逻辑主义形成之时，直觉主义诞生了. 逻辑主义者用越来越精巧的逻辑来巩固数学的基础，而直觉主义者却在偏离甚至放弃逻辑. 这是数学史上最富矛盾的趣事. 直觉主义者认为，数学的出发点不是集合论，而是自然数. 只有建立在这种原始直觉和可构造之上的数学才是可信的. 他们的基本立场是：

（1）在无穷观的问题上彻底采用潜无限，而排斥实无限. 现代直觉主义的先驱克罗内克就拒绝无穷集和超限数. 他认为，康托尔在这一领域的工作不是数学，而是玄学.

（2）否定传统逻辑的普遍有效性，重建直觉主义者的逻辑规则. 他们对使用排中律限制很严. 例如，直觉主义者能对 n 个自然数下结论：“每一个自然数，或者是偶数，或者是奇数.”但不能对全体自然数下这个结论. 他们不容许把排中律应用到无穷集. 希尔伯特对此抗议道：“禁止数学家用排中律就像禁止天文学家用望远镜和拳击师用拳一样. 否定用排中律得到的存在定理就相当于全部放弃了数学的科学性.”

（3）批判古典数学，排斥非构造性数学. 按照直觉主义者的观点，实数系和微积分理论中的许多定理是不能接受的. 例如，连续函数的中间值定理是这样叙述的：“设函数 $f(x)$ 在 $[a,b]$ 是连续的，并且 $f(a) \cdot f(b) < 0$，则存在 $c, a < c < b$ 使得 $f(c) = 0$.”这个定理是用反证法证明的，而没有给出一个有限的构造过程，去定出这个 c. 直觉主义者不接受这种非构造性证明.

直觉主义者因为把古典数学搞得支离破碎，而且重整数学的任务也非常艰巨，最后也失败了. 但他们提出的能行性问题具有十分重大的现实意义. 正如大家所知道的，使用计算机不能不注意能行性问题. 他们还正确地指出，数学上最重要的进展不是通过完善逻辑形式而是通过变革其基本理论得到的，是逻辑依赖于数学而不是数学依赖于逻辑.

2.3　形式主义

形式主义数学观的核心有两条：

（1）逻辑和数学中的基本概念和公理系统都是一行行毫无意义的符号. 形式主义者柯

瑞指出,数学是关于形式系统的科学.

（2）数学的真理性等价于数学系统的相容性.无矛盾性是对数学系统的唯一要求.于是对于形式主义者来说,数学本身就是一堆形式系统,各自建立自己的逻辑,同时建立自己的数学;各有各自的概念,各自的公理,各自的推导定理的法则,以及各自的定理.把这些演绎系统中的每一个发展起来,就是数学的任务.

形式主义观点的主要优越性在于,它为数学家提供了创造任意数学结构的自由,使数学研究从"实在"的束缚下解放了出来.希尔伯特和他的学生们还发展了证明论或元数学.这是建立任何一个形式系统的相容性的方法.在1928年的国际数学家大会上,希尔伯特非常自信地说:"利用这种新的数学基础,人们完全可以称它为证明论,我将可以解决世界上所有的基础性问题."他尤其相信能够解决相容性问题和完备性问题.

直觉主义者对形式主义提出了指责,布劳沃说:"尽管公理化、形式化的处理可以避免矛盾,但也因此不会得到有数学价值的东西.一种不正确的理论,即使它没有被反驳它的矛盾所驳倒,它仍然是不正确的;这正像一种犯罪行为不管是否有法庭阻止它,它都是犯罪一样."

§3　哥德尔的不完全性定理

1931年在《数学物理月刊》上发表了一篇题为《论〈数学原理〉和有关系统中的形式不可判定命题》的论文.论文的作者是年仅25岁的奥地利数学家和逻辑学家哥德尔(Kurt Gödel, 1906—1978),他当时在维也纳大学.论文发表时并没有受到重视,但仅仅过了几年,就受到了专家们的普遍重视,被认为是数学和逻辑的基础方面的划时代文献.

哥德尔的论文指出了公理化过程的局限性,这是人们所始料未及的.他的论文的主要影响有四个方面:

（1）它摧毁了数学的所有重要领域能被完全公理化这一强烈的信念;

（2）它扑灭了沿着希尔伯特曾设想的路线证明数学的内部相容性的全部希望;

（3）它使得人们不得不必须重新评价普遍认可的数学哲学;

（4）它把一个新的、强有力且内容丰富的分析技术引到了基础研究之中.

20世纪早期公理化方法有了蓬勃的发展,人们期望,数学的各个分支都能建立完全的公设集.例如,一般认为,皮亚诺关于自然数系建立的公设集是完全的.但是,哥德尔的论文动摇了这些期望.哥德尔证明了下面的定理:

哥德尔第一定理　对于包含自然数系的任何相容的形式体系 F,存在 F 中的不可判定命题;即存在 F 中的命题 S,使得 S 和非 S 都不是在 F 中可证的.

由此得到,自然数系的任何公设集,如果是相容的就不是完全的.换言之,不管我们能为自然数采用什么样的相容的公设集,总存在关于自然数的命题 S,使得 S 和非 S 都不能从这些公设得到证明.这可是令人吃惊的、出乎意料的发现.

数论中有许多著名的猜想,到目前为止,既没有证明也没有推翻.例如,哥德巴赫猜想,孪生素数是无限的猜想等,都未被证明或推翻.这些猜想是不可判定的命题吗? 如果是,那我们就永远不能证明它们.

那么,有没有办法去确定一个命题是不是可判定的呢? 也没有! 1936 年美国逻辑学家车救(Alonzo Church)证明了下面的定理:

车救定理 对于包含自然数系的任何相容的形式体系 F,不存在有效的方法,决定 F 中的哪些命题在 F 中是可证的.

这真是使人失望.

希尔伯特一直想证明数学的内部相容性问题,但这也无望,因为哥德尔还证明了下面的定理:

哥德尔第二定理 对于包含自然数系的任何相容的形式体系 F,F 的相容性不能在 F 中被证明.

由此得到,在 F 的不可判定问题中,F 的相容性就是其中的一个.希尔伯特原来的希望是彻底破灭了.

其实,从常识看来这也是自然的.俗话说"老王卖瓜,自卖自夸";人们不能听他的自夸,就断定他的瓜是好的.

哥德尔的两条定理指出,任何一个数学分支都做不到完全的公理推演,而且没有一个数学分支能保证自己没有内部矛盾.这真是使数学难堪,数学的真理性又何在呢?

哥德尔的两条定理肯定是所有数学定理中最重要的定理之一.人类对于宇宙和数学地位的认识被迫作出了根本性的改变.数学不再是精确论证的顶峰,不再是真理的化身.数学有它自己的局限性.

撇开这些局限性不谈,数学对人类的贡献仍然是巨大的.它是人类最杰出的智慧结晶,也是人类最富创造性的产物.

§4　新的黄金时代

乔治·萨顿说:"根据我的历史知识,我完全相信 25 世纪的数学将不同于今天的数学,就像今天的数学不同于 16 世纪的数学那样."

当经济危机发生的时候,整个经济就处于萧条的状态下.美国的经济危机、东南亚的经济危机都曾呈现这种状态.但数学危机却不同.数学危机发生的时候不会引起数学研究的萧条,反而刺激数学的大发展,使数学的整体水平"更上一层楼".因而"危机"是数学家们的心里感觉,不是数学发展的实际状况.不要误以为数学的发展将从此止步.不,决不是这样.三次数学危机都证明了这一点.

数学的发展不断地经历着深刻地变化.每个时代都有每个时代追求的主题.在古代是常量的数学.主要的研究对象是数和形.随着科学的发展和生产技术的进步,变量的数学出现了.在 17 世纪,解析几何与微积分相继诞生.18 世纪叫做"英雄世纪",数学科学空前繁荣起来.到 19 世纪,非欧几何与非交换代数出现了.这是从变量数学时期向现代数学时期的转折点.在新的时期,数学是模式和结构的科学.

20 世纪又诞生了分形几何与混沌学.计算机的诞生正在改变着数学的研究工具和研究方式.正像望远镜的诞生改变了天文学的面貌一样,计算机的诞生也将改变数学研究和数学教学的面貌.计算机时代还诞生了一门新的数学——数学实验.

现代数学研究的范围空前广阔,数学应用的场合无处不在,数学家的队伍空前壮大,目前数学正处于一个新的黄金时代.

§5 数学家及其活动与数学社团的成立

5.1 数学家及其活动

目前,世界上无论哪个领域,科学家数量的增加和质量的提高都呈现加速发展的趋势,数学家也不例外.在 1800 年以前,数学家的数量是很少的.无论在中国还是在国外,数学家的出现常常是孤立现象,也没有严格意义下的门生.那时富有才华的数学家的数目极其有限.主要原因是,他们的生活不稳定,许多人是业余做数学.费马是律师,高斯管天文.在 18 世纪可以数出六七位天才数学家,他们的思想使数学面貌发生革命性的变化.到 19 世纪这样的数学家可以数出 30 位.当代每一两年就会出现一位.

在古代,数学家间的学术交流主要靠私人通信.数学家间的交往在 17 世纪后才频繁起来.交流起着重要的作用.俗话说,石头与石头相碰才会出火花.由学术社团定期出版的第一个科学期刊出现于 1660 年,但不是数学专刊.1820 年以前出版的科学期刊都是一般科学的.这从侧面上反映了科学发展的水平不高,规模不大,分工也不明显.第一个跨国界的专门数学期刊出现于 1826 年,称为《克雷尔杂志》(Journal fur die Reine und angewandte mathematik).它的创始人是 A. L. 克雷尔,所以叫《克雷尔杂志》.紧随其后的是 1835 年创办的《刘维尔杂志》(Journal de Mathematiques Pures et Appliquees),即《纯粹与应用数学杂志》,它的创办人是 J. 刘维尔.20 世纪数学期刊的数目迅速增加,是爆炸性增长.20 世纪后 30 年出现了对数学期刊进行编目和摘要的期刊,其中传播最广的是《数学评论》,每期约 4000 页.

中国第一个数学系是在北京大学创立的,当时叫数学门,创建于 1913 年.1916 年迎来第一届毕业生,仅 2 人.1918 年 4 月 27 日北京师范大学创办一份中国的理科杂志,名《数理杂志》,发表数学、物理方面的论文和译著.1930 年北京师范大学创办了北京地区第一份数学刊物《数学季刊》.

数学与实验性科学不同,实验科学需要有大量的人来操作仪器,而数学家只需要纸、笔和图书,现在再加上电脑,基本上是个体劳动.当然协作也是不可少的.19 世纪中叶,法国大学里出现了讨论班.这种形式很快为各国所采用,它是一种对数学家十分有益的活动.

1897 年创办国际数学家大会,从此数学家的接触制度化了.1900 年以后,每四年举办一次,中间由于世界大战中断过两次.下面表 1 是历届国际数学家大会年表:

表 1 历届国际数学家大会年表

届	日 期	举 办 国 家	举 办 地 点
1	1897	瑞士	苏黎世
2	1900	法国	巴黎
3	1904	德国	海德堡
4	1908	意大利	罗马
5	1912	英国	剑桥
6	1920	法国	斯特拉斯堡
7	1924	加拿大	多伦多
8	1928	意大利	波伦亚
9	1932	瑞士	苏黎世
10	1936	挪威	奥斯陆
11	1950	美国	坎布里奇
12	1954	荷兰	阿姆斯特丹
13	1958	英国	爱丁堡
14	1962	瑞典	斯德哥尔摩
15	1966	苏联	莫斯科
16	1970	法国	尼斯
17	1974	加拿大	温哥华
18	1978	芬兰	赫尔辛基
19	1983	波兰	华沙
20	1986	美国	伯克利
21	1990	日本	京都
22	1994	瑞士	苏黎世
23	1998	德国	柏林
24	2002	中国	北京
25	2006	西班牙	马德里
26	2010	印度	海得拉巴

美国的数学发展也比较晚.1870 年以前,美国没有出现任何有声望的数学家.1880 年以后他们开始创建数学中心,并邀请欧洲数学家前去讲学.1890 年这些努力获得成功.第一个赢得国际注意的数学学派是芝加哥学派,接着是 1915 年至 1930 年间的哈佛学派与普林斯顿学派.第二次世界大战把许多优秀数学家赶到了美国,使得美国的数学一下子走到了世界的最前列.

5.2 数学社团的成立

数学社会化与专业化的一个重要标志是数学家专业集团的组织与建立.这里不谈官方机构,只罗列重要国家数学会建立的时间,如表 2 所示.

表 2　重要国家数学会建立的时间

数学会名称	成立时间	数学会名称	成立时间
莫斯科数学会	1864	英国伦敦数学会	1865
法国数学会	1872	日本数学会	1877
意大利巴勒摩数学会	1884	美国数学会	1888
德国数学会	1890	印度数学会	1907
中国数学会	1935		

§6　两个大奖：菲尔兹奖和沃尔夫奖

令人费解,也令人遗憾的是,举世瞩目的、一年一度的诺贝尔奖中只设有物理学、化学、生物学、文学或医学、和平事业五个类别,1986 年又设立了经济学奖,竟然没有数学这个科学的皇后.这使得数学这一重要学科失去了一个在世界上评价其重大成就和表扬其卓越人物的机会.正是在这种背景下,世界上先后设立了两个国际性的数学大奖.一个是国际数学家联合会(International Mathematical Union)主持评定,在每四年召开一次的国际数学家大会(International Congress of Mathematicians)上颁发的菲尔兹奖.另一个是由沃尔夫基金会(The Wolf Foundation)设立的,一年一度的沃尔夫数学奖.尽管这两个数学大奖的奖金不及诺贝尔奖,但其权威性、国际性都不亚于诺贝尔奖.

6.1　菲尔兹奖

菲尔兹奖是以已故的加拿大数学家 J. C. 菲尔兹(J. C. Fields)的姓氏命名的.菲尔兹于 1863 年 5 月 14 日生于加拿大的渥太华.他 11 岁丧父,18 岁丧母,家境不是很好.1884 年在多伦多大学获学士学位,24 岁在美国的约翰·霍普金斯大学获博士学位,26 岁到美国阿勒哥尼学院执教.1892 年他到巴黎、柏林学习和工作,1902 年回国任教于多伦多大学.1907 年他当选为加拿大皇家学会会员,1913 年当选为英国皇家学会会员,他还是苏联科学院等许多科学团体的成员.

作为数学家,菲尔兹的主要工作集中在代数函数论方面,并有一定建树.例如,他证明了黎曼-洛赫定理.他的主要成就是他对数学事业的远见卓识和组织才能,并因促进了数学家之间的国际交流而名垂史册.他认为数学发展应是国际性的,对促进北美数学的发展做出了很大的贡献.为了使北美数学迅速发展,并赶上欧洲,他第一个在加拿大推进研究生教育.1924 年国际数学家大会在多伦多召开,他当选为大会主席,这是欧洲之外召开的第一次国际数学家大会.这次大会对促进北美的数学发展和国际间数学家的交流产

J. C. 菲尔兹

生了深远的影响,但他却因过度劳累而健康恶化.当他得知大会的经费有结余时,就萌发了设立国际数学奖的念头.他为此积极奔走于欧美各国谋求广泛支持,并打算在 1932 年于苏黎世召开的第九次国际数学家大会上亲自提出建议.但不幸的是未等到大会召开他就去世了.他去世时留下了遗嘱:把自己的遗产加到上述经费中,由多伦多大学数学系转交第九次国际数学家大会.大会立即接受了这个建议,并决定下次大会开始发奖.

　　J.C.菲尔兹要求数学奖不要以个人、国家或机构的名字来命名,而要用"国际奖金"的名义.但是,参加国际数学家大会的数学家们为了赞许和缅怀 J.C.菲尔兹的远见卓识、组织才能和他为促进数学事业的国际交流所表现的无私奉献的伟大精神,一致同意将该奖命名为菲尔兹奖.

　　第一次菲尔兹奖于 1936 年在奥斯陆颁发,当时在世界上没有引起多大注意,连数学系的大学生也不知道这个奖,科学杂志上也不报道获奖者及其成就.不过,30 年后情况就完全不同了.每次国际数学家大会的召开,从国际上的权威性数学杂志到一般性数学刊物,都争相报道获奖人物.菲尔兹奖的声誉不断提高,终于被人们确认:对青年人来说,菲尔兹奖是国际上最高的数学奖.

　　菲尔兹奖的一个最大特点是奖励年轻人,它只授予 40 岁以下的数学家,即授予那些能对未来数学发展起重大作用的人.菲尔兹奖是一枚金质奖章(插图 18-3)和 1500 美元的奖金.奖章的正面是阿基米德的浮雕头像.与诺贝尔奖金相比菲尔兹奖的奖金是微不足道的.但为什么在人们的心目中它的地位是如此崇高呢? 第一,它是由数学界的国际权威机构——国际数学联合会主持,从全世界的第一流青年数学家中评定、遴选出来的;第二,它是在每隔四年才召开一次的国际数学家大会上隆重颁发的,且每次获奖者仅有 2 到 4 名,得奖的机会比诺贝尔奖还要少;第三,得奖人才干出色,赢得了国际社会的声誉.正如上世纪的著名数学家 H.外尔在评论 1954 年两位获奖者时所说的,他们"所达到的高度是自己未曾想到的","自己从未见过这样的明星在数学天空中灿烂升起".

菲尔兹奖章上的阿基米德头像　　　　　菲尔兹奖章上用拉丁文铸就的阿基米德的名言

插图　18-3

菲尔兹奖的授奖仪式在每次国际数学家大会的开幕式上隆重举行.先由大会执行委员会主席宣布获奖名单,接着由东道国的重要人物——当地市长、所在国科学院院长,甚至总统或国王,或评委会主席、著名数学家授予奖章和奖金.

因为第二次世界大战,1936 年后暂停,直到 1950 年才再次颁发,以后每四年发一次,到 2010 年,获菲尔兹奖的已有 53 人.

6.2　沃尔夫奖

由于菲尔兹奖只授予年轻数学家,因此它有一定的局限性.首先,它不能代表一位数学家的全部成就.其次,年纪较大的数学家没有获奖机会,这是一个遗憾.正好,1976 年 1 月 1 日,R.沃尔夫(Ricardo Wolf)及其家族捐献一千万美元,并成立沃尔夫基金会.它的宗旨是促进全世界科学和艺术的发展.沃尔夫 1887 年生于德国,他的父亲是德国汉诺威城的一位五金商人,也是该城犹太社会的名流.R.沃尔夫曾在德国研究化学,并获得博士学位.第一次世界大战前他移居古巴.他用了将近 20 年的时间成功地发明了一种从熔炼废渣中回收铁的方法,而成为百万富翁.1961～1973 年他曾任古巴驻以色列大使,以后定居以色列.他是沃尔夫基金会的倡导者和主要捐款人.R.沃尔夫于 1981 年去世.基金会的理事会主席由以色列的政府官员担任.评奖委员会由世界著名科学家组成.沃尔夫基金会设有数学、物理、化学、医学和农业五个奖.1981 年又增设艺术奖.沃尔夫奖从 1978 年起开始颁发,每年一次,每个奖的奖金是 10 万美元,可以由几个人分得.自 1978 年到 1990 年已有 24 位数学家获得沃尔夫奖.沃尔夫数学奖具有终身成就奖的性质,这 24 位数学家都是闻名遐迩的数学大师.他们的成就在相当程度上代表了当代数学的水平和进展.

§7　希尔伯特问题与 20 世纪的数学

希尔伯特对 20 世纪的主流数学具有重大影响.他主要通过两条路径推动了 20 世纪的数学发展.一条是通过自己遍及数论、代数、几何、分析以及数学基础的工作.例如他解决了代数不变式的问题;他提出了类域论;他的《几何基础》第一次完备地给出了欧氏几何的公理体系,并奠定了现代公理化方法的基础;他创立了希尔伯特空间理论;他提出了证明论;等等.另一条路径是提出数学的前沿问题,指出数学未来的发展方向.

1900 年 8 月 8 日希尔伯特在巴黎举行的第二届国际数学家大会上发表演说,提出了新世纪面临的 23 个问题.这些问题成为照耀 20 世纪数学前进的灯塔.20 世纪的任何数学家只要解决一个这样的问题就是世界上的一流数学家.

希尔伯特的报告是继往开来的.说它是继往的,因为这个报告总结了直到 19 世纪几乎所有的数学问题.说它是开的,因为这些问题成为 20 世纪数学发展的指路灯,推动了 20 世纪的数学进步.

他在这个报告中提出问题、给出方法,其意义是多方面的.今天看起来仍觉新鲜.报告的

文字优美,富于感染力.文章的开头是这样说的:

"我们当中有谁不想揭开未来的帷幕,看一看在今后的世纪里我们这门学科发展的前景和奥秘呢? 我们下一代的主要数学思潮将追求什么样的特殊目标呢? 在广阔而丰富的数学思想领域,新世纪将会带来什么样的新方法和新成果?

历史教导我们,科学的发展具有连续性.我们知道,每一个时代都有它自己的问题,这些问题后来或者得以解决,或者因为无所裨益而被抛到一边,并为新的问题所替代.如果我们想对最近的将来数学知识的可能发展有一个概念,那就必须回顾一下当今科学提出的、期望在将来能够解决的问题.现在,当此世纪交替之际,我认为正适于对问题进行一番这样的检阅.因为,一个伟大时代的结束,不仅促使我们追溯过去,而且把我们的思想引向那未知的将来."

希尔伯特接着谈了问题在数学研究中的重要性.之后,他提出 23 个数学问题.这 23 个问题分属四个领域:1~6 是数学基础问题;7~12 是数论问题;13~18 属代数和几何问题;19~23 属于数学分析.希尔伯特把数学基础问题放在最前面,表明他非常关注数学大厦的牢固性.20 世纪的数学取得了重大进展,希尔伯特的许多问题已经解决,但仍有一部分问题未获解决,这些剩下的问题仍是 21 世纪的重大问题.

与任何伟大人物一样,希尔伯特也有他的局限性.例如,他基本上没有涉及庞加莱的组合拓扑,E.嘉当关于李代数的工作,以及黎曼几何与张量分析、群表示论等工作.但是,他的问题与 20 世纪上半叶一半以上的工作有关.现在是 21 世纪开始,已经找不到一个人来提出全面数学问题的清单.这项工作需要几十个人来完成.原因不是现代人笨了,而是现代数学的内容太丰富了.

§8 七加一数学奖问题

8.1 克莱数学促进会

1998 年 9 月 25 日在美国特拉华(Delaware)州注册了一个数学组织,名叫克莱数学促进会(Clay Mathematics Institude,简称 CMI).CMI 试图进一步发扬数学思想的优美、力量和统一性.其基本设想包含下面几个方面:

- 增进并传播数学知识;
- 为数学家和其他科学家提供数学领域的新发现;
- 鼓励优秀学生从事数学事业;
- 识别数学研究中的非凡的成就和发展.

为颂扬数学和千禧年,CMI 确定了七个经典的数学问题作为千禧年奖问题,并于 2000 年 5 月 24 日在巴黎公布,每个问题的奖金都是百万美元.CMI 董事会和科学顾问委员会在正式声明中说:

一百前年, D. 希尔伯特于 1900 年 8 月 8 日在巴黎举行的第二届数学家大会上发表了著名的有关尚未解决的数学问题的演讲. 这影响了我们的决定, 把宣布千禧年问题作为此次巴黎会议的中心议题.

8.2　千禧年悬赏数学问题简介

P 与 NP 问题: 一个问题称为是 P 的, 如果它可以通过运行多项式次(即运行时间至多是输入量大小的多项式函数)的一种算法获得解决. 一个问题称为是 NP 的, 如果所提出的解答可以用多项式次算法来检验. P 等于 NP 吗?

Riemann 假设: 黎曼 ζ 函数的每一个非平凡零点都有等于 $\frac{1}{2}$ 的实部.

Poincaré 猜想: 任何单连通闭 3 维流形同胚于 3 维球.

Hodge 猜想: 任何 Hodge 类关于一个非奇异复射影代数簇都是某些代数闭链类的有理线性组合.

Birch 及 Swinnerton-Dyer 猜想: 对于建立在有理数域上的每一条椭圆曲线, 它在 1 处的 L 函数变为零的阶都等于该曲线上有理点的阿贝尔群的秩.

Navier-Stokes 方程组: (在适当的边界及初始条件下)对 3 维 Navier-Stokes 方程组证明或反证其光滑解的存在性.

Yang-Mills 理论: 证明量子 Yang-Mills 场存在, 并存在一个质量间隙.

但是, 需要指出, 希尔伯特问题与千禧年问题有着重大的差别. 正如 CMI 科学顾问委员会的成员 A. 维尔斯所指出的: "希尔伯特试图以他的问题去指导数学. 我们是试图去记载重大的未解决问题."

8.3　另一个价值百万的数学之谜

2000 年 3 月英国费伯出版社悬赏 100 万美元征"哥德巴赫猜想之解". 它的目的是为希腊作家 Apostolos Doxiadis 的小说《彼得罗斯大叔和哥德巴赫猜想》一书制造舆论声势.

费伯规定, 哥德巴赫猜想的证明必须在下星期小说出版后的两年内提交一个权威的数学杂志, 并在四年内发表.

这个看来非常简单的数学难题是普鲁士历史学家和数学家 C. 哥德巴赫(Christian Goldbach)1742 年给著名数学家欧拉的一封信中提出的.

目前的最好结果是我国数学家陈景润的. 他在 1966 年证明了下面的定理:

陈景润定理　每一个充分大的偶数是一个素数及一个不超过两个素数乘积之和.

论文题目

我与数学.

自在如神之笔，凌云迈往之气——庞加莱

在 19 世纪与 20 世纪的交界处，高耸着三位伟大的数学家——庞加莱（Jules-Henri，Poincaré，1854—1912）、克莱因与希尔伯特，他们反射着 19 世纪数学的光辉，并照耀着 20 世纪数学的前进道路.

庞加莱的研究几乎遍及数学的一切方面，他可能是以整个数学为其领域的最后一位数学家.现代数学以令人难以置信的速度发展着，根本不可能再有人得到这样的荣誉.

庞加莱还是理论天文学家和哲学家，对天体演化学、相对论和拓扑学的现代概念有深远的影响，他又是法文散文大师.

他 1854 年 4 月 29 日生于法国的南希.1875 年，他在高等工艺学院毕业之后，于 1879 年在矿冶学院取得采矿工程师的学位，其间还得到巴黎大学科学博士学位.从矿冶学院毕业时，他应聘到科恩大学任教，两年之后转入巴黎大学，直到 1912 年去世.

他一生著述极丰，撰写了三十多部著作，发表的论文近 500 篇，内容涉及力学和实验物理、纯粹数学和应用数学的各个分支以及理论天文学.他还是数学和自然科学的天才普及者，他致力于向公众介绍科学和数学的意义和重要性.他的著作《科学与假设》、《科学的价值》、《科学与方法》得到了广泛赞赏，被译成多种文字出版.他的文笔非常出色，以致获得了法国作家的最高荣誉，当选为法国文学会会员.他每年改变授课内容，讲授过光学、电学、流体平衡、电学的数学理论、天文学、热力学、概率论等学科.

庞加莱才华横溢，野心勃勃，他不断地从一个领域跳入另一个领域.他的同事称他是"征服者，而不是殖民地开拓者".在概率论的论著中，他很早就提出了具有基本意义的遍历性概念，在不到 30 岁时，发展了自守函数的理论，1887 年，他当选法国科学院院士.在天体力学中，他对三体问题的研究做出重大贡献.他的《位置分析》一书是拓扑学早期的系统著作.1906 年，独立于爱因斯坦，他得到狭义相对论的许多结果.

庞加莱在法国科学界声望很高，1906 年当选为法国科学院主席.1908 年当选为法兰西学院院士，这是法国著作家的最高荣誉.

永远的不完全——哥德尔

哥德尔(Gödel，Kurt，1906—1978)1906 年 4 月 28 日生于捷克斯洛伐克的布尔诺城，1924 年进入维也纳大学，主修物理和数学，后来在维也纳小组的激励下开始学习逻辑．1930 年获哲学博士学位，1933 年获维也纳大学执教资格．1940 年 1 月他离开维也纳到了普林斯顿，但职位是暂时的，到 1946 年他才得到一个永久的职位．1953 年在爱因斯坦和冯·诺伊曼的大力推动下，他终于获得了正教授的职位．他 1948 年加入美国国籍，1976 年退休，1978 年因精神紊乱，死于由于拒绝进食造成的营养枯竭．

哥德尔是数学家、逻辑学家．他给出了著名的哥德尔证明，其内容是，在任何一个严格的数学系统中，一定有本系统内的公理不能证明其成立与否的命题，因此不能说算术的基本公理不会出现矛盾．这个证明成了 20 世纪数学的标志，不仅改变了数学，而且改变了整个科学世界和建筑在此定理上的哲学．哥德尔定理粉碎了逻辑最终将使我们理解整个世界的梦想，同时也引发了许多富有挑战性的问题．

奥地利经济学家摩根施特恩(Osker Morgenstern)对哥德尔给予这样的评价："……他确实是，自莱布尼茨以来，或者说是亚里士多德以来最伟大的逻辑家."

参 考 书 目

[1]　M.克莱因著,张理京、张锦炎等译.古今数学思想.上海:上海科学技术出版社,1979.

[2]　Klein M. Mathematics in Western Culture. Oxford University Press,N. Y. , 1953.

[3]　H.伊夫斯著,欧阳绛等译.数学史上的里程碑.北京:北京科学技术出版社,1990.

[4]　H.伊夫斯著,欧阳绛译.数学史概论.太原:山西经济出版社,1986.

[5]　M.克莱因著,李宏魁译.数学·确定性的丧失.长沙:湖南科学技术出版社,1997.

[6]　R.柯朗、H.罗宾著,左平、张饴慈译.数学是什么.北京:科学出版社,1985.

[7]　罗素著,何兆武、李约瑟译.西方哲学史.北京:商务印书馆,1996.

[8]　李文林著.数学史概论.北京:高等教育出版社,2000.

[9]　Anglin W S and Lambek J. The Heritage of Thales. Springer,1995.

[10]　Barger E B and Star bird M. The Heart of Mathematics. Key College Publishing in Cooperation with Springer,2000.

[11]　华罗庚著.从祖冲之的圆周率谈起.北京:人民教育出版社,1964.

[12]　潘承洞,潘承彪著.初等数论.北京:北京大学出版社,1992.

[13]　闵嗣鹤,严士健编.初等数论.北京:高等教育出版社,1957.

[14]　张顺燕编著.数学的源与流.北京:高等教育出版社,2000.